清华大学能源动力系列教材

能源动力工程项目管理

Project Management for Energy and Power Engineering

李清海　张衍国　编著
Li Qinghai　Zhang Yanguo

清华大学出版社
北京

内 容 简 介

参考美国项目管理学协会和我国注册建造师执业资格考试知识体系,结合能源动力工程领域的项目管理实践,本书系统介绍了项目管理方面知识及其在能源动力领域的应用。主要内容包括:工程项目管理概念、相关法规、项目组织、项目范围、进度管理、质量管理、成本管理、招投标与合同管理、项目沟通以及相关案例等。

本书可作为高等学校能源与动力工程、机械工程、电力工程、土木工程、工程管理、项目管理等专业本科生的教材,也可作为相关工程技术人员或管理人员的参考用书。

图书在版编目(CIP)数据

能源动力工程项目管理/李清海,张衍国编著.—北京:清华大学出版社,2018(2023.8重印)
(清华大学能源动力系列教材)
ISBN 978-7-302-51252-3

Ⅰ.①能… Ⅱ.①李… ②张… Ⅲ.①能源-工程项目管理-高等学校-教材 ②动力工程-工程项目管理-高等学校-教材 Ⅳ.①TK

中国版本图书馆 CIP 数据核字(2018)第 210406 号

责任编辑:袁 琦
封面设计:常雪影
责任校对:王淑云
责任印制:曹婉颖

出版发行:清华大学出版社
    网   址:http://www.tup.com.cn,http://www.wqbook.com
    地   址:北京清华大学学研大厦 A 座   邮 编:100084
    社 总 机:010-83470000   邮 购:010-62786544
    投稿与读者服务:010-62776969,c-service@tup.tsinghua.edu.cn
    质量反馈:010-62772015,zhiliang@tup.tsinghua.edu.cn
印 装 者:天津鑫丰华印务有限公司
经 销:全国新华书店
开 本:185mm×260mm   印 张:13   字 数:315 千字
版 次:2018 年 9 月第 1 版   印 次:2023 年 8 月第 3 次印刷
定 价:50.00 元

产品编号:054120-02

能源与动力工程专业学生除了需要具备自然科学、人文和社会科学知识、坚实的工程技术基础理论、较强的专业知识和实践能力外，还应具备能成为优秀的工程技术人员或工程管理人员的知识和能力。

在能源动力工程项目中很少有纯技术性的工作，任何参与的工程技术人员须参与或承担项目的一个子部分，在项目组织中担任一个角色，有责任管理好自己的工作，领导自己的助手或者工程小组。在设计技术方案以及采取技术措施时必须综合考虑时间和费用问题，必须进行质量管理，协调与其他专业人员或者工作团队的关系，向管理层提交工作报告等，这些都是项目管理工作。项目管理团队的成员的知识结构须交叉和多样化，项目管理者必须了解各种职能工作，而各职能人员或参与项目的技术人员也须了解和配合项目管理工作，这样才能形成一个知识上相互渗透、能力上相互补充的管理团队。

项目管理工作所涉及的内容已经被归纳整理为各种流程、知识领域和过程组，抽象化的归纳和整理有助于积累项目管理的知识、总结经验教训、提高管理水平。即将进入项目管理领域的从业人员也有必要了解一下这些知识体系，为从事国际化的工程项目管理奠定基础。

本书得到清华大学教学改革项目资助。全书共 10 章，张衍国编写了第 2 章和第 8 章，李清海编写了其余各章并完成全书统稿。编写过程参考了李纪珍、李小冬、王雪青、杨秋波、成虎、陈群、王芳、范建洲、雍福奎、戚安邦、杨旭中、张政治、林海、丁士昭等老师的著作或者讲稿，北京热华能源科技有限公司提供了部分案例，在此致以诚挚的谢意。

特别感谢我的妻子、女儿以及刚出生的幼子，她（他）们是我在困惑时刻仍保持"自强不息"和"砥砺前行"的动力和支柱！

由于编者水平和知识背景所限，书中难免有纰漏和错误之处，敬请读者不吝指正。

李清海

2017 年 12 月

FOREWORD

目 录

CONTENTS

项目管理概论

工程项目管理是一门实用的学科,应用于能源动力工程领域的项目管理就是能源动力工程项目管理。本章主要通过介绍项目管理的发展历史、特点、知识体系以及常见的工程项目管理模式,为广大读者提供一个对项目管理的概括性认识的机会。

1.1 社会中的工程项目管理

社会中,项目非常普遍,存在于社会的各个领域和角落,大到一个国家、一个国际集团,如联合国、北大西洋公约组织、亚洲开发银行,小到一个公司、一个公司的职能部门,都或多或少地参与或接触到各类项目。其中,工程项目是最普遍,也是最重要的项目类型。

工程项目以一个工程技术系统的建设和(或)运行为任务,范围极其广泛。常见的工程项目有房屋建筑、IT、军事、工业、基础设施建设等。

进入 20 世纪 80 年代后,我国经济高速发展,处处在上新"项目"。国家每个五年计划中都有许多重点工程项目,如宝山钢铁厂、二滩水电站、京九铁路、大亚湾核电站、三峡水电站、西气东输、百万千瓦燃煤火电机组、高铁、航母、载人航天等。各个城市都有区域性建设工程项目,如高新技术开发区、高速公路、高速铁路、城市地铁、房地产等。许多企业都有新产品生产线、新厂房等建设项目。工程项目对社会的发展、人民生活水平的提高起着越来越重要的作用。企业的兴旺、地区的繁荣、国民经济的发展、社会的进步、国防力量和科学技术水平的提升,都离不开这些项目的成功。

一般来说,任何一个工程项目都必须经过包括构思、决策、设计、招标、采购、施工和运行在内的全过程,涉及管理的工作可分成两个层次:

(1) 战略管理层次。工程项目都来自上层系统的战略研究和计划,上层组织从战略高度研究宏观的全局性(如全社会、全国、全市、全公司)问题,以确定发展方向、战略目标和总体计划,这些目标和计划常常需要通过具体的工程项目实施。例如,电力企业通过市场的调查研究确定某地区电力紧缺,经过可行性研究做出战略决策,确定总体的电源实施计划,提出机组类型、建设规模、投产时间和融资方案等。

(2) 项目管理层次。项目管理是将经过战略研究后确定的工程项目构思和计划付诸实施,用一套系统的项目管理方法、工具、措施,确保在预定的投资和工期范围内实现总目标。项目管理是实现战略目标的手段,服从于战略目标。

战略管理和项目管理是近年来国际管理领域里的两大热点,它们之间联系密不可分。战略管理任务是确定宏观、全局、长期的目标和计划,属于高层次的研究、决策和控制,是高层领导者的任务。而项目管理涉及面广、具有丰富的内涵,各层次的管理人员以及各种工程技术人员都会不同程度地参与项目和项目管理工作。项目管理者为项目实施提供专职的管理服务,如:①进行项目的可行性研究和技术经济评价,为战略决策提供依据;②建立项目的目标体系,如功能和技术要求、时间及费用限制等,协调项目目标关系;③合理确定项目范围,安排各子系统、各工程活动之间的逻辑关系;④按照项目总目标制定详细的计划,确定各项目活动的时间、费用、技术安排和要求,达到最有效地利用资源;⑤使项目有秩序、按计划实施,协调各参加者的工作,实现最有效的控制;⑥建立合理的组织结构,确定项目参加者之间的沟通和协调机制等。这些项目管理服务是项目工作的重要组成部分,是实现项目目标的有效保证。管理实践和研究表明,项目管理不仅是对大型、复杂的工程项目进行管理的有效方法,而且已经成为政府或企业管理的一种主要形式,广泛地应用于各行各业,对社会发展起着越来越重要的作用。

1.2　工程项目管理的历史发展

1.2.1　古代我国的工程项目管理

工程项目有悠久的历史,相应的项目管理工作也源远流长。随着人类社会的发展,政治、经济、宗教、文化和军事等方面对某些工程产生了需求,而且当时社会生产力能满足这种需要,因此就出现了工程项目。历史上最典型的工程项目是建筑工程项目,例如:①房屋(如皇宫、庙宇、住宅等)工程项目;②水利(如运河、沟渠等)工程项目;③道路桥梁工程项目;④陵墓工程项目(如兵马俑);⑤军事工程(如长城、兵站等)项目等。这些工程项目也是当时政治、军事、经济、宗教和文化活动的一部分,体现了当时社会生产力发展水平。

有项目必然有相应的管理,在复杂的工程项目中必然需要高水平的项目管理与之相配套才能获得成功。我们虽然从史书上很难看到当时工程项目管理的情景,但我们仍可以从一些文献中领略我国古代的项目和项目管理。如:

(1)我国古代对建设工程项目就有一套独特的规划、设计和施工管理及组织管理程序。《春秋·左传》中记载东周修建都城的过程,在取得周边诸侯同意后,"士弥牟营成周,计丈数,揣高卑,度厚薄,仞沟洫,物土方,议远迩,量事期,计徒庸,虑材用,书糇粮,以令役于诸侯"。这具体地记载了在2500多年前我国古代城墙建设的过程,包括工程规划、测量放样、设计城墙的厚度和壕沟的深度,计算土方工程量、计划工期、计算用工量,考虑工程费用和准备粮食的后勤供应,并向诸侯摊派征调劳动力等。

(2)我国古代经常进行大规模的宫殿、陵寝、城墙、运河的建设,为了保证工程项目的成功,实施前常进行缜密的计划管理。《孙子兵法》中有"庙算多者胜","夫未战而庙算胜者,得算多也;未战而庙算不胜者,得算少也。多算胜,少算不胜,而况于无算乎!吾以此观之,胜负见矣"。可以想象当时国家建设大型工程项目必然有"庙算",必然有"运筹帷幄",必然有工程项目工期的计划和控制,对各工程活动之间也必然有统筹的安排。

(3)我国古代工程中必有预定的质量要求,有质量检查、控制的过程和管理方法。很早的一些建筑遗址中发现在建筑结构和构件上刻有生产者的名字,这绝不是现在游人"到此一游"的即兴之作,而是一种简单而有效的质量管理责任制形式,与现在规定设计人员必须在图纸上签字类似,留名意味着责任,如果出现质量问题可以方便地追究生产者责任。

(4) 我国古代在工程的投资管理方面很早就形成了一套费用的预测、计划、核算、审计和控制体系。北宋时期,李诫编修的《营造法式》就是吸取了历代工匠的经验,对控制工料消耗做了规定,可以说是工料计算方面的巨著。《儒林外史》描写萧云仙在平定少数民族叛乱后修青枫城城墙,工程结束后萧云仙将工程的花费清单上报工部。工部对花费清单进行全面审计,认为清单中有多估冒算,经"工部核算:……该抚题销本内:砖、灰、工匠,共开销19360两1钱2分15毫……核减7525两"。这个核减的部分必须向他本人追缴,最后他变卖了父亲的庄园才填补了这个空缺。该工程审计得如此精确,而且分人工费(工匠)、材料费(砖、灰)进行核算,则必然有相应的核算方法,必有相应的费用标准(即定额)。同时可以看出当时对官员在工程中多估冒算、违反财经纪律的处理和打击力度。

(5) 项目组织形式。我国古代工程项目管理有适宜的组织模式,一般都采用集权管理,有一套严密的军事化或准军事化的项目组织形式。例如,都江堰工程由太守李冰负责建造、秦代万里长城由大将蒙恬和蒙毅负责建设。以政府或军队的领导负责大型工程项目管理的模式在我国持续了很长时间,这和我国的文化传统、政治和经济体制有关。

由于我国古代科学技术水平和人们认识能力的限制,这些项目管理大多是经验性的,不系统、缺乏必要的总结和传承。

1.2.2　现代项目管理的发展

现代项目管理是在 20 世纪 50 年代以后发展起来的,来源于西方发达国家。项目管理的发展历程体现了建设行业生产效率的不断提升,也反映了项目管理学科和知识体系的不断完善,经历了从自发到自觉的过程。项目管理的发展源自生产力和科学技术的发展。由于生产力高速发展,大型工程越来越多,项目规模大,技术复杂,参加单位多,又同时受到时间和资金的严格限制,因此需要新的管理手段和方法。例如,1957 年美国北极星导弹计划的实施项目被分解为 6 万多项工作,有近 4000 个承包商参加,美国人应用项目管理技术,竟把设计完成时间缩短了两年。现代科学技术中系统论、信息论、控制论、计算机技术、运筹学、预测技术、决策技术等的发展,为项目管理理论和方法的产生和发展提供了可能性。

现代项目管理的发展大致经历了如下几个阶段:

(1) 20 世纪 50 年代,项目管理开始引起人们的关注。国际上人们将关键路径法(critical path method,CPM)、项目计划评审技术(project evaluation and review technique,PERT)等应用于军事工程项目的工期计划和控制中,取得了很大成功。美国 1957 年的北极星导弹研制和后来的登月计划是运用这种方法的两个典型案例,它们的成功在国际上产生了深远的影响。此后很长一段时间,人们谈起项目管理便是网络计划方法(CPM 和PERT),言必称上述两个项目。1957 年,杜邦公司将 CPM 应用于设备维修,使维修停工时间由 125 小时锐减为 74 小时。

(2) 20 世纪 60 年代,项目管理进入了科学发展阶段。美国国家航空航天局(NASA)在阿波罗计划中开发了"矩阵管理技术"。同时,工作分解结构(work breakdown structure,WBS)、挣值管理(earned value management,EVM)以及绩效管理等相继出现。国际上利用计算机进行网络计划的分析计算已经成熟,人们可以用计算机进行工期、资源和成本的综合计划、优化和控制。1965 年,国际项目管理学会 IPMA 在瑞士成立;1969 年,美国项目管理学会 PMI 在美国宾夕法尼亚州成立。国际项目管理学术组织的出现标志着项目管理走向了科学发展之路。

（3）20 世纪 70 年代初，人们将信息系统方法引入项目管理中，提出项目管理信息系统模型，人们对项目管理过程和各个管理职能进行了全面系统的研究。同时项目管理在企业组织中推广，人们也研究了在企业职能组织中项目组织的应用。在质量管理方面提出并普及了全面质量管理（TQM）或全面质量控制（TQC）。依据 TQC（TQM）原理建立起来的 PDCA（计划—执行—检查—处理）循环模式，是工程质量、职业健康、安全和环境管理中的一种有效的工作方法。

（4）到了 20 世纪 70 年代末 80 年代初，计算机得到了普及，使项目管理理论和方法的应用走向了更广阔的领域。由于计算机的普及，项目管理公司和企业均可使用现代项目管理方法和手段，提高了工作效率，获得了显著的经济和社会效果。项目管理的应用领域不断扩展，广泛地应用于建筑工程、能源动力、航空航天、国防、农业、IT、医药、化工、金融、财务、广告、法律等行业。

（5）20 世纪 80 年代以来，人们进一步拓展了项目管理研究的范围。1984 年，美国项目管理协会（Project Management Institute，PMI，具体了解参见 www.pmi.org）推出严格的、以考试为依据的专家资质认证制度 PMP（项目管理专业人士资格认证，由美国项目管理协会（PMI）发起的，严格评估项目管理人员知识技能是否具有高品质的资格认证考试）。1987 年，PMI 公布 PMBOK 研究报告（并于 1996 年、2000 年、2004 年、2008 年、2012 年、2016 年分别修订），将项目管理知识体系分解为若干知识领域和过程组。1997 年，国际标准化组织（International Organization for Standardization，ISO）以 PMBOK 为框架颁布 ISO 10006 项目管理质量标准。1998 年，IPMA 推出 ICB，与 PMI 的 PMBOK 不同，ICB 既有对项目管理知识体系的规定，还有项目管理专业人员的专业水平的评价的体系。

在工程项目中出现许多新的融资模式、承发包模式和管理模式，有许多新的合同形式和组织形式。从社会责任和历史责任以及工程的可持续发展出发，更关注工程的全寿命期管理、集成化管理、人性化管理、健康—安全—环境（HSE）管理等。

当今，随着全球性竞争的日益加剧，项目活动的日益扩大并变得复杂，项目数量的急剧增加，项目团队规模不断扩大，项目利益相关者的冲突不断增加，降低项目成本的压力不断上升，这迫使作为项目业主或者实施者的一些政府部门与企业，先后投入了大量的人力和物力去研究和认识项目管理的基本原理，开发和使用项目管理的具体方法。因而，项目管理的应用领域和理论方法均取得长足的进展，正呈现出职业化、全球化和多元化的发展态势。

1.2.3　当代我国的项目管理

20 世纪 50 年代，我国学习当时苏联的工程管理方法，引入施工组织设计与计划。当时的施工组织设计与计划包括业主方的工程项目实施计划和组织（工程项目施工组织总设计），以及承包商的施工项目计划和组织（如单位工程施工组织设计、分部工程施工组织设计等），其内容包括工程项目的组织结构、工期计划和优化、技术方案、质量保证措施、资源（如劳动力、设备、材料）计划、后勤保障（现场临时设施等）计划、现场平面布置等，这对新中国成立后顺利完成国家重点建设工程项目起了重要作用。

20 世纪 60 年代初，华罗庚教授将西方 50 年代的网络计划方法引入到我国，于 1964 年倡导并开始应用推广"统筹法"(overall planning method)，该方法以 CPM、PERT 等技术为基础，提出了一套包括调查研究、绘制箭头图、找主要矛盾线等环节，以及在设定目标条件下优化资源配置等适合我国国情的项目管理方法，并在"西南三线"的铁路、桥梁、隧道等建设活动中取得了成功。这一技术的引入不仅给我国的工程施工组织设计中的工期计划、资源计划和优化增加了新的内涵，提供了现代化的方法和手段，而且在现代项目管理方法的研究和应用方面缩小了我国与国际上的差距。1980 年后，华罗庚先生开始将统筹法应用于国家特大型项目，如"两淮煤矿开发"项目(投资 60 亿元)、"准噶尔露天煤矿煤、电、运同步建设"项目(投资 100 多亿元)等。

20 世纪 80 年代初期的鲁布革水电站项目是开启我国正式项目管理时代的一个标志性事件。该项目是我国第一个利用世界银行贷款、按照国际惯例实行国际招标和项目管理的饮水电站项目，整个项目涉及十几个国家的几十家厂商和专家等。日本大成公司(TAISEI)以低于标底 40% 的报价中标承建引水隧道，大成公司在项目施工中应用项目管理技术，仅派出 30 人的项目管理班子，就地选用我国水电十四局的施工人员 424 人，提前工期 122 天完成任务。日本大成公司在这次项目中表现卓越，而中国行业也不落于人后！水电十四局就地取经，在所承包的厂房工程中，调整施工组织，实行科学管理，使施工人数从 662 人减少到 429 人，劳动效率成倍提高，不仅抢回了拖延的 3 个月工期，还提前近半年完成土建施工。

"鲁布革经验"推动了我国传统的投资体制、施工管理模式乃至国有企业组织结构等方面的改革，促生了"项目法人责任制"、"招标投标制"、"工程监理制"和"合同管理制"等工程项目管理基本制度，成为我国工程项目管理的重要里程碑，被称为"开启真正意义上的中国项目管理时代的元年"。80 年代后，中国工程项目管理的发展经历了下述标志性事件。

1981 年 3 月，我国第一个跨学科的项目管理专业学术组织"中国优选法统筹法与经济数学研究会项目管理研究委员会"成立，标志着中国项目管理学科体系开始走向成熟。

1983 年由原国家计划委员会提出推行项目前期项目经理责任制。

1987 年 6 月，国务院副总理李鹏在全国施工工作会议上发表以《学习鲁布革经验》为题的重要讲话，要求建设行业推广"鲁布革经验"。

1988 年 7 月，建设部颁布《关于开展建设监理工作的通知》，正式启动工程监理的试点工作。

1992 年 6 月，建设部出台《监理工程师资格考试和注册试行办法》，标志着我国工程项目管理第一个职业资格的诞生。

1995 年 1 月，建设部出台《建筑施工企业项目经理资质管理办法》。

1996 年 1 月，国家计委印发《关于实行建设项目法人责任制的暂行规定》的通知。

1997 年 11 月，《中华人民共和国建筑法》颁布实施，并于 2011 年 4 月修订。

1999 年 8 月，《中华人民共和国招标投标法》颁布，并于 2017 年 12 月修订。

2000 年，国家标准《质量管理体系-项目管理质量指南》(GB/T 19016—2000)颁布，并于 2005 年修订为(GB/T19016—2005)。

2001 年，国家标准《建设工程项目管理规范》(GB/T50326—2001)颁布，并于 2017 年修订为(GB/T50326—2017)，标志着中国工程项目管理知识体系的初步形成。

2002 年，注册建造师执业资格制度开始实施。

2003 年，建设部印发了《关于培育发展工程总承包和工程项目管理企业的指导意见》

（建市〔2003〕30 号文）；同年，项目管理领域的工程硕士开始招生。

2004 年，建设部颁布了《工程项目管理试行办法》（建市〔2004〕200 号）；同年 7 月，《国务院关于投资体制改革的决定》出台，提出了"代建制"等具有重要影响的改革措施。

2005 年，国家对投资建设项目高层专业管理人员实行职业水平认证制度，开始实施"投资建设项目管理师"职业水平考试。

2013 年，住建部批准《建设工程监理规范》为国家标准，编号为 GB/T 50319—2013，自 2014 年 3 月 1 日起实施。

2017 年 9 月 24—25 日，"纪念国务院推广鲁布革工程管理经验 30 周年暨第十六届中国国际工程项目管理峰会"在北京举行。

1.3　现代工程项目管理的特点

1.3.1　科学化

现代项目管理的发展历史正是现代管理理论、方法、手段和高科技在项目管理中研究和应用的历史。现代项目管理吸收并使用了现代科学技术的最新成果，日益朝着科学化方向发展，具体表现在：

（1）现代管理理论的应用。现代项目管理理论是在信息论、控制论、系统论、行为科学等基础上产生和发展起来的，是这些理论在项目实施过程和管理过程中的综合运用。

（2）现代管理方法的应用。如预测技术、决策技术、数学分析方法、数理统计方法、模糊数学、线性规划、网络技术、图论、排队论等，它们可以用于解决各种复杂的工程项目问题。

（3）现代管理手段的应用。最显著的是计算机和现代通信技术，包括现代图文处理技术、通信技术、精密仪器、GPS 技术、多媒体技术和互联网等的使用，这大大提高了项目管理工作效率。

（4）管理领域中理论和方法的创新，如创新管理、以人为本、学习型组织、变革管理、危机管理、集成化管理、知识管理、虚拟组织、物流管理和并行工程等在项目管理中的应用，大大促进了现代项目管理理论和方法的发展。同时项目管理的研究和实践也充实和扩展了现代管理学的理论和方法的应用领域，丰富了管理学的内涵。如何应用管理学和其他学科中出现的新的理论、方法和高科技手段，一直是项目管理领域研究的热点。

1.3.2　社会化和专业化

由于工程规模大、技术新、参加单位广泛，且项目数量越来越多，社会对项目的要求也越来越高，这些情况使得项目管理越来越复杂。按社会分工的要求，需要专业化的项目管理公司专门承接项目管理业务，为业主和投资者提供全过程的专业咨询和管理服务。专业化的工程项目管理已成为一个新的职业、一个新的工程领域。国内外已探索出许多比较成熟的工程项目管理模式，大大地提高了工程项目的整体效益，实现投资省、进度快、质量好的目标。

随着项目管理专业化和社会化，项目管理的教育也越来越引起人们的重视。在许多高校中，工科、理科、商学，甚至文科专业都设有项目管理类课程，并有项目管理专业的学位教育,最高可达到博士学位。在国家注册监理工程师、造价工程师、建造师的培训和执业资格考试中都有工程项目管理内容。

1.3.3　标准化和规范化

项目管理是一项技术性很强、非常复杂的管理工作,要符合社会化大生产的需要,项目管理必须标准化、规范化,这样才能逐渐摆脱经验型的管理状况,才能实现专业化、社会化,才能提高管理水平和经济效益。

工程项目管理的标准化和规范化体现在许多方面,如:规范化的定义和名词解释,统一的工程费用(成本)的划分方法,统一的工程计量方法和结算方法,进度网络表达形式的标准化,合同条件和招投标文件的标准化。2001年我国颁布了国家标准《建设工程项目管理规范》(GB/T 50326—2001),对促进我国建设工程项目管理科学化、规范化和法制化具有重大作用。2006年和2017年,建设部组织对原"规范"进行修订。

1.3.4　国际化

当今世界全球合作项目越来越多,如国际工程、国际咨询和管理业务、国际投资、国际采购等,在项目管理领域的国际交流也日益增多。我国的工程承包市场已融为国际承包市场的一部分,不仅一些大型工程项目,甚至一些中小型工程项目的要素(如参加单位、设备、材料、管理服务、软件系统、资金等)都呈现国际化趋势。项目要素的国际化也带来了项目管理的困难,这主要体现在不同文化和经济制度背景的项目成员由于风俗习惯、法律背景和工程管理模式等的差异,在项目中难以协调。这就要求按国际惯例进行项目管理,采用国际通用的管理模式、程序、准则和方法。工程项目管理国际惯例通常包括:世界银行推行的工业项目可行性研究指南、世界银行的采购条件、国际咨询工程师联合会颁布的FIDIC合同条件、国际上处理一些工程问题的惯例和通行的准则、国际上通用的项目管理知识体系(PMBOK)等。

1.4　工程项目管理工作基本准则

自古以来任何工程项目,特别是建设工程项目,都有很长的设计(运行)寿命,对社会经济、文化和科学技术的发展有重大促进作用,同时又需要消耗大量的社会和自然资源,对社会和历史影响较大。我国是建设工程项目大国,很多建设工程项目投资大,建成后的运营期长,不仅对当代,而且对后世有不可低估的社会和生态环境影响。如三峡工程项目,所需动态投资为2000多亿元,有数百万人口迁移,不仅拆迁和安置工作需要大量的费用,而且会给这些人的生存和发展带来新的问题,影响迁入地原居住人的生活,还会造成许多千年古城被拆除,使许多已发现的和尚未发现的文物遗址永久性浸入水底,导致大量物质和非物质文化的灭失。工程是人类改造自然和开发自然的产物,是自然界的人造系统,会导致永久性占用土地,破坏植被和水源,原有的生态状况不复存在,而且将来也不可能恢复。因此,对任何一个工程项目特别是类似三峡项目的重大工程的决策和建设应该是慎之又慎。

工程项目管理者是工程的建设者之一,其职业具有很大的特殊性。与厨师做菜不同,一个工程的建设有重大的历史影响,如果是一个成功的工程,则会被人们长期地赞誉和敬仰。如果工程出现问题,不仅会浪费大量钱财和物资,还会影响很多人的生活甚至生命,在工程使用的几十年甚至上百年中人们也都会记得、批评,甚至咒骂它的建设者!

工程项目管理工作对社会和历史有重要影响,社会对工程项目管理者有很高的职业道德要求,其工作基本准则是:

(1) 有社会责任感和历史责任感,为工程项目提供客观、公正、诚实的专业服务。

(2) 应遵守法律和法规,将公共利益、安全和健康放在第一位。

(3) 在工程中须以应有的理性和良知工作,珍惜社会财富、节约资源、保护环境,追求卓越。

(4) 以科学的态度,勤勉、慎重地工作,努力追求项目成功,不能追求不当利益等。

1.5 工程项目管理的概念、思想、知识体系和职业资格

1.5.1 工程项目管理的概念

美国项目管理协会(PMI)《项目管理知识体系指南》(第四版)将项目管理定义为:"项目管理就是将知识、技能、工具与技术应用于项目活动,以满足项目的要求"。

国际项目管理学会(IPMA)将项目管理定义为以项目为对象的系统管理方法,通过一个临时性的、专门的柔性组织,对项目进行高效率的计划、组织、领导和控制,以实现项目全过程的动态管理和项目目标的综合协调与优化。

《建设工程项目管理规范》(CB/T 50326—2017)中将工程项目管理定义为:运用系统的理论和方法,对建设工程项目进行的计划、组织、指挥、协调和控制等专业化活动。

英国皇家特许建造学会(CIOB)对工程项目管理的定义是:工程项目管理可以被定义为贯穿于项目开始至完成的一系列计划、协调和控制工作,其目的是使项目在功能和财务方面都能满足客户的需求,其中客户对项目的需求表现为项目能够在确定的成本和要求的质量标准前提下及时地完成。

总的说来,工程项目管理是指政府有关部门、工程项目业主以及参与工程项目建设的其他单位,为了实现工程项目的各项具体目标,满足利益相关者(干系人)的合理要求,力求确保质量、缩短工期、节省费用、提高效益,对工程项目实行行政管理,以及项目计划、组织、指挥、协调和控制的过程。

无论如何定义,工程项目管理的内涵都可从主体、客体和环境三个维度进行分析。

1. 主体分析

项目成功是项目各参与方共同努力的结果,工程项目管理的主体便是工程项目的各参与方,如图1.1所示。

在我国,工程项目管理是一种多主体的管理方式。①作为工程项目的责任者,工程项目业主对工程项目进行管理。②作为公共管理者和政府投资项目的投资者,政府必须对工程项目进行管理。③作为工程项目的参与者,咨询单位、设计单位、施工单位、材料设备供应单位也参与了工程项目管理。

在这些主体中,政府对工程项目的管理是强制性的,其他主体对工程项目的管理不是强

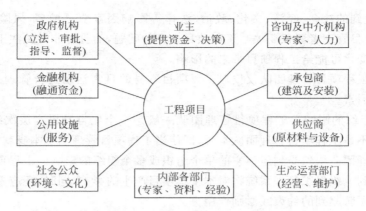

图 1.1 工程项目的主要参与方

制性的。

政府对工程项目的管理是保证投资方向符合国家产业政策,保证工程项目符合国家经济、社会发展规划和环境与生态等方面的要求,引导投资规模达到合理经济规模等。政府对工程项目管理的内容要与工程项目报建相对应,工程项目由建设单位或其代理机构在工程项目可行性研究报告或其他立项文件被批准后,向当地建设行政主管部门或其授权机构进行报建,并交验工程项目立项的批准文件,批准文件包括银行出具的资信证明以及批准的建设用地证明等其他有关文件。

业主是工程项目管理全过程的决策者、组织者、运营者和最终收益人,是项目实施的总策划者、总组织者和总集成者,业主对项目进行的管理是工程项目管理的核心。业主的工程项目管理水平将决定建设行业的管理水平,业主的项目建设管理观念和水平的逐步提高,将对项目建设的参与者提出更高的要求,这些要求也必将促进建设行业的变化和发展。

2. 客体分析

工程项目生命周期内的各项任务和程序是工程项目管理的客体。各参与方对应的项目管理的客体不尽相同:①业主项目管理的客体是项目从提出设想到竣工、交付使用全过程所涉及的全部工作。②承包商项目管理的客体是所承包工程项目的范围,该范围与业主要求有关,取决于业主选择的发包方式,并在承包合同中加以明确。③设计方项目管理的客体是工程项目设计的范围,旨在实现合同约定目标和国家强制性规范目标,其范围在大多数情况下是在项目的设计阶段,但可以根据需要将工程范围前后延伸。

3. 环境分析

工程项目管理的环境包括内部环境和外部环境。内部环境包括组织文化,结构和流程,现有人力资源状况(如人员在设计、开发、法律、合同和采购等方面的技能、素养与知识),人事管理制度(如人员招聘和留用指南、员工绩效评价与培训记录、加班政策和时间记录),内部沟通渠道,组织信息化程度等。外部环境则范围较广,由于工程项目是在一个比工程项目本身大得多的相关范畴中进行的,因此工程项目管理处于多种因素构成的复杂环境中,其管理团队对于这个扩展的范畴必须全面了解和熟悉。特别是国际工程项目,其参与各方来自不同的国家和地区,其技术标准、规范和规程相当庞杂。同时,国际工程的合同主体是多国的,因此国际工程项目必须按照严格的合同条件和国际惯例进行管理。国际工程项目也常常产生矛盾和纠纷,而且处理起来比较复杂和困难。此外,国际工程由于是跨国的经济活动,工程项目受到的社会、经济、文化、政治、法律等影响因素明显增多,风险相对增大。所以,国际工程项目管理者不仅要关心工程项目本身的问题,而且要非常关注工程项目所处的国际环境及其变化可能给工程项目带来的影响。

任何一个工程项目管理团队仅仅对工程项目本身的日常活动进行管理是不够的,必须考虑多方面的因素。

(1)上级组织的影响。工程项目管理团队一般是一个比自身更高层次组织的一部分,这个组织通常不是工程项目管理团队本身,即使当工程项目管理团队本身就是这个组织时,该工程项目管理团队依然受到组建它的单个组织或多个组织的影响。工程项目管理团队应该敏感地认识到上级组织管理系统将对本工程项目产生的影响,同时,还应重视组织文化对工程项目管理团队起到的约束或激励作用。

(2)社会、经济、文化、政治和法律等方面的影响。工程项目管理团队必须认识到社会、经济、文化、政治、法律等方面的现状和发展趋势可能对工程项目产生的重要影响。有时,工程项目中会出现"蝴蝶效应",即一个很小的变化经过一段时间可能会对工程项目产生巨大影响。

(3)标准、规范和规则的约束。各个国家和地区对于工程项目的建设,都有许多标准、规范和规则,这些是在工程项目建设过程中必须遵循的。

1.5.2 工程项目管理基本思想

工程项目管理作为一门学科,其知识体系包括思想、技术和工具三个层面。技术和工具层面的知识用以解决工程项目管理中某一阶段或某一环节的具体问题,而思想层面的知识则贯穿工程项目管理的全过程,体现在工程项目管理中增值的各项活动中。工程项目管理具有高度的系统性和综合性,涉及许多学科的相关知识,要想成为一名卓有成效的工程项目管理者,必须注重工程项目管理基本思想的理解和把握。

1. 系统思想

工程项目管理中体现的思想是多方面的,其中最基本的是系统思想。系统思想不仅是项目管理的基本思想,也是项目管理理论形成与发展的基础之一。系统思想的科学基础是系统论,哲学基础是事物的整体观。哈罗德·科兹纳(Harold Kerzner)认为"项目管理是关于计划、进度和控制的系统方法"。

系统是由若干个相互作用和相互依赖的要素组合而成的,有特定功能的整体。工程项目是由人、设备、原材料、设施组织和管理起来,以实现一个特定目标的系统。系统思想要求工程项目管理必须从系统整体出发,研究系统内部各子系统、各要素之间的关系,以及系统与环境之间的关系。

北宋真宗时期,皇宫失火,部分宫殿被毁,大臣丁谓受命限期修复皇宫。经过统筹分析,丁谓提出了一个经典的施工方案。首先将皇宫旧址前的大街挖成沟渠,利用挖沟的土烧制砖瓦,然后把附近的汴水引入沟内形成航道,从外地运输砂石木料。最后,宫殿修好之后,将沟里的水排掉,用建筑垃圾填入沟中,恢复原来的大街,"一举而三役济,计省费以亿万计"。在该项目实施过程中,"挖沟取土,解决土源;引水入沟,运输建材;废土建沟,处理垃圾",体现了系统管理的思想。

2. 过程管理思想

过程的概念是现代组织管理最基本的概念之一,在《质量管理体系基础和术语》(ISO9000—2000)中,过程的定义为:一组将输入转化为输出的相互关联或相互作用的活动。过程的任务在于将输入转化为输出,转化的条件是资源,通常包括人力、设备设施、物料和环境等。增值是对过程的期望,为了获得稳定和最大化的增值,组织应当对过程进行策划,建立过程绩效测量指标和过程控制方法,并持续改进和创新。

过程管理是使用一组实践方法、技术和工具来策划、控制和改进过程的效果、效率和适应性,包括过程策划、过程实施、过程检查和过程改进四个部分,即 PDCA(Plan-Do-Check-Act)循环四阶段。工程项目管理的PDCA 循环呈现阶梯式上升的趋势,如图 1.2 所示。

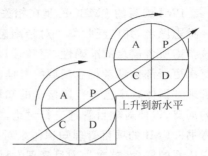

图 1.2　工程项目 PDCA 循环阶梯式上升的过程

项目过程分为两大类:一类是创造项目产品的过程,创造项目产品的过程因产品的不同而各异,创造工程项目产品的典型过程为前期筹划—设计—采购—施工—验收—总结评价,这些过程关注实现项目产品的特性、功能和质量;另一类是项目管理过程,不因产品不同而各异,它的典型过程是启动—计划—执行—控制—收尾,这些过程所产生的结果相互关联,一个过程的结果往往成为另一个过程的输入和依据。上述两类项目过程在项目中是不可分离、相互依存的。创造项目产品的过程是项目的基础,是项目管理的对象;项目管理过程是对创造项目产品过程的管理。创造项目产品的过程只能保证项目产品的功能特性,而项目管理的过程则是利用项目管理的先进技术和工具保证项目的效率和效益。

3. 价值管理思想

20 世纪 40 年代,美国工程师麦尔斯(Miles)创建了价值工程法,该方法后来演变成为价值管理。美国价值工程师协会(SAVE)将价值管理定义为:一种以功能分析为导向的、群体参与的系统方法,它的目的是增加产品(项目)、系统或者服务的价值,通常通过降低产品(项目)的成本或提高顾客所需的功能来实现价值的增加。价值管理(value management,VM)是价值规划(value plan,VP)、价值工程(value engineering,VE)和价值分析(value analysis,VA)的联合体,通过集中应用 VP、VE、VA 多种技术来保证项目增值。利用价值管理的基本原理和方法,以满足工程项目相关方的利益为目标,最终实现项目价值最大化和项目利益各相关方的最高满意度。在项目决策阶段和方案设计阶段价值管理的主要工作就是价值规划,解决"建造什么"的问题;项目实施阶段的主要工作就是价值工程,解决"应怎么建造"的问题;在项目投产运营阶段价值管理主要工作就是价值分析。

1.5.3　工程项目管理的知识体系

项目管理知识体系是指由权威组织所发布的,总结了得到广泛认可项目管理知识,规定了项目管理的工作内容和工作流程的标准化文件。项目管理知识体系确立了项目管理的知识基础,规范了项目管理的内容和范围,为项目管理的理论研究和实践活动提供了必要的平台,是项目管理专业组织开展项目管理专业人员认证活动的依据。

截至目前,国际上已有美国、英国、德国、法国、瑞士、澳大利亚等国的十几个版本的项目管理知识体系。项目管理知识体系目前正处于不断完善和发展的过程中,目前最为流行的主要有美国的项目管理知识体系(PMBOK)、英国结构化项目管理方法(PRINCE2)和国际项目管理资质标准(ICB)等。

1. 美国的项目管理知识体系(PMBOK)

《项目管理知识体系指南》(The Guide to the Project Management Body of Knowledge)是成立于1969年的美国项目管理学会(PMI)编写的,已经成为美国项目管理的国家标准之一。PMI编写的PMBOK是在相关人员的自愿参与和共同协商下开发的,开发过程汇集了一批志愿者,并广泛收集了对指南感兴趣的人士观点。PMI并没有独立测试、评估或核实该指南所含信息的准确性、完整性以及有效性。PMI项目管理知识体系每4年更新一次,每次更新都会参考行业领域的最佳实践。PMBOK的主要目的在于系统地定义和描述项目管理知识体系中已被普遍接受的知识体系;另一个目的是希望提供一个项目管理专业通用的词典,以便对项目管理进行讨论,并为那些对项目管理专业有兴趣的人员提供一个基本参考书。PMI的项目管理知识体系对项目管理学科的最大贡献是它首次提出了项目管理知识体系的概念,首次为项目管理学科建立了理论和实践的标准和规范。

项目管理知识体系使用"知识领域"(knowledge areas)的概念,将项目管理需要的知识分为若干独立部分,每个独立部分包含若干过程。第五版项目管理知识体系(2012年)将知识分为10个相对独立的部分,即范围管理、时间管理、成本管理、质量管理、人力资源管理、沟通管理、采购管理、干系人管理、风险管理和集成管理。每个知识领域包含若干过程(process)组,即启动(initiating)、计划(planning)、执行(executing)、控制(controlling)、结束(closing)过程组,这些知识领域以及过程组构成整个项目管理知识体系框架。PMI项目管理知识体系的10个知识领域和其中的过程组如表1-1所示。

表1-1　项目管理过程组与知识领域

	启动过程组	规划过程组	执行过程组	监控过程组	收尾过程组
项目整合管理	制定项目章程	制定项目管理计划	指导与管理项目执行	监控项目工作 实施整体变更控制	结束项目或阶段
项目范围管理		收集需求 定义范围 创建工作分解结构		核实范围 控制范围	
项目时间管理		定义活动 排列活动顺序 估算活动资源 估算活动持续时间 制定进度计划		控制进度	
项目成本管理		估算成本 制定预算		控制成本	
项目质量管理		规划质量	实施质量保证	实施质量控制	
项目人力资源管理		制定人力资源计划	组建项目团队 建设项目团队 管理项目团队		

	启动过程组	规划过程组	执行过程组	监控过程组	收尾过程组
项目沟通管理		规划沟通	管理沟通	控制沟通	
项目风险管理		规划风险管理 识别风险 实施定性风险分析 实施定量分析分析 规划风险应对		监控风险	
项目采购管理		规划采购	实施采购	管理采购	结束采购
干系人管理	识别干系人	规划干系人管理	管理干系人参与	控制干系人参与	

2. 英国结构化项目管理方法(PRINCE2)

PRINCE 是 Project in Controlled Environment(受控环境下的项目)的简称。PRINCE2 描述了如何以一种逻辑性的、有组织的方法,按照明确的步骤对项目进行管理。它不是一种工具也不是一种技巧,而是结构化的项目管理流程。20 世纪 70 年代,英国政府就要求所有政府的信息系统项目必须采用统一的标准进行管理。2009 年推出 PRINCE2 第 5 版。PRINCE2 最初是为 IT 行业开发的,现在已发展成为通用于各种大小、各个领域的项目的管理方法。

PRINCE2 中涉及 8 类管理要素(component)、8 个管理过程(process)以及 4 种管理技术(technology)。管理要素包括组织(organization)、计划(plan)、控制(control)、项目阶段(stage)、风险管理(management of risk)、在项目环境中的质量(quality in project environment)、配置管理(configuration management)以及变化控制(change control)等。8 类管理要素是 PRINCE2 管理的主要内容,其贯穿于 8 个管理过程中。PRINCE2 提供从项目开始到项目结束覆盖整个项目生命周期的、基于过程(process-based)的、结构化的项目管理方法,共包括 8 个过程,每个过程描述了项目为何重要(why)、项目的预期目标何在(what)、项目活动由谁负责(who)以及这些活动何时被执行(when)。8 个过程是:指导项目(directing a project,DP)、开始项目(starting up a project,SU)、启动项目(initiating a project,IP)、管理项目阶段边线(managing stage boundaries,SB)、阶段控制(controlling a stage,CS)、管理产品交付(managing product delivery,MP)、结束项目(closing a project,CP)、计划(planning,PL)。其中,DP 和 PL 过程贯穿项目始终,支持其他 6 个过程。项目管理过程中常用到的一些技术主要有:基于产品的计划(product-based planning)、变化控制方法(change control approach)、质量评审技术(quality review technique)以及项目文档化技术(project filing techniques)。

3. 国际项目管理资质标准(ICB)

国际项目管理资质标准(International Competence Baseline,ICB)是国际项目管理学会(International Project Management Association,IPMA)建立的知识体系。IPMA 在 1998 年确认了全球通用体系 ICB 的概念,2006 年发布了 ICB 的最新版本——ICB3。ICB 要求国际项目管理人员必须具备的专业资质包括 7 大类、60 个细项(表 1-2)。

每一细项的评判分为低、中、高三个档次。分类、标准、指导及参照构成了完整的 ICB 评估系统。ICB 作为项目管理资质与能力评估模型,建立在美国项目管理学会(PMI)的方法论及道德伦理基础之上。然而,与 PMI 关注项目流程、PRINCE2 关注项目产品不同的是,ICB 关注的是项目管理者的资质与能力。

表 1-2　国际项目管理人员必须具备的专业资质

大　类	细　项
（1）基本项目管理	1）项目和项目管理、2）项目管理实施、3）项目化管理、4）系统方法整合、5）项目范畴、6）项目阶段和生命周期、7）项目发展和评估、8）项目目标和战略、9）项目成功和失败标准、10）项目启动、11）项目结束
（2）方法和技术	12）项目结构、13）内容和范围、14）时间表、15）资源、16）项目成本和财务、17）配置和调整、18）项目风险、19）绩效度量、20）项目控制、21）信息、文件和报告
（3）组织能力	22）项目组织、27）采购、合同、30）标准和规章、31）问题处理、32）谈判、会议、33）永久组织、34）业务流程、35）个人发展、36）组织学习
（4）社会能力	23）团队合作、24）领导力、25）沟通、26）冲突和危机
（5）一般管理	28）项目质量管理、29）项目信息系统、37）变革管理、38）营销和产品管理、39）系统管理、40）安全、健康与环境、41）法律事务、42）金融和会计
（6）个人态度	43）沟通能力、44）动机（主动、积极、热情）、45）关联能力（开放度）、46）价值升值能力、47）说服能力（解决冲突、论辩文化、公正性）、48）解决问题能力（全面思考）、49）忠诚度（团结合作、乐于助人）、50）领导力
（7）一般印象	51）逻辑、52）思维的结构性、53）无错、54）清晰、55）常识、56）透明度、57）简要、58）中庸、59）经验视野、60）技巧

4. 中国项目管理知识体系

　　"中国项目管理研究委员会"于 2001 年 7 月推出了《中国项目管理知识体系》(Chinese-Project Management Body of Knowledge,C-PMBOK)第 1 版,2006 年 10 月推出了第 2 版。与其他国家的 PMBOK 相比较,C-PMBOK 的突出特点是以生命周期为主线,以模块化的形式来描述项目管理所涉及的主要工作及其知识领域。体现中国项目管理特色,扩充了项目管理知识体系的内容。以项目生命周期为基本线索展开,从项目及项目管理的概念入手,按照项目开发的四个阶段,即概念阶段、开发阶段、实施阶段及收尾阶段,分别阐述了每一阶段的主要工作及其相应的知识内容,同时考虑到项目管理过程中所需的共性知识及其所涉及的方法工具。面向构建中国项目管理学科体系的目标,基于体系化与模块化的要求,提出了表 1-3 所示的 C-PMBOK2006 体系框架和模块化结构。

表 1-3　基于项目生命周期的项目管理知识体系

2　项目与项目管理			
2.1　项目　2.2 项目管理			
3　概念阶段	4　开发阶段	5　实施阶段	6　收尾阶段
3.1　一般机会研究	4.1　项目背景描述	5.1　采购规划	6.1　范围确认
3.2　特定项目机会研究	4.2　目标确定	5.2　招标采购的实施	6.2　质量验收
3.3　方案策划	4.3　范围规划	5.3　合同管理基础	6.3　费用决策与审计
3.4　初步可行性研究	4.4　范围定义	5.4　合同履行和收尾	6.4　项目资料与验收
3.5　详细可行性研究	4.5　工作分解	5.5　实施计划	6.5　项目交接与清算
3.6　项目评估	4.6　工作排序	5.6　安全计划	6.6　项目审计
3.7　项目商业计划书编写	4.7　工作延续时间估计	5.7　项目进展报告	6.7　项目后评价
	4.8　进度安排	5.8　进度控制	
	4.9　资源计划	5.9　费用控制	

4.10 费用估计	5.10 质量控制	
4.11 费用预算	5.11 安全控制	
4.12 质量计划	5.12 范围变更控制	
4.13 质量保证	5.13 生产要素管理	
	5.14 现场管理与环境保护	
7 公用知识		
7.1 项目管理组织形式	7.7 企业项目管理	7.13 信息分发	7.19 风险监控
7.2 项目办公室	7.8 企业项目管理组织设计	7.14 风险管理规划	7.20 信息管理
7.3 项目经理	7.9 组织规划	7.15 风险识别	7.21 项目监理
7.4 多项目管理	7.10 团队建设	7.16 风险评估	7.22 行政监督
7.5 目标管理与业务过程	7.11 冲突管理	7.17 风险量化	7.23 新经济项目管理
7.6 绩效评价与人员激励	7.12 沟通规划	7.18 风险应对计划	7.24 法律法规
8 方法与工具		
8.1 要素分层法	8.7 不确定性分析	8.12 工作分解结构	8.17 质量技术文件
8.2 方案比较法	8.8 环境影响评价	8.13 责任矩阵	8.18 并行工程
8.3 资金的时间价值	8.9 项目融资	8.14 网络计划技术	8.19 质量控制的数理统计方法
8.4 评价指标体系	8.10 模拟技术	8.15 甘特图	
8.5 项目财务评价	8.11 里程碑计划	8.16 资源费用曲线	8.20 挣值法
8.6 国民经济评价方法			8.21 有无比较法

1.5.4 工程项目管理的职业资格

工程项目管理已经总结出了一套知识体系,那么如何评价从业人员是否掌握了这样的知识体系,这就涉及资格认定。一般来说,职业资格包括从业资格和执业资格,是对从事某一职业(例如项目管理)所必备的学识、技术和能力的基本要求,反映了从业者为适应职业劳动需要而运用的特定知识、技术和技能。其中,从业资格是指从事某一专业(工种)学识、技术和能力的起点标准;执业资格是指政府对某些责任较大、社会通用性强、关系公共利益的专业(工种)实行准入控制,是依法独立开业或从事某一特定专业(工种)学识、技术和能力的必备标准。

1. 国外的工程项目管理职业资格

国外的工程项目管理职业资格一般为从业资格,通过权威组织实行认证。目前影响较大的工程项目管理认证主要有:美国项目管理学会的 PMP 认证、国际项目管理学会的 IPMP 认证、英国皇家特许建造学会的国际执业资格认证等。

PMP 认证是 PMI 发起的认证考试,其目的是给项目管理人员提供统一的行业标准,申请人必须达到 PMI 规定的所有教育和经历要求,通过项目管理基础考试,才能获得 PMP 资格认证。PMP 现同时用英语、德语、法语、日语、西班牙语、葡萄牙语、汉语等九种语言进行考试。此外 PMI 的资格认证还包括助理项目管理专业人士(certified associate in project management,CAPM)和项目群管理专业人士(program management professional,PgMP)

的认证。

IPMP 是国际项目管理学会(IPMA)在全球推行的四级项目管理专业资质认证体系的总称。IPMP 是对项目管理人员知识、经验和能力水平的综合评估,根据 IPMP 认证等级划分,获得 IPMP 各级项目管理认证的人员,将分别具有负责大型国际项目、大型复杂项目、一般复杂项目或具有从事项目管理专业工作的能力。IPMA 依据国际项目管理专业资质标准,将项目管理专业人员资质认证划分为四个等级,即 A 级、B 级、C 级、D 级。A 级证书认证的是高级项目经理(certificated project director),获得这一级认证的项目管理专业人员有能力指导一个公司(或一个分支机构)的包括有诸多项目的复杂规划,有能力管理该组织的所有项目,或者管理一项国际合作的复杂项目。B 级证书认证的是项目经理(certificated project manager),获得这一级认证的项目管理专业人员可以管理一般复杂项目。C 级证书认证的是项目管理专家(certificated project management professional),获得这一级认证的项目管理专业人员能够管理一般非复杂项目,也可以在所有项目中辅助项目经理进行管理。D 级证书认证的是项目管理专业人员(certificated project management practitioner),获得这一级认证的项目管理人员具有项目管理从业的基本知识,并可以将其应用于某些领域。

英国皇家特许建造学会(CIOB)成立于 1834 年,是主要由从事建筑管理的专业人员组织起来的非营利性质的学会,一直致力于在建筑业内建立、推行以及维护最佳标准,并且以全球的眼光推进建筑管理人才的培养和教育。CIOB 的个人会员,遍及 90 多个国家。CIOB 的会员具有不同的层次,其中资深会员和正式会员被称为"特许建造师"(chartered builder),该资格已成为业内最高级别的专业资格,代表了对个人在学术领域以及工作实际能力的认可。

2. 国内的工程项目管理职业资格

国内的工程项目管理职业资格包括执业资格和从业资格两种。涉及工程项目管理的执业资格主要有注册建造师、注册监理工程师、注册咨询工程师(投资)、注册造价工程师和注册设备监理师等;涉及工程项目管理的从业资格主要有项目管理师、投资建设项目管理师(职业水平证书)和招标师等,如表 1-4 所示。

表 1-4　国内的工程项目管理相关职业资格

序　号	名　称	管理部门	承办单位	实施时间
1	注册监理工程师	住房和城乡建设部	中国建设监理协会	1992 年 07 月
2	注册造价工程师	住房和城乡建设部	中国建设工程造价协会	1996 年 08 月
3	注册咨询工程师(投资)	国家发展和改革委员会	中国工程咨询协会	2001 年 12 月
4	注册建造师	住房和城乡建设部	住房和城乡建设部注册中心	2003 年 01 月
5	注册设备监理师	国家质量监督检验检疫总局	中国设备监理协会	2003 年 10 月
6	项目管理师	劳动和社会保障部		2002 年 09 月
7	投资建设项目管理师(职业水平证书)	国家发展和改革委员会	中国投资协会	2005 年 02 月
8	招标师	国家发展和改革委员会	中国招标投标协会	2008 年 06 月

注:为降低制度性交易成本、推进供给侧结构性改革,为大中专毕业生就业创业和去产能中人员转岗创造便利条件,招标师于 2016 年被取消。

在以上职业资格中，注册建造师的影响较为深远。2002年12月人事部、建设部联合下发了《关于印发〈建造师执业资格制度暂行规定〉的通知》，明确规定在我国对从事建设工程项目总承包及施工管理的专业技术人员实行注册建造师执业资格制度。注册建造师是以专业技术为依托、以工程项目管理为主业的执业注册人员。注册建造师是懂管理、懂技术、懂经济、懂法规，综合素质较高的复合型人才，既要有理论水平，也要有丰富的实践经验和较强的组织能力。

1.6　工程项目管理模式

具有项目管理知识以及经验的管理人员负责或者参与一个工程项目，其发挥的作用与工程管理模式有关。工程项目管理模式是工程项目建设的基本组织模式以及在完成项目过程中各参与方所扮演的角色及合同关系，在某些情况下，还包括项目完成后的运行方式。它决定了工程项目管理的总体框架以及项目参与各方的职责、义务和风险分担，因而在很大程度上决定了项目的合同管理方式以及建设速度、工程质量和成本。在工程实践中形成了多种工程项目管理模式，并且这些模式正在不断地得到创新和发展。

1.6.1　传统的项目管理模式

在能源动力工程等领域，传统的项目管理模式即"设计-招投标-建造"（Design-Bid-Build，DBB）模式，将设计、施工分别委托不同单位承担。该模式的核心组织为"业主-工程师-承包商"。该模式的各方关系如图1.3所示。

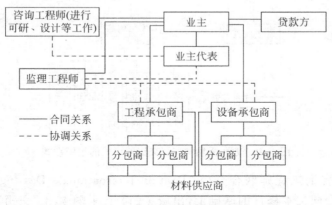

图1.3　传统的项目管理模式

这种模式由业主委托咨询工程师进行前期的可行性研究等工作，待项目评估立项后再进行设计，设计基本完成后协助业主通过招标选择承包商。业主和承包商签订工程施工合同，由承包商与分包商和供应商单独订立分包及设备材料的供应合同并组织实施。业主一般指派由本单位选派或从其他公司聘用的业主代表与咨询方和承包商联系，负责有关的项目管理工作。施工阶段的质量控制和安全控制等工作一般授权监理工程师进行。

从业主的视角而言，传统的项目管理模式有优势也有劣势。由于这种模式长期地、广泛地被世界各地采用，因而管理方法成熟，各方对有关程序都很熟悉。业主可自由选择咨询设计人员，可控制设计要求，施工阶段也比较容易提出设计变更；可自由选择监理人员监理工程；可采用各方均熟悉的标准合同文本（如FIDIC"施工合同条件"），有利于合同管理和风险管理,但其缺点也很突出。通常项目设计-招投标-建造的周期较长,监理工程师对项目的工期不易控制;管理和协调工作较复杂,业主管理费较高,前期投入较高;对工程总投资不易控制,特别在设计过程中对"可施工性"考虑不够时,容易产生变更,从而导致较多的索赔;出现质量事故时,设计和施工双方容易互相推诿。

1.6.2　工程总承包项目管理模式

工程总承包是指从事工程总承包的企业受业主委托,按照合同约定对工程项目的勘察、设计、采购、施工、试运行(竣工验收)等实行全过程或若干阶段的承包。工程总承包企业按照合同约定对工程项目的质量、工期、造价等向业主负责。工程总承包企业可依法将所承包工程中的部分工作发包给具有相应资质的分包企业,分包企业按照分包合同的约定对总承包企业负责。工程总承包的具体方式、工作内容和责任等内容由业主与工程总承包企业在合同中约定。工程总承包主要有如下模式:

1. 设计-采购-施工(Engineering Procurement Construction,EPC)总承包

EPC 总承包又称交钥匙总承包,这种模式于 20 世纪 80 年代首先在美国出现,该模式指工程总承包企业按照合同约定,承担工程项目的设计、采购、施工、试运行服务等工作,并对承包工程的质量、安全、工期、造价全面负责,使业主获得一个现成的工程,由业主"转动钥匙"就可以运行,如图 1.4 所示。

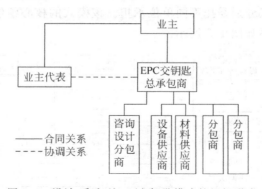

图 1.4　设计-采购-施工/交钥匙模式的组织形式

1999 年国际咨询工程师联合会(Fédération lnternationale Des lngénieurs Conseils,FIDIC)在原有的合同文本修订的基础上,出版了《设计-采购-施工/交钥匙工程合同条件》(Conditions of Contract EPC Turnkey Projects,又称"银皮书")。EPC 工程管理模式代表了现代西方工程项目管理的主流。EPC 模式的重要特点是充分发挥市场机制的作用,不仅是业主,而且也包括承包商、设计师等均把工程项目作为投资项目实施,通常仅规定技术标准规范、技术要求和其他基本要求,以使承包商、设计师、建筑师共同寻求最经济、最有效的方法实施工程项目。当然在项目竣工验收时,仍然要按合同的要求对工程项目及其中的设备进行相应的严格检查与验收。EPC 模式为我国现有的工程项目建设管理模式的改革提供了新的动力。通过 EPC 工程项目公司的总承包,可以解决设计、采购、施工、试运行整个过程的不同环节中存在的突出矛盾,使工程项目实施获得优质、高效、低成本的效果。EPC 模式主要适用于化工、冶金、电站、铁路等大型基础设施工程项目,以及含有机电设备的采购和安装的工程项目等。

2. 设计-施工总承包(Design-Build)

设计-施工总承包是指工程总承包企业按照合同约定,承担工程项目设计和施工,并对承包工程的质量、安全、工期、造价全面负责。FIDIC 1999 年版《设备和设计-建造合同条件》(Conditions of Contract for Plant and Design-Build)便适用于此模式。此模式的优点在于,对于业主而言,只与一家承包商有合同关系,合同管理相对简单;因设计由承包商负责,减少了索赔;施工经验能够融入设计过程中,有利于提高可建造性;对投资和完工日期有实质的保障。但缺点是,如果业主提出变更,则代价较大。

3. 设计-管理总承包(Design-Management)

设计-管理模式通常是指由同一单位向业主提供设计和施工管理服务的项目管理方式。设计-管理模式可以通过两种形式实施,如图 1.5 所示。

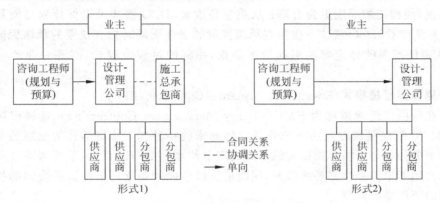

图 1.5　设计-管理模式的两种实施形式

形式 1)是业主与设计-管理公司和施工总承包商分别签订合同,由设计-管理公司负责设计并对项目实施进行管理;形式 2)是业主仅与设计-管理公司签订合同,再由该公司分别与各个单独的分包商和供应商签订分包合同,由他们负责施工和供货。

该模式通常以设计单位为主,可对总承包商或分包商采用阶段发包方式,从而加快工程进度。设计-管理公司的设计能力相对较强,能充分发挥其在设计方面的强项。但是设计-管理公司往往施工管理能力较差,因此无法有效管理施工承包商。

根据工程项目的不同规模、类型和业主要求,工程总承包还可采用设计-采购总承包、采购-施工总承包等方式。

4. 设计-施工-运营模式(Design-Build-Operate,DBO)

设计-施工-运营模式是指由一个承包商设计并建设一个公共设施或基础设施,并且运营该设施(通常为5~25 年),满足在工程使用期间公共部门的运作要求。承包商负责设施的维修保养,以及更换在合同期内已经超过其使用期的资产。该合同期满后,资产所有权移交回给公共部门。DBO 模式的合同关系和协调管理关系如图 1.6 所示。

该模式通常应用于污水处理领域,国际咨询工程师联合会(FIDIC)于 2008 年发行了《设计-施工-运营合

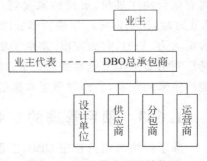

图 1.6　DBO 模式组织结构图

同条件》("金皮书")。FIDIC以往出版的都是针对项目的建设过程编制的合同条件,但随着国际建设市场的发展,FIDIC注意到国际建设市场的这种新的工程交付方式,即:将工程的设计、施工和安装、运营和维护,归入一个单一的合同,授予一个单独的承包商,由其完成工程的设计、建造和运营服务。但同时具备设计、建造和运营服务能力的公司是很少的,因此承担DBO项目的公司通常是一个联营体或联合企业。

DBO模式不涉及融资,承包商收回成本的唯一途径就是公共部门的付款,项目所有权始终归公共部门所有。设计和施工成本在竣工时由政府全额支付(有些情况下在竣工后分期支付),运营期间由政府部门对承包商的运营服务付费。在DBO模式下,责任主体比较单一、明确,风险全部转移给DBO的主体,设计、施工、运营三个过程均由一个责任主体来完成。DBO模式也可以优化项目的全寿命周期成本。从时间角度看,DBO模式可以减少不必要的延误,使施工的周期更为合理;从质量角度看,DBO模式可以保证项目质量长期可靠;从财务角度看,DBO模式下仅需要承担简单的责任而同时拥有长期的承诺保障。但是DBO模式责任范围的界定容易引起较多争议,招标的过程也较长,需要专业的咨询公司介入。

5. 合同能源管理模式(Energy Performance Contract,EPC)

过去在国内广泛地被称为EMC(Energy Management Contracting),这种市场化机制是20世纪70年代在西方发达国家开始发展起来的一种基于市场运作的全新的节能新机制。节能服务公司与用能单位以契约形式约定节能项目的节能目标,节能服务公司为实现节能目标向用能单位提供必要的服务,用能单位以节能效益支付节能服务公司的投入及其合理利润的节能服务机制。

北京热华能源科技有限公司(以下简称热华公司)曾以清华大学开发的多流程卧式循环流化床锅炉技术,在烟草生产领域用EPC模式进行了商业推广。卷烟生产过程中每年约产生30万吨烟梗废弃物,烟梗属于特殊工业废弃物,受烟草专卖法的保护,必须经过严格的毁形处理,不能出厂。烟梗具有热值低、焦油及烟碱等有害物含量高等特点,燃烧时易结焦、易黏接、易积灰,热华公司采用燃烧的方法处理烟梗废弃物,并回收热能生产蒸汽供烟草烘干使用,实现了复烤烟梗减量化、资源化循环利用。在EPC服务期间,热华公司为烟叶复烤厂提供能源审计、项目设计、项目融资、设备采购、工程施工、设备安装调试、人员培训、节能量确认和保证等一整套的节能服务,将复烤产生烟梗全部进行燃烧处理,同时按照约定价格为复烤厂生产提供蒸汽,取得收益。热华公司与中国烟草专卖局所辖的多个烟叶复烤厂签订了BOT协议,合同期限均在7年以上,投资回收期2~2.5年(不含建设期)。以湖南烟叶复烤有限公司在郴州、永州两家复烤厂为例,每年两厂燃烧处理复烤烟梗1.7万吨,产蒸汽7.6万吨,比照传统的烟梗毁形处理技术(填埋、定点焚烧和粉碎40目以下),复烤厂节约了大量人力、物力、财力支出,避免了填埋造成的环境污染隐患,年节约经费约1123万元。复烤厂不需要承担节能实施的资金、技术及风险,并且可以更快地降低能源成本,获得实施节能后带来的收益,合作取得了双赢的效果。

1.6.3 项目管理的专业化模式

除了传统的项目管理DBB、工程总承包模式外,项目管理人员或者项目管理公司可受业主委托,在项目设计和施工阶段参与,提供专业化的管理服务。项目管理人员或项目管理公司代表业主对工程项目的组织实施进行全过程或若干阶段的管理,帮助业主做项目前期策划,可行性研究、项目定义、项目计划,以及工程实施的设计、采购、施工和试运行等工作。主要采用以下几种模式。

1. 项目管理(Project Management,PM)模式

项目管理模式是从事工程项目管理的企业受业主委托,按照合同约定,代表业主对工程项目的组织实施进行全过程或若干阶段的管理和服务。该模式下的合同关系和协调关系如图1.7所示。

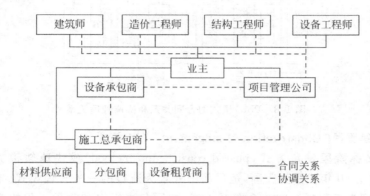

图 1.7 PM 模式的合同关系和协调管理关系

项目管理单位按照合同约定,在工程项目决策阶段,为业主编制可行性研究报告,进行可行性分析和项目策划;在工程项目实施阶段,为业主提供招标代理、设计管理、采购管理、施工管理和试运行(竣工验收)等服务,代表业主对工程项目进行质量、安全、进度、费用、合同、信息等管理和控制。项目管理企业不直接与该工程项目的总承包企业或勘察、设计、供货、施工等企业签订合同。项目管理企业一般应按照合同约定,只承担相应的管理责任。

对于业主而言,使用 PM 模式能够利用专业项目管理单位的管理经验,使咨询单位全心全意地做专业咨询工作,有利于缩短项目工期,对总成本、进度和质量控制比传统的施工合同更有效,但增加了业主的额外费用。另外,业主与设计单位之间通过项目管理单位进行沟通,不利于提高沟通质量,同时,项目管理单位的职责不易明确。PM 模式主要用于大型项目或大型复杂项目,特别是用在业主的管理能力不强的情况下。

2. 项目管理承包(Project Management Contracting,PMC)模式

项目管理承包是指工程项目管理企业按照合同约定,除完成项目管理(PM)模式的全部工作内容外,还负责完成合同约定的工程初步设计(基础工程设计)等工作。项目管理承包企业一般按照合同约定承担一定的管理风险和经济责任,其合同关系和协调管理关系如图1.8所示。

采用 PMC 模式可充分发挥管理承包商在项目管理方面的专业技能,统一协调和管理项目的设计与施工,有利于减少矛盾。管理承包商负责管理施工前阶段和施工阶段,有利于减少设计变更。可方便地采用阶段发包,有利于缩短工期。一般情况下管理承包商承担的风险较低,有利于激励其在项目管理中的积极性和主观能动性,充分发挥其专业特长。但是由于在 PMC 模式下,业主与施工承包商没有合同关系,因而控制施工难度较大,与 PM 模式相比,增加了一个管理层,也就增加了一笔管理费。PMC 模式常用于国际性的大型项目。

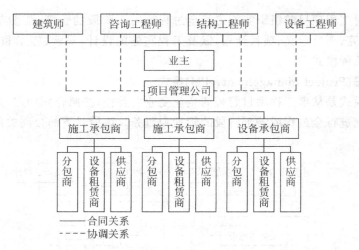

图 1.8　PMC 模式的合同关系和协调管理关系

3. 建筑工程管理(Construction Management，CM)模式

CM 模式又称阶段发包方式（phased construction method）或快速轨道方式（fast track method），20 世纪 60 年代源于美国，是目前国外较为流行的一种管理模式。该模式是由业主委托 CM 经理与工程师组成一个联合小组，共同负责组织和管理工程的规划、设计和施工。在进行项目总体规划、布局和设计时，要考虑到控制项目的总投资。在主体设计方案确定后，完成一部分工程的设计，即对这一部分工程进行招标，发包给一家承包商施工，由业主直接与承包商签订施工承包合同。CM 模式可以缩短工程从规划、设计到竣工的周期，减少投资风险，较早地取得收益。CM 经理较早地介入设计管理，可以预先考虑施工因素，改进设计的可施工性，也可运用价值工程改进设计。但分项招标可能导致承包费用较高，因而要做好分析比较，研究项目分项的多少，充分发挥专业分包商的专长。CM 模式可分为代理型（也称咨询型）和风险型（也称承包型）两种，如图 1.9 所示。

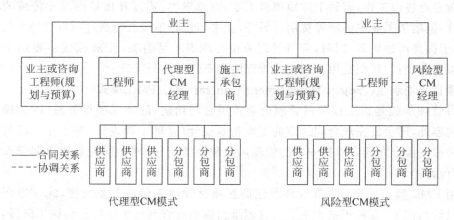

图 1.9　CM 模式的两种实施形式

采用代理型 CM 模式时，CM 经理作为业主的咨询和代理人，按照项目规模、服务范围和时间长短收取服务费，一般采用固定酬金加管理费（成本补偿合同）方式。业主在各施工阶段和承包商签订工程施工合同。在代理型 CM 模式下，业主可自由选定建筑师或工程师

进行设计,在招标前可确定完整的工作范围和项目原则,也可以有完善的管理与技术支持。但是在明确整个项目的成本之前投入较大,索赔与变更的费用可能较高,业主投资风险很大。由于分阶段招标,CM经理不可能对进度和成本做出保证。

采用风险型CM模式时,CM经理在开发和设计阶段相当于业主的顾问,而在施工阶段担任总承包商的角色,通常业主要求CM经理提出保证的最大工程费用(guaranteed maximum price,GMP)以保证业主的投资控制。如果最后结算超过GMP,由CM经理的公司赔偿,如果低于CMP,节约的投资归业主,但可按约定给予CM经理公司一定比例的奖励性提成。GMP包括工程的预算总成本和CM经理的酬金,但不包括业主的不可预见费、管理费、设计费、土地费、拆迁费和其他业主自行采购、发包的工作费用等。

在代理型CM模式中,CM经理与专业承包商是工作沟通关系,而在风险型CM模式中,CM经理与专业承包商之间是合同关系,并且由于CM经理为承包商承担了更多的风险,因此业主应给予其额外的报酬。

PM、PMC和CM的优、缺点简要比较见表1-5。

表1-5 PM、PMC和CM形式的比较

模　　式		优　　点	缺　　点
PM		有利于缩短项目工期,控制力较强	增加额外费用,不利于沟通和明确职责
PMC		有利于减少矛盾和设计变更,缩短工期,发挥承包商的专业特长	业主控制难度大,管理费增多
CM	代理型CM	业主自由选择权较大	投入较大,索赔变更费用高,投资风险大
	风险型CM	风险较小,有利于控制投资费用	业主的其余费用较高

1.6.4　公共设施及服务私营化模式

最近在国际上有引导地利用私人资本或由私营企业融资模式来提供传统上由政府提供的公共设施和社会公益服务的项目日益增多,这可统称为“公共设施及服务私营化模式”。这类项目在实施方式上不断创新,在理念上也在不断总结、完善与提高。

1984年土耳其总理厄扎尔(Targut Ozal)提出了建造-运营-移交(Build-Operate-Transfer,BOT)方式,并在全世界许多国家和地区采用。1992年,英国提出了私人主导融资(private finance initiative,PFI),到20世纪90年代末,英国政府总结80年代初私有化政策和早期PFI项目在实践中的经验教训,推动建立公私伙伴关系(Public-Private-Partnership,PPP)。与此同时,许多国际组织与其他国家也着手研究和推进PPP的发展,如联合国培训研究院、多边发展银行(包括世界银行和亚洲开发银行等)、欧盟委员会、美国PPP国家委员会、加拿大PPP国家委员会、日本政府经济贸易与工业部的研究会等,各国及组织对PPP的理解不尽相同,但在利用公私双方优势互补、提供公共设施和服务方面存在共识。可以认为,PPP涵盖了包括PFI在内的多种类型的公私合作方式。

1. BOT方式

BOT也称为“特许经营权”(concession)方式,它是指某一财团或若干投资人作为项目的发起人,从一个国家的中央或地方政府获得某项基础设施的特许建造经营权,然后由此类发起人联合其他各方组建股份制的项目公司,负责整个项目的融资、设计、建造和运营。在整个特许期内,项目公司通过项目的运营获得利润,有时地方政府考虑到运营收费不能太高,可能给项目公司一些优惠条件,以使项目公司降低其运营收费标准。项目公司以运营和经营所得利润偿还债务以及向股东分红。在特许期届满时,整个项目由项目公司无偿或以极低的名义价格移交给东道国地方政府。BOT 方式中的各参与方还包括地方政府、各类金融机构、运营公司、保险公司等,他们都为项目的成功实施承担各自的职责。BOT 方式的典型结构框架如图 1.10 所示。

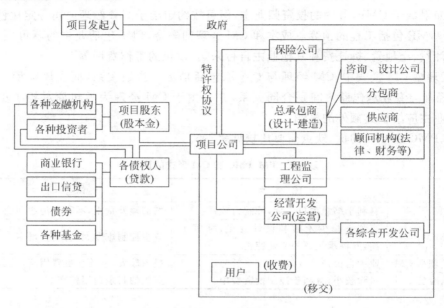

图 1.10　BOT 典型结构框架

BOT 是一种有限追索权的项目融资(limited-recourse project financing)方式,贷款人只承担有限的责任和义务,债权人只能对项目发起人(项目公司)在规定的范围、时间和金额上实现追索,即只能以项目自身的资产和运行时的现金流作为偿还贷款的来源,而不能追索到项目以外或相关担保以外的资产,如项目发起人所在的母公司的资产。

目前在世界上许多国家都在研究和采用 BOT 方式,我国的建设项目投资渠道也越加多元化,利用 BOT 建设的项目也逐渐增多。项目发起人既有外资企业、民营企业,也有国有企业,甚至地方政府。BOT 方式日益显现出其融资及项目管理的优越性。各国在 BOT 方式实践的基础上,又发展了多种引申的方式,如建造-拥有-运营-移交(Build-Own-Operate-Transfer,BOOT)、建造-拥有-运营(Build-Own-Operate,BOO)、建造-租赁-移交(Build-Lease-Transfer,BLT)、建造-移交(Build-Transfer,BT)等十余种。

BOT 方式能够减少政府直接投资的财务负担,减免了政府的债务风险,使亟须建设而政府又无力投资的基础设施项目提前建成发挥作用,有利于满足社会和公众的需要,加速生产力的发展。BOT 项目由外国的公司承担时,能够带来先进的技术和管理经验,有利于本国承包商的成长。但采用 BOT 承建的项目规模大、投资额高、建设和经营期限长,涉及各方的风险因素繁多复杂,在建造和经营的全过程中,各方均应做好风险防范和管理。涉及的参与方较多,合同关系十分复杂,需要很高的项目管理水平。项目收益的不确定性较大,政府在立项前需要做好充分的前期可行性研究及准备工作。BOT 项目的收入一般为当地货币,必须兑换成外汇汇入投资人所在国账户,对外汇储备较少的国家,如果项目公司的成员大多来自国外,项目建成后会有大量外汇流出。有时项目公司运营服务收费太高,可能会引起产品或服务的最终用户的不满,甚至引发社会问题。

2. PFI/PPP 方式

PFI/PPP 指利用私人或私营企业资金、人员、技术和管理优势,向社会提供长期优质的公共产品和服务。PFI/PPP 不同于私有化,公共部门作为服务的主要购买者或作为项目实施的法定控制者,扮演着重要角色,以保证公共利益的最终实现。PFI/PPP 也有别于买断经营,买断经营方式中私人部门受政府的制约很少,是比较完全的市场行为。与公共项目传统的发包承包相比,PFI/PPP 中私营部门还要负责融资和经营。伙伴关系(Partenership)意味着政府和私营企业在相互信任、资源共享的基础上达成一种短期或长期的协议,在考虑双方利益基础上,确定工程的共同目标,相互合作、共同解决问题、共同承担风险,以保证各参与方目标和利益的实现。

BOT、PFI、PPP 三者在本质上是一致的,都是采取由私营企业来负责或承担大部分项目融资的方式,实现了资源在项目全生命周期的优化配置。政府一般提供政策支持,但不直接参与或少量参与该类项目的管理工作。从 BOT 到 PFI/PPP,应用领域逐步扩大。BOT 一般适用于营利性公共设施项目,以便通过运营期的收费来偿还债务资金,而 PFI/PPP 为私营资本进入非营利性公共设施项目开辟了更广阔的途径,政府通过长期租用协议或建成后使用期的补贴等方式予以有力的支持。

1.6.5　项目管理模式的选择

根据工程项目的合同策略与管理关系的不同,考虑工程项目融资、设计、采购、施工、运营的一体化程度,以上谈及的工程项目管理模式的服务范围如图 1.11 所示。

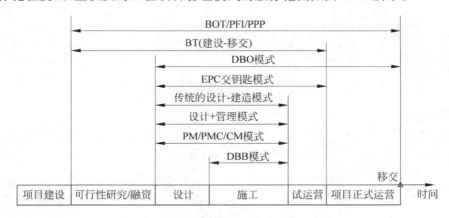

图 1.11　各项目管理模式服务范围示意图

每一种模式都有不同的优势和相应的局限性,适应于不同种类工程项目,业主可根据工程项目的特点选择合适的工程项目管理模式。在确定工程项目的管理模式时应考虑的主要因素包括:

(1)法律、行政法规、部门规章以及项目所在地的法规与规章和当地政府的要求。

(2)项目管理者和项目参与者对该管理模式认知和熟悉的程度,业主以及聘用的咨询

（监理）单位或管理单位对某种模式的管理经验是否适合该项目，有无标准的合同范本。

（3）项目的复杂性和对项目的进度、质量等方面的要求，如工期延误可能造成的后果。

（4）资金来源、融资有关各方对项目的特殊要求。

（5）项目的风险分担，即项目各方承担风险的能力和管理风险的水平。

（6）项目实施所在地建设市场的适应性，即在市场上能否找到合格的实施单位（承包商、管理分包商等）。

一个项目可以选择多种项目管理模式，当业主的项目管理能力比较强时，也可以将一个工程建设项目划分为几个部分，分别采用不同的项目管理模式。一般说来，工程项目的管理模式均由业主选定，但总承包商也可选用一些他需要的项目管理模式。另外，工程咨询方也应充分了解和熟悉国际上通用的和新发展的项目管理模式，才有可能为业主选择项目管理模式、当好顾问，在项目实施过程中协助业主做好项目管理。

能源动力工程项目管理法规

没有规矩,不成方圆。选择项目管理模式时要考虑法律、行政法规、部门规章以及项目所在地的法规与规章和当地政府的要求。在项目实施过程中,任何组织和任何个人都需要遵守当地的法规、约定的规范。我国的注册建造师执业资格考试把《建设工程法规及相关知识》作为单独一个科目进行考核,可见了解和熟悉法律、法规和规范对工程项目实施的重要意义。能源动力工程领域也有其特殊的法规和规范,本章提纲挈领地介绍一下我国与能源动力工程项目相关的法律、法规和规范等,希望读者能有初步的认识。

2.1 我国工程相关法律、法规、规范和管理制度

2.1.1 工程相关法律体系

法律体系是一个国家的全部现行法律分类组合而形成的有机联系的统一整体,在统一的法律体系中,因其所调整的社会关系的性质不同而划分成不同的法律,如宪法、经济法、行政法、刑法、刑事诉讼法、民法、婚姻法、民事诉讼法等,它们之间既相互区别,又相互联系、相互制约。

工程管理工作有科学性、法律性和政策性,因而项目管理的成功离不开法律体系的支持和制约。工程建设和运营过程涉及社会的方方面面,而且我国大量的工程建设都是由政府投资的,我国的工程管理与国家(政府)管理密切相关,法律和政策的影响非常大。为了使工程建设健康发展,实现工程建设行为的规范化、科学化,我国制定了一系列建设法律法规,这些建设法律、法规大大促进了我国工程建设管理水平的提高。它们的具体作用表现在以下几方面:

(1)规范建设行为。从事各种具体的建设活动都应遵循一定的行为规范和准则,即建设法律法规,所以建设法律法规对建设主体的行为有明确的规范和指导作用。

(2)保护合法建设行为。只有在法律允许范围之内所进行的建设行为,才能得到国家的承认与保护,通常才有有效性。

(3)处罚违法建设行为。通常,任何一部建设法律法规都有对违反该法律法规的建设行为的处罚规定。这种处罚规定是建设法律法规法律性的表现。建设法律法规要规范建设行为和保护合法的建设行为,必须对违反法律的建设行为给予应有的处罚,否则,建设法律法规则缺少强制制裁手段而变得没有实际意义。

把已经制定和需要制定的与建设项目相关法律、法规和部门规章等衔

接起来,形成一个相互联系、相互补充、相互协调的完整统一体系就是工程建设法规体系,它是国家法律体系的重要组成部分,同时又自成体系,具有相对独立性。我国工程建设法规体系可以用二维结构来描述(图 2.1)。

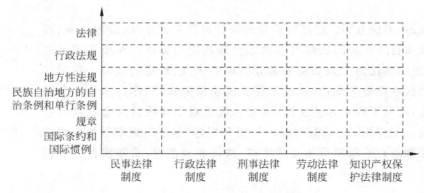

图 2.1　工程建设法律法规体系图

（1）根据法律法规的层次和立法机关的地位划分,可以形成纵向建设法律法规体系,分别为:

第一层次为法律,是由全国人大及其常委会颁布的法律文件。

第二层次为行政法规,是由国务院根据宪法和法律颁发的在其职权范围内制定的有关国家工程管理活动的各种规范性文件,如建设工程质量管理条例。

第三层次为地方性法规,是由有立法权的省、自治区和直辖市人大及常委会及省级人民政府所在地的市和国务院批准较大的市人大及常委会为执行和实施国家的法律法规,根据本行政区域的具体情况和实际需要,在法定权限范围内制定、发布并报国人民代表大会常委会和国务院备案的规范性文件。

第四层次为民族自治地方的自治条例和单行条例,是民族自治地方的人民代表大会依据当地民族的政治、经济和文化特点制定的具有自治性的地方规范性文件。

第五层次为规章,包括部门规章和地方规章。部门规章是指国务院各部委依据宪法、法律、法规,在权限范围内发布的命令、指示和规章,在各部委管辖范围内生效,其效力低于地方性法规。地方规章是指省级人民政府以及省、自治区所在地的市、经国务院批准较大的市的人民政府根据宪法、法律、行政法规、地方性法规制定的地方性规范文件。

第六层次为国际条约和国际惯例。

在纵向建设法规体系中,下层次的(如地方、地方部门)法规和规章不能违反上层次的法律和行政法规,而行政法规也不能违反法律,上下形成统一的法律体系。

（2）根据建设法规的不同调整对象划分,形成横向建设法规体系。

横向可分为民事法律制度、行政法律制度、刑事法律制度、劳动法律制度和知识产权保护法律制度五大类,这五大类法律制度也相互关联、相互补充。横向还可以按照工程建设活动的各主要方面分类,如合同法、建筑法、城乡规划法、招标投标法、工程勘察设计和工程建设标准化法规、工程建设管理(包括质量管理、安全管理、环境管理等方面)法规、城市房地产法规等。

纵横两种法规体系结合起来,形成内容完善的建设法规体系,任何参与工程的单位和人员都必须遵守。

2.1.2 与工程相关的重要法律

由全国人民代表大会及其常务委员会审议通过并颁布的属于全国性工程建设方面的法律主要有《合同法》《建筑法》《招标投标法》等,以下分别简要介绍。

(1) 合同法。《中华人民共和国合同法》于 1999 年 10 月 1 日起施行。其主要内容包括:合同法基本原则、合同的形式和主要内容、合同的签订过程、合同的法律效力、合同的履行、变更和终止、合同违约责任、合同争执的解决等。《合同法》适用于在社会上常见的合同类型,如买卖合同、供用电(水、气、热力)合同、赠与合同、借款合同、租赁合同、融资租赁合同、承揽合同、建设工程合同、运输合同、技术合同、保管合同、仓储合同、委托合同、行纪合同、居间合同等。

(2) 建筑法。《中华人民共和国建筑法》于 1998 年 3 月 1 日起施行,2011 年 4 月 22 日修订,是建筑工程活动的基本法。它分别就建筑许可、施工企业资质等级的审查、建筑工程发包与承包、建筑工程监理、建筑安全生产管理、建筑工程质量管理、法律责任等方面做了规定,凡在我国境内从事建筑活动及实施对建筑活动的监督管理,都应当遵守该法。

(3) 招标投标法。《中华人民共和国招标投标法》于 2000 年 1 月 1 日起施行。该法规定:所有大型基础设施、公用事业等关系社会公共利益、公众安全的项目,全部或部分使用国有资金投资或国家融资的项目,以及使用国际组织或者外国政府贷款、援助资金的项目,实行强制招标投标。这些项目必须采用招标方式发包工程,否则将不批准其开工建设,有关单位和直接责任人还将受到法律的惩罚。只有涉及国家安全、国家秘密、抢险救灾或者属于利用扶贫资金实行以工代赈、需要使用农民工等特殊情况及规模太小的工程,才可不进行招标,而采用直接发包的方式。

(4) 城乡规划法。《中华人民共和国城乡规划法》于 2008 年 1 月 1 日起施行,2015 年 4 月 24 日修订。该法针对不同的土地使用权获得方式(如划拨方式、出让方式),分别规定选址意见书的审批,建设工程规划许可证的办理程序、所提交的文件,用地审批手续,土地划拨,或土地使用权出让合同签订程序等。要求工程必须按照城市规划的要求和规定进行建设,并按照规定予以核实,未经核实或者经核实不符合规划条件的,建设单位不得组织竣工验收。

(5) 环境保护法。《中华人民共和国环境保护法》于 1989 年 12 月 26 日由全国人民代表大会常务委员会通过并实施,2014 年 4 月 24 日修订。它是保护生活环境与生态环境,防治污染和保护人体健康,调整国民经济各部门在发展经济与保护环境之间的法律依据。环境保护法明确规定,建设工程项目必须遵守国家有关建设项目环境保护管理的规定。例如,该法规定建设项目中防治污染的措施,必须与主体工程同时设计、同时施工、同时投产使用。

(6) 安全生产法。《中华人民共和国安全生产法》于 2002 年 11 月 1 日起施行,2014 年 8 月 31 日修订。该法对建设工程安全生产管理给出了若干规定。例如,建筑施工单位应当设置安全生产管理机构或者配备专职安全生产管理人员;施工企业的特种作业人员必须按照国家有关规定经专门的安全作业培训,取得特种作业操作资格证书,方可上岗作业;建设项目安全设施的设计人、设计单位应当对安全设施设计负责。

(7) 土地管理法。《中华人民共和国土地管理法》于 1986 年颁布,并于 1988 年、1998

年、2004 年进行了多次修订。土地管理法专门对建设用地做出了法律规定,如:以出让等有偿使用方式取得国有土地使用权的建设单位,按照国务院规定的标准和办法,缴纳土地使用权出让金等土地有偿使用费和其他费用后,方可使用土地。

(8)节约能源法。《中华人民共和国节约能源法》于 1998 年 1 月 1 日施行,并于 2016 年 7 月 2 日进行了修订。该法专门对建筑节能做出了法律规定,例如,建筑工程的建设、设计、施工和监理单位应当遵守建筑节能标准,不符合建筑节能标准的建筑工程,建设主管部门不得批准开工建设;已经开工建设的,应当责令停止施工,限期改正;已经建成的,不得销售或者使用。建设主管部门应当加强对在建建筑工程执行建筑节能标准情况的监督检查。

(9)消防法。《中华人民共和国消防法》于 1998 年颁布,并于 2008 年进行修订。该法对建设工程消防进行了规定,例如:建设工程的消防设计、施工必须符合国家工程建设消防技术标准;建设、设计、施工、工程监理等单位依法对建设工程的消防设计、施工质量负责;按照国家工程建设消防技术标准需要进行消防设计的建设工程竣工,应当进行消防验收、备案,未经消防验收或者消防验收不合格的,禁止投入使用。

2.1.3 与工程相关的重要法规和规章

建设工程法规包括行政法规和地方性法规。我国建设行政法规主要有《建设工程质量管理条例》《建设工程安全生产管理条例》《建设工程勘察设计管理条例》《安全生产许可证条例》《建设项目环境保护管理条例》《生产安全事故报告和调查处理条例》等。地方性法规,如一些省(市)的《建筑市场管理办法》等。主要法规介绍如下:

(1)《建设工程质量管理条例》于 2000 年 1 月 30 日起施行,2017 年 10 月 7 日进行了修订。凡在我国境内从事建设工程的新建、扩建、改建等有关活动及实施对建设工程质量监督管理的,必须遵守该条例,它对工程质量管理各方面作了十分严格的规定。例如,对工程建设基本程序的规定,从事建设工程活动,必须严格执行基本建设程序,坚持先勘察、后设计、再施工的原则;建设工程发包单位不得迫使承包方以低于成本的价格竞标,不得任意压缩合理工期;建设单位不得要求设计单位或施工单位违反工程建设强制性标准,降低建设工程质量;注册建筑师、注册结构工程师等注册执业人员应当在文件上签字,并承担相应的责任。

(2)《建设工程安全生产管理条例》于 2004 年 2 月 1 日起施行。它规定:建设单位、勘察单位、设计单位、施工单位、工程监理单位及其他与建设工程安全生产有关的单位,必须遵守安全生产法律、法规的规定,保证建设工程安全生产,依法承担建设工程安全生产责任。

(3)《建设工程勘察设计管理条例》于 2000 年 9 月 25 日起施行,2015 年 6 月 12 日做了修订。它针对从事建设工程勘察、设计活动的单位的资质管理,勘察、设计工作发包与承包,勘察、设计文件的编制与实施,以及对勘察、设计活动的监督管理等内容做了规定,以保证建设工程勘察、设计质量,保护人民生命和财产安全。

(4)《安全生产许可证条例》于 2004 年 1 月 13 日起施行,2014 年 7 月 29 日进行了修订。该条例是为了严格规范安全生产条件,进一步加强安全生产监督管理,防止和减少生产安全事故,根据《中华人民共和国安全生产法》的有关规定制定的。按照该法规定,对建筑施工企业实行安全生产许可制度,企业未取得安全生产许可证的,不得从事生产活动。

（5）《建设项目环境保护管理条例》于 1998 年 11 月 29 日发布施行，2017 年 6 月 21 日进行了修订。该条例是为了防止建设项目产生新的污染、破坏生态环境制定的。该条例规定：建设产生污染的工程，必须遵守污染物排放的国家标准和地方标准；在实施重点污染物排放总量控制的区域内，还必须符合重点污染物排放总量控制的要求。改建、扩建项目和技术改造项目必须采取措施，治理与该项目有关的原有环境污染和生态破坏。

（6）《民用建筑节能条例》于 2008 年 10 月 1 日起施行。其目的是加强民用建筑节能管理，降低民用建筑使用过程中的能源消耗，提高能源利用效率。条例对新建建筑和既有建筑的节能以及建筑用能系统的运行节能做出了规定，并明确了违反条例应承担的法律责任。

建设工程规章包括部门规章和地方规章。我国建设领域重要的部门规章有：《建筑工程施工许可管理办法》《建筑业企业资质管理规定》《建筑工程施工发包与承包计价管理办法》《房屋建筑工程质量保修办法》等。地方规章，如一些省（市）的《建设工程招标投标管理办法》等。

（1）《建筑工程施工许可管理办法》由建设部在 1999 年 12 月 1 日颁布，2014 年 10 月 25 日经修订后重新发布。该办法中规定："在中华人民共和国境内从事各类房屋建筑及其附属设施的建造、装修装饰和与其配套的线路、管道、设备的安装，以及城镇市政基础设施工程的施工，建设单位在开工前应当依照本办法的规定，向工程所在地的县级以上人民政府建设行政主管部门申请领取施工许可证。工程投资额在 30 万元以下或者建造面积在 300 m^2 以下的建筑工程，可以不申请办理施工许可证。"

（2）《建筑业企业资质管理规定》由建设部颁布，自 2007 年 9 月 1 日起施行，2015 年 1 月 22 日进行了修订。其内容包括建筑业企业资质序列、类别和等级，资质许可，监督管理和法律责任等。它是对《建筑法》《建设工程质量管理条例》《建设工程安全生产管理条例》的细化，对加强建筑活动的监督管理，维护公共利益和建筑市场秩序，保证建设工程质量安全有重要作用。

（3）《建筑工程施工发包与承包计价管理办法》由建设部颁布，自 2001 年 12 月 1 日起施行，2013 年 12 月 11 日进行了修订。该办法的目的是为了规范建筑工程施工发包与承包计价行为，维护建筑工程发包与承包双方的合法权益，促进建筑市场的健康发展。它对编制施工图预算、招标标底、投标报价、工程结算和签订合同价等计价活动做出了规定。

（4）《房屋建筑工程质量保修办法》由建设部于 2000 年 6 月 30 日颁布。该办法是为了保护建设单位、施工单位、房屋建筑所有人和使用人的合法权益，维护公共安全和公众利益，根据《中华人民共和国建筑法》和《建设工程质量管理条例》制定的。它对在中华人民共和国境内新建、扩建、改建各类房屋建筑工程（包括装修工程）的质量保修范围，在正常使用下，房屋建筑工程的最低保修期限和保修程序等做出了规定。

（5）《城市建设档案管理规定》由建设部于 1997 年 12 月 23 日发布，并于 2001 年 6 月 29 日作了修订。该规定是为了加强城市建设档案管理，充分发挥城建档案在城市规划、建设、管理中的作用，按照《中华人民共和国档案法》《建设工程质量管理条例》等制定的。

（6）《工程建设项目招标范围和规模标准规定》于 2000 年 5 月 1 日由国家发展计划委员会令第 3 号发布，自发布之日起施行。它对必须进行招标的工程建设项目的具体范围和规模标准做出了规定，并对招标投标活动进行了规范。

2.1.4　与工程相关的规范

工程规范是工程过程中各个工程专业要素的技术标准,它在工程实施和管理活动中有着重要的作用,是建设工程法制化和规范化的具体体现。规范分为国家标准和行业标准等。

国家标准按其约束性主要可以分为强制性和推荐性两大类。强制性国家标准指具有法律属性,在一定范围内通过法律、行政法规等手段强制执行的标准。它是对直接涉及人民生命财产安全、人身健康、环境保护和其他公众利益的技术要求进行的特别规定,其内容是必须严格执行的。我国工程建设标准规范体系总计约 3600 本,其中的绝大多数(97%)是强制性标准。除强制性标准以外的其他标准是推荐性标准,起指导性作用。

国家标准按照所调整的对象分为:工程建设勘察、规划、设计、施工(包括安装)及验收等通用的质量要求;工程建设通用的有关安全、卫生和环境保护的技术要求;工程建设通用的术语、符号、代号、量与单位、建筑模数和制图方法;工程建设通用的试验、检验和评定等方法;工程建设通用的信息技术要求;国家需要控制的其他工程建设通用的技术要求等。

这些标准都是十分详细的。以建筑材料为例,分别有水泥、水泥制品、玻璃、陶瓷、玻璃纤维、耐火材料、化学建材、建筑管材、纤维增强塑料、非金属矿、木材、石材、混凝土等各种标准。

行业标准是国家标准的补充,是指没有国家标准而又必须在全国某个行业范围内统一的技术要求。行业标准也分为强制性标准和推荐性标准。行业标准不得与国家标准相抵触,有关行业标准之间应当协调、统一、避免重复。建筑工程行业标准有材料的应用规程、各类建筑设计和施工规程、工程技术规范等。

2.1.5　工程管理体制

国家制定的法规、规范等需要落实,要有相应的管理部门来执行,我国工程相关的政府职责部门有住房与城乡建设部、国家发展与改革委员会、自然资源部等(2018 年 3 月国务院对机构进行了改革,相关部门有所调整)。下面分别简要介绍:

1. 住房和城乡建设部(简称住建部)

住房和城乡建设部是负责建设行政管理的国务院组成部门,前身为建设部,是我国工程管理最重要的部门,承担建设工程综合管理职能,与工程建设紧密相关的职能包括:

(1) 建立科学规范的工程建设标准体系。组织制定工程建设的国家标准,制定和发布工程建设全国统一定额和行业标准,拟订建设项目可行性研究评价方法、经济参数、建设标准和工程造价的管理制度,拟订公共服务设施建设标准并监督执行,指导监督各类工程建设标准定额的实施和工程造价计价,组织发布工程造价信息。

(2) 监督管理建筑市场、规范市场各方主体行为。组织实施房屋和市政工程项目招投标活动的监督执法,拟订勘察设计、施工、建设监理的法规和规章并监督和指导实施,拟订工程建设、建筑业、勘察设计的行业发展战略、中长期规划、改革方案、产业政策、规章制度并监督执行,拟订规范建筑市场各方主体行为的规章制度并监督执行,组织协调建筑企业参与国际工程承包、建筑劳务合作。

(3) 研究拟订城市建设的政策、规划并指导实施,指导城市市政公用设施建设、安全和应急管理,拟订全国风景名胜区的发展规划、政策并指导实施,会同文物主管部门负责历史文化名城(镇、村)的保护和监督管理工作等。

(4) 建筑工程质量安全监管。拟订建筑工程质量、建筑安全生产和竣工验收备案的政策、规章制度并监督执行,组织或参与工程重大质量、安全事故的调查处理,拟订建筑业、工程勘察设计咨询业的技术政策并指导实施。

(5) 推进建筑节能、城镇减排。会同有关部门拟订建筑节能的政策、规划并监督实施,组织实施重大建筑节能项目,推进城镇减排。

2. 国家发展和改革委员会

国家发展和改革委员会(简称"发改委")为国务院的组成部门,是综合研究制订经济和社会发展政策,进行总量平衡和宏观调控的部门,是我国工程投资管理最重要的部门。涉及工程建设管理方面的主要职责包括:

(1) 拟订并组织实施国民经济和社会发展战略、中长期规划和年度计划,统筹协调经济社会发展,研究分析国内外经济形势,提出国民经济发展和优化重大经济结构的目标、政策,提出综合运用各种经济手段和政策的建议,受国务院委托向全国人大提交国民经济和社会发展计划的报告。

(2) 负责规划重大建设项目和生产力布局,拟订全社会固定资产投资总规模和投资结构的调控目标、政策及措施,衔接平衡需要安排中央政府投资和涉及重大建设项目的专项规划。安排中央财政性建设资金,按国务院规定权限审批、核准、审核重大建设项目、重大外资项目、境外资源开发类重大投资项目和大额用汇投资项目。指导和监督国外贷款建设资金的使用,引导民间投资的方向,研究提出利用外资和境外投资的战略、规划、总量平衡和结构优化的目标和政策。组织开展重大建设项目稽查。指导工程咨询业发展。

(3) 推进经济结构战略性调整。组织拟订综合性产业政策,负责协调国民经济的产业发展等重大问题。

(4) 推进可持续发展战略,负责节能减排的综合协调工作,组织拟订发展循环经济、全社会能源资源节约和综合利用规划及政策措施并协调实施,参与编制生态建设、环境保护规划,协调生态建设、能源资源节约和综合利用的重大问题,综合协调环保产业和清洁生产促进有关工作。

3. 自然资源部(原国土资源部)

国土资源是我国国民经济的基础。2018年前国务院下设国土资源部,负责土地资源、矿产资源、海洋资源等自然资源的规划、管理、保护与合理利用,是国民经济发展的基础保障部门,2018年并入新组建的自然资源部。原国土资源部下属部门为各省市国土资源厅(局)。

原国土资源部涉及工程建设方面的主要职责包括:

(1) 拟订有关法律法规,发布土地资源、矿产资源、海洋资源等自然资源管理的规章;研究拟定管理、保护与合理利用土地资源、矿产资源、海洋资源政策;制订土地资源、矿产资源、海洋资源管理的技术标准、规程、规范和办法。

(2) 组织编制和实施国土规划、土地利用总体规划和其他专项规划;参与报国务院审批的城市总体规划的审核,指导、审核地方土地利用总体规划;组织矿产资源的调查评价,编制矿产资源保护与合理利用规划、地质勘查规划、地质灾害防治和地质遗迹保护规划。

(3) 拟定并按规定组织实施土地使用权出让、租赁、作价出资、转让、交易和政府收购管理办法,制订国有土地划拨使用目录指南和乡(镇)村用地管理办法,指导农村集体非农土地使用权的流转管理。

（4）指导基准地价、标定地价评测，审定评估机构从事土地评估的资格，确认土地使用权价格。承担报国务院审批的各类用地的审查报批工作。

4. 生态环境部（原环境保护部）

2018 年前环境保护部是国务院的一个部委，2018 年后重新组建生态环境部，原环境保护部涉及工程建设方面的主要职责包括：

（1）负责建立、健全环境保护基本制度。拟订并组织实施国家环境保护政策、规划，起草法律法规草案，制定部门规章。组织编制环境功能区划，组织制定各类环境保护标准、基准和技术规范，组织拟订并监督实施重点区域、流域污染防治规划和饮用水水源地环境保护规划。

（2）负责重大环境问题的统筹协调和监督管理。

（3）承担落实国家减排目标的责任。组织制定主要污染物排放总量控制和排污许可证制度并监督实施，提出实施总量控制的污染物名称和控制指标，督查、督办、核查各地污染物减排任务完成情况，实施环境保护目标责任制。

（4）负责提出环境保护领域固定资产投资规模和方向、国家财政性资金安排的意见，按国务院规定权限，审批、核准国家规划内和年度计划规模内固定资产投资项目，并配合有关部门做好组织实施和监督工作。参与指导和推动循环经济和环保产业发展。

（5）承担从源头上预防、控制环境污染和环境破坏的责任。受国务院委托对重大经济和技术政策、发展规划以及重大经济开发计划进行环境影响评价，按国家规定审批重大开发建设区域、项目环境影响评价文件。

5. 国家市场监督管理总局（原国家工商行政管理总局）

原国家工商行政管理总局是国务院主管市场监督管理和有关行政执法工作的直属机构，2018 年与国家质量监督检验检疫总局、国家食品药品监督管理总局等重组为国家市场监督管理总局。原国家工商行政管理总局涉及工程建设方面的主要职责包括：

（1）负责市场监督管理和行政执法的有关工作，起草有关法律法规草案，制定工商行政管理规章和政策。

（2）负责各类企业和从事经营活动的单位、个人以及外国（地区）企业常驻代表机构等市场主体的登记注册并监督管理，承担依法查处取缔无照经营的责任。

（3）依法规范和维护各类市场经营秩序，负责监督管理市场交易行为和网络商品交易及有关服务的行为。

（4）监督管理流通领域商品质量，组织开展有关服务领域消费维权工作，按分工查处假冒伪劣等违法行为，指导消费者咨询、申诉、举报受理、处理和网络体系建设等工作，保护经营者、消费者合法权益。

（5）负责对垄断协议、滥用市场支配地位、滥用行政权力排除限制竞争方面的反垄断执法工作（价格垄断行为除外）。依法查处不正当竞争、商业贿赂、走私贩私等经济违法行为。

（6）依法实施合同行政监督管理，负责依法查处合同欺诈等违法行为。

6. 其他部委

其他部委，如交通运输部、水利部等，这些部委负责本领域的国家工程的投资和建设管理，并对本领域的工程进行行业管理。它们与城乡建设部相辅相成，形成对工程的二维管理体系——综合性管理和部门管理。例如，水利部负责水资源的合理开发利用，拟定水利战略规划和政策、起草有关法律法规草案,制定部门规章,组织编制国家确定的重要江河湖泊的流域综合规划、防洪规划等。指导水利设施、水域及其岸线的管理与保护,指导大江、大河、大湖及河口、海岸滩涂的治理和开发,指导水利工程建设与运行管理,组织实施具有控制性的或跨省、自治区、直辖市及跨流域的重要水利工程建设与运行管理,承担水利工程移民管理工作。

2.1.6　工程管理制度

在我国的工程管理体制下,主要施行项目法人责任制、工程监督制、工程招投标制和合同管理制。这四项制度密切联系,构成了我国工程建设管理的基本制度,同时也提供了法律保障。

1. 建设项目法人责任制

在20世纪80年代前,我国政府投资工程项目建设模式是:工程立项后成立建设单位,由它负责工程的建设期的管理,工程建成后建设单位将工程移交给使用单位,工程建设单位就解散。从20世纪80年代中期开始,我国就试行政府投资项目法人责任制,项目法人就是能够独立承担民事责任的主体,经营性建设项目由项目法人对项目的策划、资金筹措、工程建设、生产经营、债务偿还和资产的保值增值等实行全过程负责。

依照《公司法》,国家发展计划委员会于1996年4月制定颁发了《关于实行建设项目法人责任制的暂行规定》。规定要求,国有单位经营性基本建设大中型项目必须组建项目法人,实行项目法人责任制。国家对固定资产投资项目试行资本金制度,1996年国务院颁布《关于固定资产投资项目试行资本金制度的通知》(国发〔1996〕35号),对各种经营性投资项目,包括国有单位的基本建设、技术改造、房地产开发项目和集体投资项目,试行资本金制度。投资项目必须首先落实资本金才能进行建设,并根据不同行业和项目的经济效益等因素,规定了投资项目资本金占总投资的比例。投资项目资本金比例已经成为我国国民经济宏观调控、经济结构调整和优化的重要手段。

2. 建设工程监理制度

建设工程监理是指具有相应资质的工程监理企业,接受建设单位的委托,承担其工程监督管理工作,并代表建设单位对承包商的建设行为进行监控的专业化服务活动。

我国从1988年开始监理试点,1996年全面推行监理制度。《建筑法》《建设工程质量管理条例》《建设工程监理范围和规模标准规定》对实行强制性监理的工程范围作了具体规定,需要强制进行监理的主要包括:①国家重点建设工程。②大中型公用事业工程,如总投资额在一定额度以上的供水、供电、供气、供热等市政工程,科技、教育、文化、体育、旅游、商业等工程,卫生、社会福利和其他公用工程。③成片开发建设的住宅小区工程。④利用外国政府或者国际组织贷款、援助资金的工程,包括使用世界银行、亚洲开发银行等国际组织贷款资金的工程,使用国外政府及其机构贷款资金的工程,使用国际组织或者国外政府援助资金的工程。⑤国家规定必须实行监理的其他工程,如总投资额在3000万元以上关系社会公共利益、公众安全的交通运输、水利建设、城市基础设施、生态环境保护、信息产业、能源等基础设施工程,以及学校、影剧院、体育场馆工程。

3. 招标投标制度

招标、投标是市场经济条件下进行大宗货物的买卖、工程建设的发包与承包以及服务的采购与提供时所采用的一种交易方式,是招标人通过招标文件将委托的工作内容和要求告知有兴趣参与竞争的工程承包企业,让他们按规定条件提出实施计划和价格,然后通过评审比选出信誉可靠、技术能力强、管理水平高、报价合理的承担单位,最终以合同形式委托工程任务。它作为一种竞争性交易方式能够对市场资源的有效配置起到积极作用。

招标投标制实际上是要确立一种公平、公正、公开的合同订立程序,全国人大颁布了《中华人民共和国招标投标法》,将招标投标活动纳入了法制管理的轨道。我国工程承包市场的主要交易方式就是招标投标。

4. 合同管理制度

在市场经济条件下,工程任务的委托、实施和完成主要是依靠合同规范当事人行为,合同的内容将成为开展建筑活动的主要依据。依法加强建设工程合同管理,可以保障建筑市场的资金、材料、技术、信息、劳动力的管理。因此,发展和完善建筑市场,必须要有严格的建设工程合同管理制度。

合同管理制度的基本内容就是要求建设工程的勘察、设计、施工、材料设备采购和建设工程监理都应依法订立合同。各类合同都要有明确的质量要求、履约担保和违约处罚条款,违约方要承担相应的法律责任等,在工程中应当严格按照法律和合同进行建设和管理。

为了推行建设领域的合同管理制度,建设部、发改委、工商行政管理局和其他有关部门在立法、颁布工程合同示范文本,以及它们的实际应用等方面做了大量的工作。1999 年 10月建设部与国家工商行政管理局联合颁布了《建设工程施工合同(示范文本)》《建设工程勘察合同(示范文本)》《建设工程设计合同(示范文本)》《建设工程委托监理合同(示范文本)》,这些示范文本对完善建设工程合同管理制度起到了极大的推动作用。

2007 年 11 月国家发改委、财政部、建设部、交通部、信息产业部、水利部、民用航空总局、广播电影电视总局联合制定了《〈标准施工招标资格预审文件〉和〈标准施工招标文件〉试行规定》及相关附件,对规范施工招标资格预审文件、招标文件的编制,促进招标投标活动的公开、公平和公正,以及合同的实施都有较大的影响。

2.1.7　工程管理国际惯例

我国工程承包企业逐渐走向国际工程市场,国内的工程承包市场已经对外开放。作为工程管理工作者,必须适应国际工程的环境和要求,使我们的思想、知识和理念更好地与国际接轨,懂得更多的工程管理的国际惯例。

工程管理国际惯例通常有:

1. 世界银行贷款项目工程采购标准招标文件

世界银行贷款项目的工程采购、货物采购及咨询服务的有关招标采购文件是国际上最通用的、传统管理模式的文件,也是典型的、权威性的招标文件。世界银行工程采购的标准招标文件(standard bidding documents for procure of work,SBDW)主要包括:投标邀请书、投标人须知、招标资料、合同通用条件、合同专用条件、技术规范、投标书、投标书附录和投标保函格式、工程量表、协议书格式、履约保函格式、银行保函格式、图纸、说明性注解、资格后审、争端解决程序,还附有"世界银行资助的采购中提供货物、土建和服务的合格性"的说明。

世界银行编制的工程采购的 SBDW 有以下规定和特点:

(1) SBDW 在全部或部分世界银行贷款额超过 1000 万美元的项目中必须强制性使用。

（2）SBDW 中的"投标人须知"和合同条件第一部分"通用合同条件"对任何工程都是不变的，如要修改，可放在"招标资料"和"专用合同条件"中。

（3）使用本文件的所有较重要的工程均应进行资格预审，或者经世界银行预先同意，也可在评标时进行资格后审。

（4）对超过 5000 万美元的合同（包括不可预见费）需强制采用三人争端审议委员会（DRB）的方法而不宜由工程师来充当准司法的角色。低于 5000 万美元的项目的争端处理办法由业主自行选择，可选择三人 DRB，或一位争端审议专家（DRE），或提交工程师作决定，但工程师必须独立于业主之外。

（5）招标文件适用于单价合同，如果要用于总价合同，必须对支付方法、调价方法、工程量表、进度表等重新改编。

2. FIDIC 合同条件

FIDIC 是指国际咨询工程师联合会，它是该联合会法语名称的缩写。"FIDIC"于 1913 年由欧洲三个国家的咨询工程师协会组成。从 1945 年二次世界大战结束后至今，国际咨询工程师联合会的成员来自世界各地 60 多个国家和地区，所以可以说 FIDIC 是最具权威的咨询工程师国际组织，中国在 1996 年正式加入该组织。

FIDIC 专业委员会编制了许多规范性的文件，这些文件不仅 FIDIC 成员采用，世界银行、亚洲开发银行、非洲开发银行的招标样本也常常采用。在 1999 年以前，FIDIC 编制出版知名的土建合同包括《土木工程施工合同条件》（红皮书），《电气和机械工程合同条件》（黄皮书），《设计-建造与交钥匙工程合同条件》（橘皮书），《土木工程施工分包合同条件》等。为了适应国际工程建筑市场的需要，FIDIC 于 1999 年 9 月出版了一套全新的标准合同条件，包括《施工合同条件》（新红皮书）、《工程设备、设计-建造合同条件》（新黄皮书）、《EPC/交钥匙工程合同条件》和适用于小规模项目的《简明合同格式》。

FIDIC 编制的各类合同条件有以下特点：

（1）国际性、通用性、权威性。FIDIC 合同条件是在总结国际工程合同管理各方面的经验教训的基础上制定的，并且不断地吸取各方意见加以修改完善。

（2）公正合理、职责分明。FIDIC 合同条件具体规定了业主、承包商的义务、职责和权利以及工程师的职责和权限，体现了在业主和承包商之间风险合理分担的精神，并且在合同条件中倡导合同各方以一种坦诚合作的精神去完成工程。

（3）程序严谨，易于操作。合同条件中对处理各种问题的程序都有严谨的规定，特别强调要及时处理和解决问题，以避免由于任一方消极懈怠而产生新的问题。另外，还特别强调各种书面文件及证据的重要性，这些规定使各方均有规可循，并使条款中的规定易于操作和实施。

（4）通用条件和专用条件的有机结合。通用条件中包括的内容是在国际工程承包市场上广泛应用的条款，反映的是国际工程管理中的惯例做法。专用条件则是在考虑到项目所在国或地区的法律环境、项目具体特点和业主对合同实施的不同要求，而对通用条件进行的具体化修改和补充。

3. 其他国际工程常用的合同管理文件和相关国际惯例

（1）ICE 合同文本（系列）。ICE 为英国土木工程师学会（The Institution of Civil Engineers）。1945 年 ICE 和英国土木工程承包商联合会颁布 ICE 合同条件。但它的合同原则和大部分的条款在19世纪60年代就出现,并一直在一些公共工程中应用,作为原FIDIC合同条件(1957年)编制的蓝本。它主要在英国和其他英联邦国家的土木工程中使用,特别适用于大型的比较复杂的工程。

(2)JCT合同条件。JCT合同条件为英国合同联合仲裁委员会(Joint Contracts Tribunal)和英国建筑行业的一些组织联合出版的系列标准合同文本。它主要在英联邦国家的私人和一些地方政府的房屋建筑工程中使用。JCT合同文本很多,适用于各种不同的工程情况。

(3)AIA合同条件。美国建筑师学会(The American Institute of Architects AIA)是建筑师的专业社团。AIA出版的系列合同文件在美国建筑业界及国际工程承包界特别是美洲地区具有较高的权威性。

2.2 与能源动力工程相关法律、法规和规范介绍

在实施能源动力工程项目时,经常遇到的有环境保护法、节约能源法、电力法等。下面分别简要介绍。

2.2.1 环境保护法

《中华人民共和国环境保护法》(简称《环境保护法》)于1989年12月26日发布施行,2014年4月24日进行了修订。立法目的在于保护和改善生活环境与生态环境,防治污染和其他公害,保障人体健康,促进社会主义现代化建设的发展。《环境保护法》对环境监督管理、保护和改善环境、防治环境污染和其他公害做出了规定。依据《环境保护法》,我国相继颁布实施了一系列有关环境保护的单行法律,主要包括:《中华人民共和国水污染防治法》《中华人民共和国固体废物污染环境防治法》《中华人民共和国环境噪声污染防治法》《中华人民共和国大气污染防治法》《中华人民共和国环境影响评价法》等。

依据环境保护法,建设工程项目实行环境影响评价制度,对规划和建设项目实施后可能造成的环境影响进行分析、预测和评估,提出预防或者减轻不良环境影响的对策和措施,进行跟踪监测。根据《环境影响评价法》的规定,我国根据建设项目对环境的影响程度,对建设项目的环境影响评价实行分类管理,建设单位应当依法组织编制相应的环境影响评价文件。可能造成重大环境影响的,应当编制环境影响报告书,对产生的环境影响进行全面评价。建设项目的环境影响报告书应当包括下列内容:①建设项目概况;②建设项目周围环境现状;③建设项目对环境可能造成影响的分析、预测和评估;④建设项目环境保护措施及其技术、经济论证;⑤建设项目对环境影响的经济损益分析;⑥对建设项目环境监测的建议;⑦环境影响评价的结论。涉及水土保持的建设项目,还必须有经由水行政主管部门审查同意的水土保持方案。

建设项目的环境影响评价文件,由建设单位按照国务院的规定报有审批权的环境保护行政主管部门审批。建设项目有行业主管部门的,其环境影响报告书或者环境影响报告表应当经行业主管部门预审后,报有审批权的环境保护行政主管部门审批。建设项目的环境影响评价文件未经法律规定的审批部门审查或者审查后未予批准的,该项目审批部门不得批准其建设,建设单位不得开工建设。

建设项目的环境保护实行"三同时"制度,建设项目需要配套建设的环境保护设施,必须与主体工程同时设计、同时施工、同时投产使用。建设项目的初步设计,应当按照环境保护设计规范的要求,编制环境保护篇章,在环境保护篇章中落实防治环境污染和生态破坏的措施以及环境保护设施投资概算。建设项目的主体工程完工后,需要进行试生产的,其配套建设的环境保护设施必须与主体工程同时投入试运行。建设项目试生产期间,建设单位应当对环境保护设施运行情况和建设项目对环境的影响进行监测。建设项目竣工后,建设单位应当向审批环境影响评价文件的环境保护行政主管部门申请该建设项目需要配套建设的环境保护设施竣工验收。环境保护设施竣工验收,应当与主体工程竣工验收同时进行。需要进行试生产的建设项目,建设单位应当自建设项目投入试生产之日起 3 个月内,向审批环境影响评价文件的环境保护行政主管部门申请该建设项目需要配套建设的环境保护设施竣工验收。分期建设、分期投入生产或者使用的建设项目,其相应的环境保护设施应当分期验收。建设项目需要配套建设的环境保护设施经验收合格,该建设项目方可正式投入生产或者使用。

2.2.2 节约能源法

所谓节能,是指加强用能管理,采取技术上可行、经济上合理以及环境和社会可以承受的措施,减少从能源生产到消费各个环节中的损失和浪费,更加有效、合理地利用能源。节能工程包括:燃煤工业锅炉(窑炉)改造工程、区域热电联产工程、余热余压利用工程、节约和替代石油工程、电机系统节能工程、能量系统优化工程、建筑节能工程、绿色照明工程、政府机构节能工程、节能监测和技术服务体系建设工程等。

为了推进全社会节约能源,提高能源利用效率和经济效益,保护环境,保障国民经济和社会的发展,满足人民生活需要,我国于 1998 年 1 月 1 日起实施了《中华人民共和国节约能源法》(简称《节约能源法》),2016 年 7 月 2 日进行了修订。《节约能源法》对节能管理、合理使用能源、节能技术进步做出了规定。依据《节约能源法》,建设部于 2005 年 11 月 10 日发布了《民用建筑节能管理规定》。

根据《节约能源法》,固定资产投资工程项目的可行性研究报告,应当包括合理用能的专题论证。固定资产投资工程项目的设计和建设,应当遵守合理用能标准和节能设计规范。达不到合理用能标准和节能设计规范要求的项目,依法审批的机关不得批准建设。项目建成后,达不到合理用能标准和节能设计规范要求的,不予验收。

对于属于工程建设强制性标准的节能标准,根据《建设工程质量管理条例》及相关规定,建设工程项目各参建单位,包括建设单位、设计单位、施工图设计文件审查机构、监理单位以及施工单位等,均应当严格遵守,各参建单位未遵守相关规定的,应当按照《节约能源法》《建设工程质量管理条例》等法律、法规和规章,承担相应的法律责任。

建设单位应当按照建筑节能政策要求和建筑节能标准委托工程项目的设计。建设单位不得以任何理由要求设计单位、施工单位擅自修改经审查合格的节能设计文件,降低建筑节能标准。设计单位应当依据建筑节能标准的要求进行设计,保证建筑节能设计质量。新建民用建筑应当严格执行建筑节能标准要求,民用建筑工程扩建和改建时,应当对原建筑进行节能改造。施工图设计文件审查机构在进行审查时,应当审查节能设计的内容,在审查报告中单列节能审查章节。不符合建筑节能强制性标准的,施工图设计文件审查结论应当定为不合格。施工单位应当按照审查合格的设计文件和建筑节能施工标准的要求进行施工,保证工程施工质量。监理单位应当依照法律、法规以及建筑节能标准、节能设计文件、建设工程承包合同及监理合同对节能工程建设实施监理。建设单位在竣工验收过程中,有违反建筑节能强制性标准行为的,按照《建设工程质量管理条例》的有关规定,重新组织竣工验收。

建筑节能标准和节能技术是注册城市规划师、注册建筑师、勘察设计注册工程师、注册监理工程师、注册建造师等继续教育的必修内容。

2.2.3　中华人民共和国电力法

为了保障和促进电力事业的发展,维护电力投资者、经营者和使用者的合法权益,保障电力安全运行,1996 年 4 月 1 日起实施了《中华人民共和国电力法》(简称《电力法》),2015 年 4 月 24 进行了修订。《电力法》的内容包括:总则、电力建设、电力生产与电网管理、电力供应与使用、电价与电费、农村电力建设和农业用电、电力设施保护、监督检查和法律责任等。国家对电力建设、生产、供应和使用活动的管理原则是实行安全用电、节约用电、计划用电。

用户用电必须做到安全用电、节约用电、计划用电,依法办理有关的用电手续,并以计量检定机构依法认可的用电计量装置的记录为准,进行用电计量。申请新装用电、临时用电、增加用电容量、变更用电和终止用电,应当依照规定的程序办理手续。总承包合同约定,工程项目的用电申请由承建单位负责或者仅是施工临时用电时由承建单位负责申请,则施工总承包单位需携带建设项目用电设计规划或施工用电设计规划,到工程所在地管辖的供电部门,依法按程序、制度和收费标准办理用电申请手续。工程项目地处偏僻,虽用电申请已受理,但自电网引入的线路施工和通电尚需一段时间,而工程又亟须开工,则总承包单位通常是用自备电源(如柴油发电机组)先行解决用电问题。此时,总承包单位要告知供电部门并征得同意。同时要妥善采取安全技术措施,防止自备电源误入市政电网。承包单位如果仅申请施工临时用电,那么,施工临时用电结束或施工用电转入建设项目电力设施供电,则总承包单位应及时向供电部门办理终止用电手续。

用户用电不得危害供电、用电安全和扰乱供电、用电秩序。对危害供电、用电安全和扰乱供电、用电秩序的,供电企业有权制止。项目施工现场临时用电的安全管理关系到施工安全和用电安全,是一项极为普遍且极为重要的工作。建造师应严格按照《电力法》、现行行业标准《施工现场临时用电安全技术规范》和国家有关部门的规定,重视对临时用电的安全管理。

电力设施包括发电设施、变电设施和电力线路设施及其有关辅助设施。在电力设施周围进行爆破及其他可能危及电力设施安全作业的,应当按照国务院有关电力设施保护的规定,经批准并采取确保电力设施安全的措施,方可进行作业。电力设施与公用工程、绿化工程和其他工程在新建、改建或者扩建中互相妨碍时,有关单位应当按照国家有关规定协商,达成协议后方可施工。

未经批准或者未采取安全措施在电力设施周围或者在依法划定的电力设施保护区内进行作业,危及电力设施安全的,由电力管理部门责令停止作业、恢复原状并赔偿损失。在依法划定的电力设施保护区内修建建筑物、构筑物或者种植植物、堆放物品,危及电力设施安全的,由当地人民政府责令强制拆除、砍伐或者清除。

2.2.4 特种设备安全监察条例

随着经济持续、快速发展,涉及生命安全、危险性较大的特种设备数量剧增,应用范围日益扩大,特种设备已广泛应用于经济建设和人民生活的各个领域,成为不可缺少的生产装置和生活设施。《特种设备安全监察条例》(以下简称《条例》)于2003年6月1日起实施,2009年5月进行了修订。特种设备因其设备本身性能和外在因素的影响,容易发生事故,而一旦发生事故,又将造成人身伤亡及重大财产损失的危险性。为了有效地防止和减少发生各类特种设备事故,总结以往特种设备事故发生的原因,《条例》从制度上和措施上提出防止和减少各类特种设备事故的监督管理办法。

根据《条例》规定,特种设备是指涉及生命安全、危险性较大的锅炉、压力容器(含气瓶,下同)、压力管道、电梯、起重机械、客运索道、大型游乐设施。特种设备具有两个基本特征,即:涉及生命安全;危险性较大。这些设备因其本身性能和外在因素的影响,容易发生事故,而一旦发生事故,极容易造成群死群伤和财产的重大损失。《条例》对特种设备也进行了具体的界定,例如,锅炉设备是指,容积大于或等于30L的承压蒸汽锅炉;或出口水压大于或等于0.1MPa(表压),且额定功率大于或等于0.1MW的承压热水锅;或有机热载体锅炉。除此之外的锅炉,例如常压锅炉,则不属于特种设备。对于游乐设施,只有设计最大运行线速度$\geqslant$2m/s,或者运行高度距地面$\geqslant$2m的载人大型游乐设施才属于特种设备。

特种设备及其安全附件、安全保护装置制造、安装、改造实行行政许可的市场准入制度,是特种设备安全监察的一项重要行政管理措施。所谓行政许可就是通常所说的行政审批,是行政机关依法对社会经济事务实行事前监督管理的一种重要手段。是行政机关根据自然人、法人或其他组织提出的申请,经依法审查准予其从事特定活动、认可其资格资质或者确定其特定主体、资格、身份的行为。例如《条例》第十四条规定,特种设备的制造、安装、改造单位应当具备下列条件:①有与特种设备制造、安装、改造相适应的专业技术人员和技术工人;②有与特种设备制造、安装、改造相适应的生产条件和检测手段;③有健全的质量管理制度和责任制度。特种设备安装、改造、维修须由依照《条例》取得许可的单位进行,锅炉和压力容器的安装单位必须经省级安全监察机构批准,取得相应级别的锅炉安装资质。特种设备安装、改造、维修的施工单位应当在施工前,将拟进行的特种设备安装、改造、维修情况书面告知直辖市或者设区的市的特种设备安全监督管理部门,告知后才可施工。未经许可擅自从事特种设备制造、安装、改造活动的,将按《条例》规定,予以责令限期改正、罚款、取缔、没收的处罚。触犯刑律的,对负有责任的主管人员和其他直接责任人员依照刑法关于生产、销售伪劣产品罪、非法经营罪、重大责任事故罪或者其他罪的规定,依法追究刑事责任。

特种设备实行强制性监督检验,即在特种设备制造或安装过程中,在制造或安装单位自检合格的基础上,由国家特种设备安全监督管理部门核准的检验机构按照安全技术规范,对制造或安装过程进行的验证性检验。安全技术规范中规定了监督检验的项目、合格标准、报告格式等,监督检验收费应按国家行政事业性收费标准执行,被监督检验单位和监督检验单位均无权改变。特种设备的生产、安装、改造、重大维修过程未经检验合格的,不得交付使用。

2.2.5　能源动力工程相关规定

与能源动力工程相关的规定非常多,能源动力工程本身与机械、市政、化工的工程密切相关,因而有些横向相关领域的规定也可作为实施或者管理项目的参考。限于篇幅这里仅举个例说明。

《机械设备安装工程施工及验收通用规范》(GB50231—2009),对各类机械设备安装工程的施工范围、考核安装质量的检验项目、检验方法和检验标准等作了明确规定。其适用范围是:以金属切削机床、锻压设备、铸造设备、破碎粉磨设备、起重设备、连续运输设备、风机、压缩机、泵、气体分离设备、制冷设备和工业锅炉安装工程为基础,同时考虑到冶金设备、化工设备、纺织和轻工设备安装工程,无论机械、冶金、化工、纺织、轻工等各专用机械设备安装,主要是对这些机械设备安装工程施工,提出通用性技术规定或技术要求。《通用规范》确定的机械设备安装工程起止范围是:从设备开箱点件起,至空负荷试运转合格为止,对必须带负荷才能试运转的设备,可至负荷试运转。

《工业炉砌筑工程施工及验收规范》(GB50211—2014),对工业炉砌筑工序交接、砌筑安全技术、劳动及环境保护措施、砌筑材料、验收等都做了具体规定。

直接与能源动力工程相关的规范还可以列举如下:

GB50660—2011 大中型火力发电厂设计规范;

DL5145—2002T 火力发电厂制粉系统设计计算技术规定;

DL/T435—2004 电站煤粉锅炉炉膛防爆规程;

DL118—1997 火力发电厂可行性研究报告内容深度规定;

GB13271—2001 锅炉大气污染物排放标准;

GBT1576—2008 工业锅炉水质;

GBT 22395—2008 锅炉钢结构设计规范;

GBT 9222—2008 水管锅炉受压元件强度计算;

GB-T 10184—1988 电站锅炉性能试验规程;

GB 24500—2009 工业锅炉能效限定值及能效等级;

DB11/139—2007 北京市地方标准锅炉大气污染物排放标准。

这些工程规范,在甲乙双方签订合同时通常都列在合同中,对于有时效性的规范,例如,由于政策的变化,一些规范过时了,国家或者行业协会有新的规范出台,则在合同中一般都约定以最新标准为准。

能源动力工程项目组织

项目是靠团队内的人来实施的,要依托一定的组织机构以及遵循一定的组织流程。本章将介绍组织的含义、特征、组织的形式以及组织设计的原则。项目经理部,特别是施工项目经理部是一种常见的组织,在项目经理部一般实行项目经理责任制。本章将介绍项目经理和项目经理部的定义、项目经理的地位和培养、项目经理责任制的作用等。最后以火电建设为例,介绍其基本建设程序,即组织过程。

3.1 项目组织的基本概念

组织是一切管理活动取得成功的基础。由于项目本身的特性,项目组织管理特别强调负责人的作用,强调团队的协作精神,组织形式具有更大的灵活性和弹性。

3.1.1 组织的特征和设计原则

组织是人们为了实现设定的目标,通过明确分工协作关系,建立不同层次的权利、责任、利益制度而构成的可以一体化运行的人的系统。此概念包括两层含义,即结构性组织和组织过程。结构性组织是为某种目的以某种规则形成的职务结构或职位结构。例如,一个电厂会确定若干纵向、横向的职务或职位,而这些职务和职位之间并不是孤立的,为了实现电厂的生产目标,它们之间相互联系,从而形成了组织结构。组织过程,也称组织设计,过程一般是首先进行工作划分,即将组织要承担的任务按目标一致及高效的原则进行分解,然后进行工作分类,就是将分解得到的诸多工作分为不同的类别,这也就是以后组织中职务和职位的基础。

工程项目组织是为完成特定的工程任务而建立起来的、从事该工程项目具体工作的组织。该组织是在工程项目寿命期内临时组建的,是暂时性的、只是为达到一定的目的、完成特定的任务而成立的。工程项目由目标产生工作任务,由工作任务决定承担者,由承担者形成组织。

组织形态各异,例如,项目部是一种组织,乒乓球队是一种组织,学校是一种组织,企业是一种组织,联合国等都是组织,它们隶属于不同的组织类型,但它们都有以下共同的特征。

(1)目的性。任何组织都有其目的,这样的目的既是这种组织产生的原因,也是组织形成后使命的体现。例如,为了完成锅炉安装而形成的施工项目经理部,完成锅炉安装就是它的目的。

(2)专业化分工。组织是在分工的基础上形成的,组织中不同的职务或职位需要承担不同的任务。将组织进行专业化分工,可处理工作的复杂性,解决人的生理、心理等有限性特征的矛盾,便于积累经验和提高效率。例如,按工种划分的锅炉安装组织内部有起重工、焊工、电工、仪表工等。

(3)依赖性。组织内部的不同职务或职位是有相互联系的,例如生产部门依据计划部门的计划组织生产,计划部门通过销售部门及财务部门的反馈信息调整计划等。

(4)等级性。任何组织都会存在一个上、下级关系,下属有责任执行上级的指示,这一般是绝对的,而上级不可以推卸组织下属活动的责任。一般将组织划分为高层、中层和基层,高层有指挥中层的职权,而中层具有指挥基层的职权。

(5)开放性。所有组织都与外界环境存在着资源及信息的交流,比如组织要招聘、解聘组织的人员,组织要从环境获取原材料生产顾客需要的产品。

(6)环境的适应性。组织本身是一个系统,它存在于环境大系统中,所以组织必须具有环境适应性才能生存发展。例如,若某企业处于顾客需求相对稳定的环境之中,那么职能制的组织结构可能是较好的选择。而若企业处于顾客需求多样化及变化迅速的环境中,矩阵制组织形式又可能是这个企业满意的选择。

组织是人们为了达到某个目的而形成的,因此组织的运行必须满足高效低成本的要求。人们在设计组织时,一般参照以下原则。

(1)目标统一性原则。组织的各部门及人员都有自己部门或个人的目标,只有组织内各部门或个人的目标的整合与组织目标一致时组织的目标才能有效实现。因此,组织的设计应有利于实现组织的总目标,真正建立起层层保证、左右协调的目标体系。

(2)分工协作原则。组织是在任务分解的基础上建立起来的,项目部门之间的横向合理分工和同一部门上下级之间的纵向合理分工便于积累经验和实施业务的专业化。在强调合理分工的前提下还要强调密切协作,只有密切协作才能将各部门各岗位的工作努力整合为实现组织整体目标的力量。

(3)责权对等原则。组织设计要明确各层次不同岗位的管理职责及相应的管理权限,特别注意的是管理职责与管理权限应对等。若有权无责,或责任小于权利,则会助长瞎指挥、乱拍板、滥用职权之风。有责无权,或权利太小,既不利于职责的完成,又会束缚管理者的工作积极性和创造性。

(4)管理层次和管理跨度适当原则。管理跨度是一个上级直接领导下级的人数,管理层次是一个组织中从最高层到最低层所经历的层次数。管理跨度与管理层次成反比,减少管理跨度则会加长管理层次,反之增加管理跨度则会减少管理层次。任何一个领导者其能力、精力、知识、经历及经验都有一定的限度,一个领导者的管理跨度以4~7人为宜。管理层次的多少也会影响组织的效率。层次过少,会引起跨度过大;层次过多,会引起信息传递延迟、传递失真等,易助长官僚主义。

(5)指令统一原则。它要求各级管理组织机构必须服从上级管理结构的命令和指挥,强调只能服从一个上级管理机构的命令和指挥,只有这样才能保证命令和指挥的统一,避免多头指挥。实行命令统一的原则,并不意味着把一切都集中在组织最高一级领导层,而应是既有集权,又有分权,该集中的权力必须集中起来,该下放的权力就应该下放给下级。

3.1.2 项目的组织形式

为了有效地实现项目目标,必须建立项目组织。项目组织除应满足一般组织的特征及设计原则外,还必须同时反映项目工作的特征。实际中存在多种项目组织形式,每一种组织形式都有各自的优点与缺点,有其适用的场合。项目的组织结构形式一般有职能式、项目式和矩阵式三种典型形式。项目管理的组织结构形式实质上决定了项目管理团队实施项目获取所需资源的可能方法与相应的权利,不同的组织结构形式对项目的实施会产生不同的影响。

1. 职能式组织结构

职能式组织结构是指企业按职能以及职能的相似性来划分部门,这是最为普遍的组织形式。采用职能式组织结构的企业在进行项目工作时,各职能部门根据项目的需要承担本职能范围内的工作,项目的管理团队并不做明确的组织界定,因此有关项目的事务和问题在职能部门的负责人这一层次上进行协调处理和解决,其组织结构如图 3.1 所示。

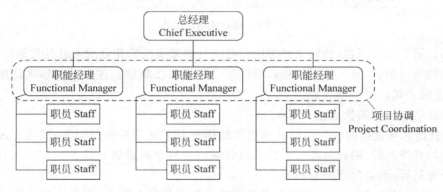

图 3.1　职能式组织结构

职能式组织结构的优点体现在:

(1) 有利于企业技术水平的提高。由于职能式组织结构是以职能的相似性来划分部门的,同一部门人员可以交流经验及共同研究,有利于专业人才专心致志研究本专业的理论知识,有利于积累经验与提高业务水平。同时,这种结构为项目实施提供了强大的技术支持,当项目遇到困难之时,问题所属职能部门可以联合攻关。

(2) 有利于提高资源利用灵活性和降低成本。项目实施中的人员或其他资源仍归职能部门领导,因此职能部门可以根据需要分配所需资源,而当某人从某项目退出或闲置时,部门经理可以安排他到另一个项目上去工作,从而降低人员及资源的闲置成本。

(3) 有利于从整体协调企业活动。由于每个部门或部门经理只能承担项目中本职能范围的责任,并不承担最终成果的责任,然而每个部门经理都直接向企业经理负责,因此要从企业全局出发进行协调与控制。

职能式组织结构的缺点表现在:

(1) 协调难度大。由于各个职能部门职能的差异性及本部门的局部利益,因此各部门易从本部门的角度去考虑问题。部门间发生冲突时,部门经理之间很难协调。

(2) 项目组织成员责任淡化。由于组织成员工作重心在职能部门,所以很难树立积极承担项目责任的意识,不能保证项目责任的完全落实。

2. 项目式组织结构

项目式组织结构是按项目来划归所有资源,即每个项目有完成项目任务所必需的所有资源。每个项目实施组织有明确的项目经理,对上直接接受企业总经理或大项目经理领导,对下负责本项目资源的调配。每个项目组之间相对独立,其组织形式如图 3.2 所示。

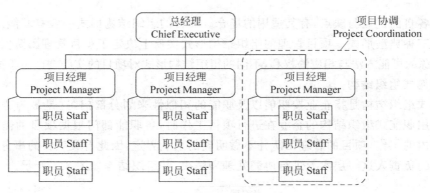

图 3.2　项目式组织结构

如某公司有三个项目,公司总经理则按各项目的需要获取并分配人员及其他资源,形成三个独立的项目组织,某一项目结束以后该项目组织随之解散。这种组织形式适用于规模大、项目多的公司。

项目式组织结构的优点主要有:

(1)目标明确及指挥统一。项目式组织结构是基于某项目而组建的,圆满完成任务是项目组织的首要目标,通过对项目总目标的分解获得每个成员的责任及目标。项目成员只受项目经理领导,不会出现多头领导的现象。

(2)有利于项目控制。由于项目式组织结构按项目划分资源,项目经理在项目范围内具有绝对的控制权,因此有利于项目进度、成本、质量等方面的控制与协调,而不像职能式组织结构或随后介绍的矩阵式组织结构那样,项目经理要通过职能经理的协调才能达到对项目的控制。

(3)有利于全面型人才的成长。项目实施涉及计划、组织、用人、指挥与控制等多种职业,因此项目式组织结构提供了全面型管理人才的成长平台,使其从管理小项目的小项目经理,经过管理大中型项目的项目经理,成长为管理多项目的项目群经理,直至最后成长为企业的经理。另一方面,一个项目中拥有不同才能的成员,成员之间的相互交流学习也为员工的能力开发提供了良好的场所。

项目式组织结构的不足体现在:

(1)机构重复及资源闲置。项目式组织结构按项目所需来设置机构及获取相应的资源,这样就会使每个项目有自己的一套机构,从而造成了机构重复设置。在包括人力在内的资源使用方面,每种资源的使用频度都要拥有,这些资源闲置时,其他项目也很难利用这些资源,闲置成本很大。

(2)不利于企业专业技术水平的提高。项目式组织结构没有给专业技术人员提供同行交流与学习的机会,因此不利于形成专业人员钻研本专业业务的氛围。

(3)不稳定。项目的一次性特点使得项目式组织结构随项目的产生而建立,也随项目的结束而结束。在项目组织内部,由新成员刚刚组建的组织会发生相互碰撞而不稳定,随着项目的进程进入相对的稳定期,但在项目快结束时又会进入另一不稳定期。

3. 矩阵式组织结构

为了保持职能式和项目式两种组织形式的优点,同时避免这两种组织形式的缺点,出现了二者兼顾的矩阵式组织结构,图 3.3 是典型的矩阵式组织结构。这种组织结构将按照职

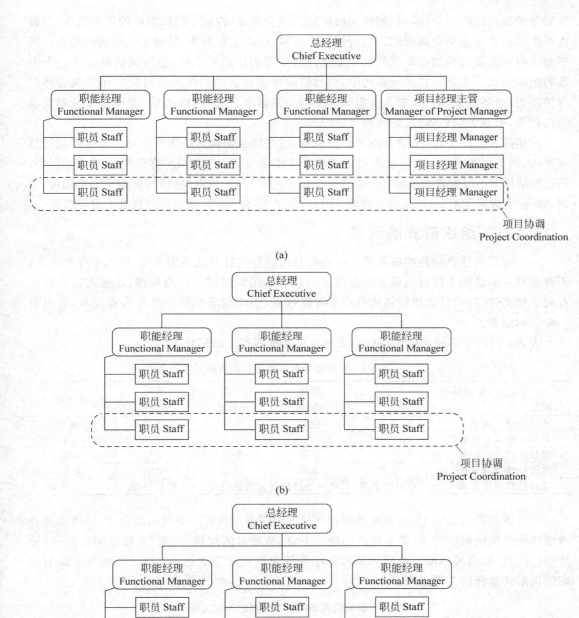

图 3.3 矩阵式组织结构

(a) 强矩阵；(b) 弱矩阵；(c) 平衡矩阵

能划分的纵向部门与按照项目划分的横向部门结合起来,构成了类似矩阵的管理系统,其首先在美国军事工业中得到应用。它适用于多品种、结构工艺复杂、品种变化频繁的场合。当很多项目对有限资源的竞争引起对职能部门的资源的广泛需求时,矩阵式管理就是一个有效的组织形式。在矩阵式组织结构中,项目经理在项目活动的内容和时间方面对职能部门行使权力,而各职能部门负责人决定如何支持。根据项目经理(协调员)的权限以及对资源的控制等,可分为强矩阵、弱矩阵和平衡矩阵式。

在矩阵式组织结构中,项目是工作的焦点,通过项目协调员或项目经理可以使各项目目标平衡,避免资源重置。对于关联性强的各类复杂项目可以实施项目群管理,系统考虑问题。但这种结构中中层管理人员为 2 个或者 2 个以上主管工作,当有冲突时,会处于两难困境,处理不好会出现责任不明、争抢功劳现象。而且,由于"多头"领导,项目经理很难把控资源。

3.1.3　组织形式的选择

一个项目可选择多种组织形式。这些项目组织形式各有其使用范围、使用条件和特点,不存在唯一的适用于所有组织或所有情况的最好的组织形式。一般来讲,职能式组织结构有利于提高效率,项目式组织结构有利于取得效果,矩阵式组织结构兼有两者优点,但也有一些不利因素。

表 3-1 列出了不同的组织结构形式对项目实施所产生的影响。

表 3-1　组织结构形式对项目的影响

特征 ＼ 组织结构	职能式	弱矩阵式	平衡矩阵式	强矩阵式	项目式
项目经理的权利	很低	较低	中等	中等偏高	很高,甚至全权
全职工作人员的比例	几乎没有	0～25%	15%～60%	50%～95%	85%～100%
项目经理投入时间	兼职	兼职	全职	全职	全职
项目行政管理人员	兼职	兼职	兼职	全职	全职
项目经理常用头衔	项目协调员	项目协调员	项目经理	项目经理	项目经理

在具体的项目实践中,究竟选择何种项目的组织形式没有一个可循的公式,一般在充分考虑各种组织结构的特点、企业特点的情况下,根据项目的规模、周期(持续时间)、特点(独特性)、位置(距离及环境)、可用的资源等综合评价做出适当的选择。表 3-2 列出了影响组织结构形式选择的关键因素。

表 3-2　影响组织结构形式选择的关键因素

	职能式	矩阵式	项目式
不确定性	低	高	高
所用技术	标准	复杂	新
复杂程度	低	中等	高
持续时间	短	中等	长
规模	小	中等	大
重要性	低	中等	高
客户类型	各种各样	中等	单一
对内部依赖性	弱	中等	强
对外部依赖性	强	中等	弱
时间限制性	弱	中等	强

一般来说,职能式组织结构比较适用于规模较小、偏重于技术的项目,而不适用于环境变化较大的项目,因为环境的变化需要各职能部门之间的紧密合作,而职能部门本身的存在以及权责的界定成为部门间密切配合不可逾越的障碍。当一个公司(或企业)中包括许多项目或项目的规模较大、技术复杂时,应选择项目式组织结构。同职能式组织结构相比,在对付不稳定的环境时,项目式组织结构显示出了自己潜在的长处,这来自于项目团队的整体性和各类人才的紧密合作。相对地讲,矩阵式组织形式无疑在充分利用企业资源上显示出了巨大的优越性,由于其融合了前两种结构的优点,这种组织形式在进行技术复杂、规模巨大的项目管理时也呈现出了明显的优势。

3.2　项目经理与项目经理部

在任何类型项目组织结构中,项目经理都是重要的角色,明确其职责则对顺利完成项目目标大有裨益,因而一般常采用项目经理责任制。所谓项目经理责任制就是由项目组织制订、以项目经理为责任主体,确保项目管理目标实现的责任制度。项目经理和项目经理部通过履行项目管理目标责任书,层层落实目标的责任、权限、利益,从而实现项目管理责任目标。

项目经理责任制有利于明确项目经理、企业、职工三者之间的责、权、利、效关系;有利于运用经济手段强化项目的法制管理;有利于项目的规范化、科学化管理和提高工程质量;有利于促进和提高企业项目管理的经济效益和社会效益,不断提高社会生产力。

项目经理责任制的主体是项目经理个人全面负责,项目管理班子集体全员管理。项目管理的成果不仅仅是项目经理个人的功劳。项目管理班子是一个集体,没有集体的团结协作就不会取得成功。由于项目经理明确了分工,使每个成员都分担了一定的责任,大家一致对国家和组织负责,共同享受企业的利益。但是由于责任不同,承担风险也不同。所以,项目经理责任制的主体必然是项目经理。

3.2.1　项目经理

项目经理一般由企业法定代表人任命,并根据法定代表人授权的范围、期限和内容,履行管理职责,并对项目实施全过程、全面的管理,是工程项目管理的责任主体。项目经理在授权范围内行使权力,并接受组织的监督考核。

以电力施工企业的项目经理为例,其受施工企业的法人委托和授权,在电力建设工程项目施工中担任项目经理岗位职务,直接负责工程项目施工的组织,对建设工程项目施工全过程全面负责。

一般来说,项目经理应具备如下素质:

(1) 身体健康、精力充沛。

(2) 性格坚毅、果断、冷静、乐观、开朗。

(3) 具备项目管理的基本技能,懂得经济、法律、法规等相关知识,有良好的知识结构。

(4) 具备良好的职业道德,遵纪守法、爱岗敬业、使命感较强。

(5) 项目经理应具备较为全面的能力,如组织协调能力、联系交际能力、沟通协商能力、应急应变能力、团队合作能力、表达能力和谈判技巧、分析与决策能力、开拓创新能力及系统思维能力等。

责任是项目经理责任制的核心,它构成了项目经理的工作压力,是确定项目经理权力和利益的依据。

权力是确保项目经理能够承担起责任的条件与手段,权力的范围,必须视项目经理责任的要求而定。没有必要的权力,项目经理就无法对工作负责。为了履行项目经理的职责,项目经理必须具有一定的权限,这些权限应由企业法定代表人授予,并用制度和项目管理目标责任书的形式具体确定下来。

利益是项目经理工作的动力,是因项目经理负有相应的责任而得到的报酬,所以利益的形式及利益的多少也应该视项目经理的责任而定。如果没有一定的利益,项目经理就不予承担相应的责任,也不会认真行使相应的权力。不同的组织结构形式中,项目经理的责权利(责任、权力和利益)是不同的,一般来说项目经理的责权利可包括如下方面。

1)项目经理的职责

(1)项目管理目标责任书规定的职责。

(2)主持编制项目管理实施规划,并对项目目标进行系统管理。

(3)对资源进行动态管理。

(4)建立各种专业管理体系并组织实施。

(5)进行授权范围内的利益分配。

(6)收集工程资料,准备结算资料,参与工程竣工验收。

(7)接受审计,处理项目经理部解体后的善后工作。

(8)协助组织进行项目的检查、鉴定和评奖申报工作。

2)项目经理应有的权力

(1)参与项目招标投标和合同签订。

(2)参与组建项目经理部。项目经理在企业的领导和支持下组建项目经理部,并把项目部成员组织起来共同实现项目目标,项目经理应创造条件使项目部成员经常沟通交流,营造和谐融洽的工作氛围。

(3)主持项目经理部工作。项目经理有权对项目组的组成人员进行选择聘任、分配任务、考核和解聘,有权根据项目需要对项目组成员进行调配、指挥,并且有权根据项目组成员在项目过程中的表现进行奖励和惩罚。

(4)决定授权范围内资金的投入和使用。在财务制度允许的范围内,项目经理根据工作需要和计划安排,有权对项目预算内的款项进行安排和支配,决定项目资金的投入和使用。

(5)制订内部计酬办法。项目经理是项目管理的直接组织实施者,有权制订内部的计酬方式、分配方法、分配原则,进行合理的经济分配。

(6)参与选择并使用具有相应资质的分包人。项目经理参与选择分包人是配合企业进行工作的,使用分包人则是自主进行的。

(7)参与选择物资供应单位。

(8)在授权范围内协调与项目有关的内外部关系。

(9)组织的法定代表人授予项目经理的其他权力。

3)项目经理应得的利益

(1)工作的稳定性,组织不得随意撤换项目经理。特殊原因需要撤换项目经理时,如项目发生重大安全、质量事故或项目经理违法、违纪等,必须进行审计。

(2) 按照组织规定获得基本工资、岗位工资和项目分阶段奖励。

(3) 项目完成后,按照项目管理目标责任书中确定的效益分配条款经审计后给予利益兑现或经济处罚。

(4) 如果项目的各项指标和整个项目都达到既定的要求,应该在项目终审盈余时按利润比例提成予以奖励。

(5) 在获得物质奖励之外,可获得评优表彰、记功、优秀项目经理荣誉称号等精神奖励。

(6) 项目经理所负责项目未按合同要求完成,可根据项目具体的情况,扣发全部项目奖金。如属个人责任致使项目工期拖延、成本亏损或造成重大事故的,除扣发全部项目奖金外,可处以一次性罚款并下浮工资,性质严重者要按有关规定追究责任。

项目经理是项目管理的直接组织实施者,是工程项目管理的核心和灵魂,在项目管理中起到决定性的作用。项目管理的成败与项目经理关系极大,一个好的工程项目背后必定有一个好的项目经理,只有好的项目经理才能完成好的项目,一个好的项目经理应当具体表现为以下几个方面:

(1) 项目经理是合同履约的负责人。项目合同是规定承、发包双方责、权、利具有法律约束力的契约文件,是处理双方关系的主要依据。项目经理是公司在合同项目上的全权委托代理人,代表公司处理执行合同中的一切重大事宜,包括执行合同条款,变更合同内容,处理合同纠纷且对合同负主要责任。

(2) 项目经理是项目计划的制订和执行人。为了做好项目工作、达到预定的目标,项目经理需要事前制订周全而且符合实际情况的计划,包括工作的目标、原则、程序和方法,使项目组全体成员围绕共同的目标、执行统一的原则、遵循规范的程序、按照科学的方法协调一致的工作,取得最好的效果。

(3) 项目经理是项目组织的指挥员。项目管理涉及众多的项目相关方,是一项庞大的系统工程。为了提高项目管理的工作效率并节省项目的管理费用,要进行良好的组织和分工。项目经理要确定项目的组织原则和形式,为项目组人员提出明确的目标和要求,充分发挥每个成员的作用。

(4) 项目经理是项目协调工作的纽带。项目建设的成功依靠项目相关方的协作配合、政府及社会各方面的指导与支持。项目经理处在上下各方的核心地位,是负责沟通、协调、解决各种矛盾、冲突、纠纷的关键人物,应该充分考虑各方面的合理的潜在的利益,建立良好的关系。

(5) 项目经理是项目信息的集散中心。自上、自下、自外而来的信息,通过各种渠道汇集到项目经理,项目经理又通过报告、指令、计划和协议等形式,对上反馈信息,对下、对外发布信息。通过信息的集散达到控制的目的,使项目管理取得成功。

3.2.2　项目经理部

项目经理部是由项目经理在上级支持下组建并领导的进行项目管理的组织机构。

以电力施工项目经理部为例,施工项目经理部在工期、投资、质量、安全、施工环境等约束条件下,担负着施工项目从开工到竣工全过程的生产经营管理工作。它既是企业的一个下属单位,必须服从企业的全面领导,又是代表施工项目利益的一个独立机构,同企业形成一种经济责任内部合同关系。它是具有弹性的一次性施工生产经营管理机构,随着项目的立项而产生,随着项目的终结而解体。它一方面是企业施工项目的管理层,另一方面又对劳务作业层担负着管理和服务的双重职能。

通常项目经理部由项目经理、项目副经理(或项目技术负责人)、各专业技术人员和相关管理人员组成。项目部成员的选聘,应根据各企业的规定,在企业的领导、监督下,以项目经理为主,以实现项目目标为宗旨,由项目经理在企业内部或面向社会(内部紧缺专业)根据一定的劳动人事管理程序进行聘用。

施工项目经理部直属项目经理领导,接受企业各职能业务部门指导、监督、检查和考核,是施工项目管理工作的具体执行机构,是施工项目管理的核心。施工项目的好坏,在很大程度上取决于项目经理部的整体素质、管理水平和工作效率。对企业来讲,项目经理部是企业的一个内部责任单位,代表企业对施工项目的各方面活动全面负责;对业主来讲,它是建设单位成果目标的直接责任者,是业主(或业主委托的监理单位)直接监督控制的对象。项目经理是项目经理部的灵魂和最高决策者,项目经理的理念和经营管理水平直接影响着项目经理部的工作效率和业绩。

在施工企业中,项目经理部的设置应根据项目管理的实际需要而进行。大中型施工项目必须在现场设立项目经理部,小型施工项目可由企业法人委托一个项目经理部兼管。

项目经理部的设置应遵循以下几个基本原则:

(1)要根据项目组织形式设置项目经理部。项目组织形式与企业对施工项目的管理方式有关,与企业对项目经理部的授权有关。

(2)要根据施工项目的规模、复杂程度和专业特点设置项目经理部。例如,大型项目经理部可以设置职能部、处(如计划部、技术部、合同部、供应部、办公室等),中型项目经理部可以设处、科,小型项目经理部一般只需设置职能人员即可。

(3)项目经理部的人员配置应面向现场,满足现场的计划与调度、技术与质量、成本与核算、劳务与物资、安全与文明施工等的需要。

(4)项目经理部职能不宜分得太细,否则不仅信息多、管理程序复杂、组织成员能动性小,而且容易造成摩擦。

在项目经理部应建立有效的规章制度,作为项目经理部进行项目管理工作的标准和依据。项目经理部规章制度内容一般包括:

(1)项目管理人员岗位责任制度。

(2)项目技术管理制度。

(3)项目质量管理制度。

(4)项目安全管理制度。

(5)项目计划、统计与进度管理制度。

(6)项目成本核算制度。

(7)项目材料、机械设备管理制度。

(8)项目现场管理制度。

(9)项目分配与奖励制度。

(10)项目例会及施工日志制度。

(11)项目分包及劳务管理制度。

（12）项目组织协调制度。

（13）项目信息管理制度等。

项目经理部的工作应按制度运行，各成员之间、项目部与作业队伍和分包人等要及时进行沟通。项目经理应组织项目部成员学习项目部的规章制度，检查执行情况和效果，并应根据反馈信息改进管理。项目经理部的岗位设置，要贯彻因事设岗、有岗就有责任和目标要求的原则，明确各岗位的责权利和考核标准。项目经理应根据岗位责任制度对管理人员的责任目标进行检查、考核和奖惩。项目经理部应对作业队伍和分包人实行合同管理，并应加强控制与协调。分包人应按项目经理部的要求，通过自主作业管理，正确履行分包合同。

3.3 火电基本建设组织程序

项目经理和项目经理部承担着项目建设的日常工作，这些工作须符合一定程序和规划，对火电建设尤为如此。

火电建设是一项涉及面广，需要内外协作、配合完成的多环节工程。要统一规划，科学合理地安排才能完成。必须按照建设程序有步骤、有计划地进行工作，才能做到建设工程质量优良、建设速度快、工程安全可靠有保障、工程投资省，有效地提高工程整体投资效果，创造出更好的经济效益。

火电建设项目是指在一个设计任务书（初步可行性研究报告书）的审查批复的范围内进行的新建或扩建工程、上大压小工程、热电联产工程、煤电化一体工程等，它由一个或若干个单项工程所组成，有明确的投资主体或统一管理的建设单位。建设项目按其规模、投资额度划分为 300MWe 级、600MWe 级、1000MWe 级等，发电机组台数一般不超过 8 台，机组容量等级和型式不宜超过两种。

火电基本建设要建立各级的责任制度。任何单位或个人都要自觉地遵守国家的法律法规，依法办事，不能自批、自定建设项目。建设项目各阶段的申报、审查和核准单位都要各负其责。凡提供的基础资料、计算数据、建设条件、各项专题报告、经济效益分析和社会效益分析有重大出入的，由提供单位负责；凡审查不当、决策错误的要由审批单位负责；在建设过程中发生重大损失、浪费的要由建设、设计或施工单位负责，各协作单位通过签订技术协议和合同等文件，明确各方的职责。

基本建设的前期批复工作必须按照国家规定的报批程序进行。设计的文件应按规定的内容和深度完成审批手续。基本建设项目必须实行高度集中、统一规划、统一管理，审批权集中在国家发展改革委员会和省、市、自治区两级，各类建设项目、各建设阶段都需要纳入相应的规划，要严格按照规定的权限履行审批手续。

基本建设的项目要加强经济核算，列入年度建设计划之前要有审核批复的设计概算，在进行施工前要根据设计概算编制施工预算。现场建设单位在严格执行施工预算的同时要编制执行预算，根据市场准确地掌握资金的使用，确保不超设计概算标准。工程竣工验收时要有工程决算。资金的使用要接受各级主管部门或董事会、监事会，各级建设银行的监督。

火电基本建设程序通常可以划分为以下五个阶段：

（1）建设前期工作阶段，即从确定项目初步可行性研究到可行性研究报告的审查。

（2）从初步设计到初步设计审查至项目经省、市、自治区国家主管部门的核准，现场具备开工的条件。

（3）施工阶段，从破土动工到机组整套启动。

（4）机组的调试到168h满负荷试运行。

（5）机组投入生产到设备性能考核试验及试生产调试，达到机组设计能力，完善竣工验收阶段。

根据火电基本建设的特点，一个大、中型火力发电厂的建设工程从规划建设、初步设计到建成投产，按照火电基本建设程序各阶段的主要工作环节和工作内容有以下几方面：

（1）初步可行性研究。

（2）根据初步可行性研究报告提出项目建议书，申报省、市、自治区主管部门，项目建议书符合当地政府的发展规划，得到当地政府有关部门的批复，同时报集团公司主管部门或董事会形成决策。

（3）可行性研究（建设项目经济分析、环境初步可行性分析、社会效益分析、完成各项专题报告）。

（4）项目申报经省、市、自治区、国家主管部门审查、核准，并取得许可建设的批复文件。

（5）初步设计（编制和审查）。

（6）施工图的设计（司令图设计和修改、施工图设计和会审）。

（7）工程施工准备。

（8）组织工程施工与生产准备。

（9）竣工验收（竣工图纸、竣工决算、环评验收、消防验收、入网安全性评价等）。

下面简要介绍一下初步可行性研究、报批项目建议书、可行性研究、初步设计、施工准备、施工、验收等环节。

3.3.1　初步可行性研究

电力建设项目进行初步可行性研究是电力基本建设程序的主要环节，是确认项目成立的关键一步，是建设前期工作的主要内容，必须遵照国家的有关法律法规和初步设计规范的要求，认真进行各项工作。基本建设前期工作若不深入、不明确，便会给工程项目造成很大风险，往往会造成不同程度的经济损失。开展可行性研究就是以合理的电力系统规划为基础，对拟建项目的一些主要问题从技术、建设条件、经济效益、社会效益、环保效益等方面进行全面的分析与研究，预测拟建项目投产后的经济效益和社会效益，提出可供决策者决策的最佳可行性方案，获得最优的投资效果，并为项目建议书的提出和编制提供可靠的依据，同时为项目审批和下一步研究工作打好基础。做尽可能的详细调查，做好资料的收集，进行必要的技术经济论证。

可行性研究可分为两个阶段进行，即"初步可行性研究"和"可行性研究"两个阶段。初步可行性研究主要根据电力系统规划要求和省、市、自治区政府的规划或上级下达的任务进行。初步可行性研究报告的编制可委托有资质的设计单位进行。初步可行性研究报告应按照设计文件审查规定，报请主管部门（省、市、自治区发改委，电力规划设计总院、中国国际工程咨询公司、国家电网公司）审查。

3.3.2 建设项目的提出

火电基本建设项目必须根据电力系统规划的要求和审定的初步可行性研究报告提出项目建议书。对国家计划发展有重大影响的项目和合资建设项目,应会同有关地区或部门联合提出项目建议书。项目建议书是投资前对项目主要概况的分析说明,主要从建设的必要性方面来衡量,同时初步分析建设的可行性,具体包括以下内容:

(1) 建设项目提出的必要性和依据。

(2) 技术方案、拟建规模和建设选址的规划。

(3) 工程设想、接入系统、环境保护。

(4) 资源情况、燃料供应、建设条件,开发投资的主体及协作关系。

(5) 投资估算和资金筹措(利用外资项目要说明利用外资的可行性,以及偿还贷款能力的大体测算)。

(6) 经营管理。

(7) 工程项目的进度计划。

(8) 经济效益、环境效益、社会效益的初步分析和评价。

(9) 结论、初步说明投资的必要性和可行性。

工程项目建议书的编制工作,可由项目建设方自己编制或委托可行性研究设计单位编制。省、市、自治区主管计划的部门在接到项目建议书后,应按照规定的时间做出答复。项目建议书经计划部门平衡审查后,将需要进一步进行工作的项目分别纳入国家、部门和地区的前期工作计划。

根据集团公司或董事会主管计划部门和省、市、自治区发展改革委员会下达的前期工作计划,发出前期工作计划通知书,作为建设项目开展可行性研究,取得地方政府部门有关支持性文件的依据。

3.3.3 可行性研究

进入前期工作计划的项目,在经主管部门的批准后,由项目组织机构委托或以招投标的形式确定设计单位进行可行性研究,负责进行可行性研究的设计单位,要经过主管部门的资格审定,要对工作的质量负责,要保证资料可靠,数据准确。

可行性研究报告应根据初步可行性研究报告的审查意见和项目建议书进行工作。可行性研究应具有以下基本内容:

(1) 项目提出的依据、概况、设计的范围、主要设计的原则。

(2) 电力系统现状、负荷发展预测、电量平衡、电厂在系统中的作用、建设的必要性及建设规模、电厂与系统的连接、电厂主接线。

(3) 燃料供应、煤源概况、煤质特性及燃烧量、点火及助燃油、燃料的运输方式。

(4) 建厂条件、厂址概述、交通运输、电厂水源、储灰场、工程地质与地震、水文气象条件、厂址的选择意见。

(5) 工程设想、电厂总平面规划、装机方案、电气部分、热力系统、燃烧系统、燃料运输系统、储灰渣系统、除灰渣系统、供水系统、化学水处理系统、污废水处理系统、热力控制、主厂房布置、建筑结构选型及地基处理、水工结构选型及地基处理、采暖通风及输煤除尘系统、烟气脱硫系统、烟气脱硝系统、电厂管理信息系统。

（6）环境保护、灰渣综合利用、劳动安全和工业卫生。

（7）节约和合理利用资源、节能标准及节能规范、本工程所在地能源供应状况分析、节约能源的措施和效果、节约用水措施、节约原材料措施、节约用地措施。

（8）电厂定员。

（9）电厂工程项目实施条件和轮廓进度。

（10）投资估算和经济效益分析。

（11）结论及建议。

可行性研究报告按隶属关系由主管部门、电力规划设计总院、国家工程咨询公司、省、市、自治区发展改革委员会组织审查，对一些有重大影响的重点工程项目，国家发展和改革委员会（简称国家发改委）可以直接参与或组织对其可行性研究报告的审查。在可行性研究阶段，必须取得地方政府的有关支持性文件，并完成各项专题报告。审查单位必须对审查结论负责，切实保证资料可靠、数据准确。

设计单位提出的可行性研究报告应有单位组织的校核、审核、批准人的签字，并对该报告的内容质量负责。在审查前一个月将报告提交主审单位。主审单位组织有关技经、环保、工程各项技术方面的专家参加，广泛地听取意见，对可行性研究报告提出审查意见。经审查证明没有必要建设的项目，审查单位可以决定取消，并报有关部门从前期工作计划中撤出项目，不再进行工作。

可行性研究报告审查合格的项目，在需要进行下一阶段的设计、安排建设时由项目主管部门或省、市、自治区发展改革委员会形成同意建设意见，在可行性研究的基础上根据审查意见，按照经济效益最好的方案编制上报。根据省、市、自治区发展改革委员会审查核准的报告，进行初步设计阶段的工作。

3.3.4　初步设计

设计阶段的划分根据不同的建设工程区别对待，一般项目采用两个阶段设计，即初步设计与施工图设计。技术复杂的项目和有特殊要求的，经项目主管部门提出确认，可增加技术设计阶段或专题技术设计，编制专题设计报告。

初步设计阶段，项目主管部门（业主）应按照有关招标规定，进行设计招标工作。根据项目情况可以进行公开招标或邀请招标，由项目单位编制勘测设计招标文件；编制项目勘测设计招标工作大纲，制定勘测设计招标评标细则，发出勘测设计招投标公告或邀请招标函，综合招投标结果，确定项目的设计单位。

初步设计的内容一般应包括项目概况、主要设计原则、电力系统、燃料供应、电厂水源、交通运输、储灰场、工程地质、水文气象、总体布置、工艺流程和主要设备系统、建筑结构和工程标准、公用设施、辅助设施、环境保护、灰渣综合利用、劳动安全和工业卫生、节约和合理利用能源、电厂定员、项目实施条件和工程进度、投资估算及经济效益分析。

初步设计的深度应能满足项目投资决策、工程及设备招投标、编制施工组织设计、材料和设备的订货，土地征用和施工准备等要求，并能依据编制施工图和工程预算。

专题技术报告或技术设计是在初步设计的基础上，对建设项目的工程、技术和经济问题的进一步深化，其深度应能满足确定设计方案中重大技术问题和有关试验和设备制造等方面的要求。专题技术报告或技术设计的主要标准、技术、经济指标要符合已经审查批准的初步设计的要求。

项目初步设计完成后由各主管部门、各省、自治区、直辖市、国家电力规划设计总院、国家工程咨询公司、有国家认可资质的主管部门进行审查或审批。初步设计文件经审查批准后,不应随意修改变更,凡涉及初步设计中的总平面布置、主要工艺流程、主要设备、主要建筑、建筑标准、总定员、总概算等方面的修改,须经原设计审查批准部门审批。

3.3.5　施工图设计

在初步设计完成审查批复后,根据审查结果进行施工图设计。施工图的设计深度应能满足建设材料的安排、非标准设备的制作、施工图预算的编制和建筑安装工程的要求。

在施工图设计时应先进行司令图(含竖向布置的全厂总布置图)设计,由项目单位或项目主管部门组织参与对司令图整体系统的分析和确认,对提出的建议和改进方案进行修改,完善司令图设计,使施工图设计更加符合安全、可靠、经济适用的要求。

设计须保证质量,积极采用经过检验、鉴定的先进生产工艺、技术装备、新型的建筑材料,设计的技术经济指标要先进、合理、适用,依据的基础数据要确切、可靠,设计概、预算应准确,能够满足控制工程投资、安排资金计划和签订工程招投标合同、核算工程造价等的需要。

设计人员要工程项目认真负责,对项目认真地分析研究,不断地优化设计,提出更加科学、合理、先进的设计方案,认真地贯彻执行国家、行业的有关标准。

项目的建设单位要为设计单位客观地、公正地进行设计创造条件,要保证必需的设计周期。要严格遵守设计程序,建设项目没有进入国家、省、市、自治区主管部门发展规划的批复文件,不能提供初步设计文件;没有审查批准的初步设计,不能提供设备订货清单和施工图;没有审查批准的施工图,不能提供材料清单。施工图由设计单位的行政和技术负责人审查批准,使设计质量有保证后,提交项目建设单位和施工单位。施工图的修改必须经设计单位的主设计人或设计总工程师的批准。主要部分施工图的修改须经过设计单位主管技术的领导批准。

3.3.6　施工准备

施工准备工作包括以下内容:

(1)新建工业企业向企业所在地的工商行政管理机关办理注册登记手续,确立项目法人、项目组织管理机构和规章制度健全。

(2)办理土地征用手续或拆迁手续。

(3)进行工程招标,确定工程项目施工单位、工程监理单位,施工合同、监理合同已签订。

(4)落实工程项目施工用水、电、路、通信、施工场地平整,即"四通一平"工作已完成。

(5)项目施工组织设计大纲已经编制完成,并经审定,具体内容和要求参考《火力发电工程施工组织设计导则》。

(6)项目法人与项目设计单位已确定施工图交付计划并签订交付协议,图纸已经过会审,主体工程的施工图至少可满足连续 3 个月施工的需要,并进行了设计交底。

（7）项目主体工程施工准备工作已经做好，具备连续施工的条件。

（8）主要设备和材料已经招标选定，运输条件已落实，并已备好连续施工 3 个月的材料用量。

（9）项目资本金和其他建设资金已经落实，资金来源符合国家有关规定，承诺手续完毕。

（10）项目初步设计及总概算已经批复，开工审计已进行。项目总概算批复时间至项目申请开工时间超过两年，或自批复至开工期间，动态因素变化大。总投资超出原批概算10％以上的，须重新核定项目总概算。

（11）所在省、市、自治区上年度机组平均利用小时低于 5000h 的发电项目，已经取得省、市、自治区电力公司对原上网协议和购电协议的重新确认，以火电为主的电网，火电机组平均利用小时低于 5000h 的，原则上不应开工一般电源项目。施工准备工作还包括做好现场测量控制网、主要施工机械平面布置、组织施工力量的准备，除上述整个现场准备工作以外，每个施工单位工程开工以前，还必须按照上述条件做好准备工作。

建设项目所选定的三大主机设备即锅炉、汽轮机、汽轮发电机，建设单位应落实主机厂的排产情况，按照签订的经济合同，双方都应严格执行，建设单位应保证资金按时到位，制造厂商应保证按期投料生产加工，确保按期交货，建设单位要经常与设备制造厂商取得联系，落实设备的具体交货时间。

建设项目要根据经过审查批复的总概算、工程网络进度计划，合理地安排各建设年度的投资。年度计划投资的安排，要与整个建设工程总体规划要求相适应，保证按期建成。年度计划安排的内容要和当年分配的投资、设备、材料、建筑安装相适应，配套项目的建设要同步进行、相互衔接，生产性建设和生活设施建设都要合理安排，同步进行建设。

工程监理单位，要根据项目签订的经济合同严格认真履行监理职责，组织成立项目监理机构，认真编写项目监理大纲，帮助建设单位做好工程管理工作。设备监造单位，要根据项目签订的经济合同严格履行设备监造职责，组织好监造人员，认真编写项目监造大纲，设置好设备的监造过程，布置好设备的监造点。

3.3.7 工程施工与生产准备

建设项目在完成各项施工准备后，经项目所在地省、市、自治区主管部门审查合格，即转为新开工项目，正式开工建设。

严格执行开工报告制度。一切新建、扩建项目动工兴建，都要有经过上级机关正式批准的开工报告，开工具备的条件总的要求是以能满足工程开工后，可以进行连续施工，并能逐步扩大施工面，以不出现由于因建设准备不足工程开工后，不能正常地施工或建设，出现采取临时性应急措施，无法连续施工为原则。开工报告应由建设单位提出开工申请，报当地省、市、自治区主管部门审查后可申报国家主管部门审批。

主管部门根据批准的年度计划，对建设项目统筹安排落实项目的资金，协调设计和施工，保证资金落实、施工图纸、设备、材料、施工力量满足工程建设的需要，保证计划的全面完成。

施工单位应加强管理，组织施工图的审核，编制施工组织设计，编制年度工程进度计划和年度材料消耗计划，提出保证工程造价和保证工程质量、保证工期、保证施工安全的措施。

施工单位要健全生产指挥系统,建立严格的责任制,坚持施工程序,科学组织施工;广泛采用和发展新工艺、新技术、新材料、新结构、先进的施工方法和技术措施;要努力提高工程质量,缩短建设工期,降低工程造价,要提倡文明施工。施工单位要对工程质量全面负责,开展创优质工程竞赛活动,要精心施工,工程结束即可全面竣工,不留未完工程。

生产准备工作是指建设项目投产前为机组整套启动、168h 试运行、移交生产所做的全部生产准备工作。它是使建设阶段能够顺利地转入生产经营阶段的必要条件。

在工程开始建设施工后,建设单位要根据建设项目的规模和施工进度,适时地组织力量有计划、有步骤地开展生产准备工作,保证工程建成后能及时投入运行。

生产准备工作的主要内容有以下几方面:

(1) 生产准备机构的设置。

(2) 生产准备规划的编制。

(3) 生产人员的配备与培训,组织生产人员参加设备的安装、调试,熟悉设备,掌握生产技术,并参加分部试运和整套启动调试工作。

(4) 生产技术准备与规章制度的建立,组织生产管理人员收集生产技术资料,制订必要的管理制度。

(5) 组织编写运行规程、操作规程、事故处理规程。

(6) 落实燃料、消耗材料、水、交通和其他协作配合工作。

(7) 物质供应准备,要组织工具、器具、备品、备件、生产用品等的制造和订货工作。

(8) 经营管理方面的准备。

3.3.8　竣工验收

建设项目按照设计要求建成后,经过 168h 满负荷试运行,并完成各项机组性能考核试验后,必须按启动验收和竣工验收的规范要求及时组织工程竣工验收。

竣工验收包括竣工图纸、竣工决算、环评验收、消防验收、入网安全性评价等。

竣工验收中,由于各种原因,未能达到设计所要求的内容全部建成完工,或初期达不到设计能力规定的指标,但对近期生产影响不大的,也可组织竣工验收,办理交付生产的手续,在验收时,对遗留问题,由验收委员会确定具体处理办法,由项目建设单位负责执行,限期整改或完善,达到设计要求。

施工单位应向建设单位(生产单位)提交竣工图、隐蔽工程施工记录和其他有关资料及文件,作为电厂投产后检修和维护的依据,并为将来机组改、扩建工程提供基础资料。

在工程验收过程中,如发现工程内容或工程质量不符合设计规定时,施工单位必须负责限期修补、返工、重建,因此而发生的各项费用和器材消耗由施工单位负责。

在工程竣工验收前应先进行环保验收、消防验收、电网入网安全性评价工作。

环保验收主要是项目所在地省、市、自治区项目当地环保部门或国家环保主管部门主持进行的验收,环保项目必须与主体工程同时进行建设,同时进行调试,同时进行投运并且达到验收的标准,对不合格的项目应限期整改,或停止机组运行,至整改合格,确保环保项目正常投入运行。

消防验收是以当地消防部门或项目所在地的省、市、自治区的消防主管部门主持的验收。按照国家有关消防规范对电力项目消防系统进行的符合性检查和功能可靠性进行的鉴定。验收合格后,消防主管部门应发合格证,验收不合格的应根据存在的问题限期整改或消除缺陷,重新进行验收,至验收合格。

入网安全性评价是在机组投入并网运行时,项目所在地的省、市、自治区或区域电网公司及电监会(局)主持进行的机组入网安全性评价,确保机组入网的安全性评价合格后发给准予入网的入网证。

3.3.9　建设程序中的注意事项

在项目建设过程中遵循基本建设程序和实施各阶段所包括的工作内容,以提高经济效益、社会效益、环境效益作为基本建设工作的指导方针。工程项目的建设需要专业化的管理队伍,熟悉基本建设管理有项目建设的管理经验,有较高的事业心和敬业精神,能够为国家和企业提高投资效益,科学合理地安排工程进度,协调各个施工环节,安全可靠地组织施工,保证工程质量,使项目建成投产后能够安全、稳定可靠地发挥投资效益。

在项目建设过程中,要注意投资的综合效益,防止片面性,要特别处理好安全、进度、质量三者的关系,贯彻安全第一的思想,要杜绝人身伤亡事故,杜绝工程质量安全事故,从技术措施、技术方案、职业指导书上明确安全项目,加强技术指导,加强安全教育和培训,明确安全责任,坚持按照基本程序办事,加快工程建设的速度,缩短建设工期,是提高投资效益的主要途径。管理工程建设就是要千方百计在尽可能短的时期内把项目建设投产,及早地发挥投资效益,但是加快速度必须尊重科学,在客观条件允许的限度内,按合理的工期组织施工,绝不能急于求成,不惜成本,主观片面地抢进度,造成返工浪费。正确地处理好进度和质量的关系,基本建设是百年大计,确保工程质量至关重要,没有质量的速度不是真正的速度,也就没有经济效益可言。以往存在片面追求进度,盲目赶工期抢进度,工程质量低劣,造成返工浪费,甚至给生产和使用造成了先天性的缺陷,影响了工程使用寿命,因此必须在确保质量的前提下加快工程进度,在设计上、施工上尽可能地采用先进技术,以逐步提高我国现代化技术水平,做到技术上先进可行、经济上节约合理。

在工程设计中,对于拟采用的工艺技术、设备选型以及建筑结构等,一定要从技术和经济两个方面反复进行比较,选用技术实用、可靠,投资省、造价低的最佳方案。

施工单位在选用施工方案上应先进合理,在技术措施上都要采用技术先进可行和经济合理、能够提高功效、降低投资的原则。不要出现"不计成本、采用大马拉小车"的技术措施。

能源动力工程项目的范围

项目范围管理就是做且仅做成功完成项目所需要的工作,不多做也不少做。参照 PMI(project management institute)的项目管理知识体系指南,本章介绍项目范围管理的概念、内容、理论和方法,阐释如何规划、定义项目范围,如何创建反映工作范围的工作分解结构(work breakdown structure,WBS)。范围管理的一些概念有些抽象,但这些概念是进度管理、成本管理、沟通管理等的基础。

4.1 项目范围管理

项目范围管理是现代项目管理知识体系中一个重要的专项管理知识,是在传统项目管理的理论和方法的基础上新增的一个现代项目管理的新领域,是美国项目管理协会项目管理知识体系指南十大知识领域之一。因为这个知识比较新,因而理解起来有些抽象,甚至看似可有可无,但如果恰当理解并运用这一概念,对项目成功将大有裨益。

4.1.1 项目范围管理的含义

从中、英文专业术语上说,项目范围(project scope)可理解为项目的"模样"(即中文"范"字的意思)和"大小"(即中文"围"字的意思)两个方面。项目范围管理就是为确保项目能够成功而开展的对项目产出的产品、服务或者成果的范围和项目工作范围的管理工作。所以项目范围包括两个方面,一是项目产品范围(product scope)的管理,二是项目工作范围(work scope)的管理。前者规定和控制项目产品的"模样"和"大小",而后者规定和控制项目工作的"模样"和"大小",这两个方面共同构成了一个项目的范围管理。

项目范围管理就是对一个项目所涉及的产品范围和工作范围两方面所做的计划、管理和控制工作。项目产品的范围是指项目产出的产品、服务或成果所具有的特性和功能。项目工作范围是为交付具有一定特性与功能的产品、服务或者成果而必须要做的工作。例如,一台锅炉的特征包括钢架、省煤器、水冷壁、过热器、再热器等,功能参数包括蒸发量、热效率等,对锅炉特征和功能参数进行界定就规定了锅炉产品的范围。那么为了交付这样一台锅炉需要做的工作就是项目工作范围,比如它可能包括设计工作、采购工作、制造工作、进度控制工作、质量控制工作、成本控制工作和沟通工作等。项目范围管理的根本目标不仅是要使项目所生成的产品能够全面达到项目目标,同时还要使全部工作能够做到恰到好处。

一个项目的产品范围既包括项目产品的主体部分也包括项目产品的

辅助部分,这些项目产品的主体部分与辅助部分之间有着彼此独立却又相互关联或相互依赖的关系,所以在项目范围管理中必须按照它们之间的配置关系进行管理。通常,一个项目的产品范围通过项目产品说明书(specifications)等文件给出全面和具体的描述。例如,一个信息系统建设项目通常包括四部分的项目产品,即项目硬件、软件、辅助设施和用户培训,一个锅炉房改造项目可以包括土建、设备采购、设备安装、设备调试和用户培训等,它们彼此既相互独立又相互依存,构成了项目的产品范围。

在规划和定义了项目产品范围之后,可以根据项目产品的范围分解、确定项目工作范围。一个项目的工作范围既包括生成项目产品主体部分和辅助部分的工作,也包括与之相关的项目管理工作。所以,项目工作范围管理的内容不但包括对于直接生成项目产品的工作范围的管理,而且包括关于对项目产品生成有影响的各种辅助和管理工作范围的管理。例如,以上的锅炉房改造项目的工作范围就包括土建、设备采购、设备安装等这些工作及与之相关的管理工作。

项目范围管理包括对项目产出物范围和项目工作范围的管理,只有将这二者按照具体项目的配置关系科学地进行集成管理,才能确保业主或者客户满意。

4.1.2　项目范围管理的主要工作

项目范围管理工作包括规划范围管理、收集需求、定义范围、创建工作分解结构(WBS)、确认范围和控制范围等六个方面的具体工作,它们之间的关系和内容如图 4.1 所示。

由图 4.1 可见项目范围管理的主要内容有如下 6 个方面:

(1)规划范围管理。规划范围管理是创建范围管理计划,书面描述将如何定义、确认和控制项目范围的过程,主要作用是在整个项目中对如何管理范围提供指南和方向。例如,笔者在开设"能源动力工程项目管理"这门课程时,准备的清华大学本科生课程申请新开课论证报告可以看作是规范范围管理工作的一部分。

(2)收集需求。这是指在项目开始之初人们根据项目章程、项目涉及的干系人,为实现项目目标而定义干系人需求的过程。需求是工作分解结构的基础,成本、进度和质量等控制也均基于需求进行。例如,笔者在开设"能源动力工程项目管理"这门课程时,曾就开课方式、开课内容和考核方式进行了调研,然后根据干系人(同学)的需求进行了调整,最后确立了这门课程的内容。

(3)定义范围。这是制定详细的项目和产品描述的过程,根据项目章程和需求分析,全面识别和界定一个项目产品和项目工作并最终给出项目范围说明书。例如,当决定开设"能源动力工程项目管理"这门课程后,确定这门课程包含哪些章节、哪些章节选学,这就是产品范围,为整理相应讲义和 PPT,哪些同学负责录入、哪些同学负责校对、如何保证进度,这就是项目工作。

(4)创建工作分解结构(WBS)。这是对经过范围定义的项目进行全面分解的工作,这一工作最主要的内容是对项目的产品范围和项目工作范围进行全面的分解,最终给出工作分解结构和工作分解结构词典。例如,对于"能源动力工程项目管理"这门课程,就可以按照章节进行分解。

(5)确认范围。这是验收项目已经完成的可交付成果的过程,包括业主或客户(或者其他相关人员)审查可交付成果,保证圆满完成可交付成果,并得到了业主或者客户的正式验

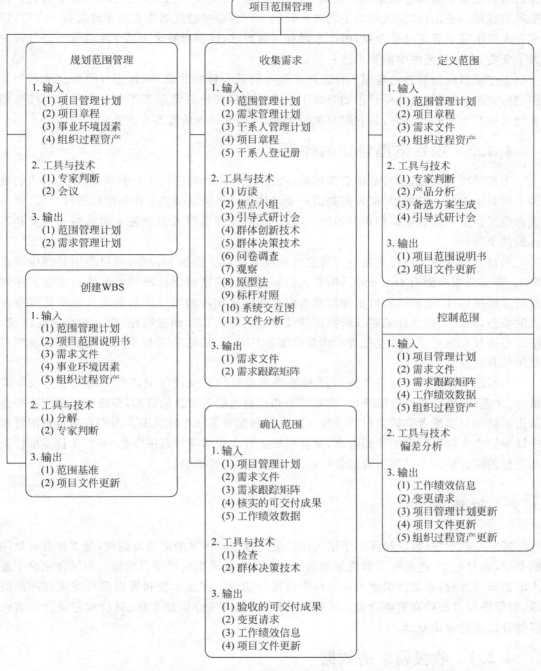

图 4.1　项目范围管理主要内容的示意图（本图选自 PMBOK，其中一些概念可参阅 PMBOK）

收。例如，"能源动力工程项目管理"这门课程获得热能系授权开设，并且同学反馈良好，则可认为是核实了该课程的范围，课程得到了验收，同学和热能系满意。

（6）控制范围。这是指对由项目干系人提出的主观项目范围变更和对在项目实施中因出现偏差而发生的客观项目范围变更所做的各种控制工作。这是一项贯穿于整个项目全过程的项目范围主观和客观偏差的管理与控制工作。变更不可避免,变更得不到控制就会出现项目蔓延。还是以"能源动力工程项目管理"为例,最初的规划中有施工管理这一章节,后来有人提出施工管理过于专业,因而本课程不做要求,仅供学有余力的学生自学。经过讨论做了变更,在课程范围中删除了这一部分内容。

上述项目范围管理的各项工作之间不但有前后衔接的关系,而且还有相互交叉和相互作用的关系。同时,这些项目范围管理工作还与项目其他的管理工作存在有前后衔接与相互交叉和相互作用的关系,如它们与项目质量、时间和成本管理都有关系。

4.1.3　项目范围管理的作用

为指导项目实施,项目范围管理明确界定了项目产品和项目工作的范围,从而为人们提供了项目实施的范围框架,使人们知道一个具体项目必须做哪些工作和生成哪些产品、服务或者成果。这不仅能使人们更好地完成项目工作,而且能使人们避免去做那些不必要和不该做的工作。

项目范围管理为项目实施的有效监督和控制提供了依据和标准,项目范围管理中收集需求、定义范围和创建工作分解结构是人们制定项目范围控制标准和度量项目实施实际情况的依据和标准,根据这些依据和标准人们才能发现实际的项目产品和项目工作范围所存在的偏差,然后根据这种偏差分析找出导致偏差的原因以及纠偏措施,进一步决定是继续、中止还是放弃整个项目以及是否对项目范围进行调整,最终采取相应的纠偏措施实现项目范围的有效控制。

项目范围管理为项目的管理收尾和最终成果交付提供清单或依据。因为通过收集需求、定义范围、创建工作分解结构、核实范围和控制范围等方面的管理,最终项目范围管理会给出最终项目实施者应该交付的项目实际产品和项目实际工作范围。人们在项目范围管理中既要努力去按项目范围计划行事,又要积极进行必要的项目范围变更,最终项目范围计划和变更的综合结果才是项目管理收尾和最终成果交付的依据。

4.2　收集需求

需求是指业主、客户和其他干系人的已量化且记录下来的需要与期望,是工作分解结构的基础,也是成本、进度和质量规划的基础。收集需求是为实现项目目标而定义并记录干系人的需求的过程,收集需求便于定义和管理客户期望。仔细掌握和管理项目需求与产品需求,对促进项目成功有重要价值。项目一旦开始,就应该详细地了解、分析和记录这些需求以便日后进行对比分析。

4.2.1　收集需求的依据

(1) 项目章程。项目章程是一份正式批准项目的文件,其中反映了干系人的初步需求和期望,因而可从项目章程中了解总体项目需求以及关于项目产品的总体描述,并据此再制定详细的产品需求。

(2) 干系人登记册。干系人登记册是项目沟通管理过程的一个输出成果,它包含已经识别的所有干系人信息,例如姓名、工作单位、主要期望、潜在的影响、对项目的态度等。不同的干系人对项目的影响不同,干系人登记册为区别对待、"看人下菜碟"提供了依据。在收集需求时,可从干系人登记册中寻找那些能提供详细的项目和产品需求信息的人员。

4.2.2　收集需求的方法

(1) 访谈。访谈是一种通过与干系人直接交谈,来获得信息的方法。向被访者提出问题,并记下他们的回答。一般采取"一对一"的形式,也可以同时有多个被访者和/或多个访问者参与。有经验的项目人员、干系人和专家参加访谈,可以帮助识别和定义项目可交付成果的特征和功能等。

(2) 焦点小组会议。焦点小组会议是把预先选定的干系人和专家集中在一起,了解他们对所提议产品、服务或成果的期望及态度。一位有经验的主持人引导大家进行互动式讨论,这种方式通常比"一对一"的访谈更热烈。

(3) 引导式研讨会。通过邀请跨部门干系人一起参加会议,引导式研讨会对产品需求进行集中讨论与定义。研讨会是快速定义跨部门需求和协调干系人差异的重要方法。由于群体互动的特点,有效引导的研讨会有助于建立信任、促进关系、改善沟通,从而有利于参加者达成一致意见。该方法的另一好处是,能够比单项会议更快地发现和解决问题。例如,要建设一个电源项目,把设计、采购、施工、燃料供应等部门的主要人员召集一起,就可能改变既定的锅炉方案。比如,原定的煤粉锅炉可能由于当地可采购的煤炭热值低、灰分高,从而变更为循环流化床锅炉。

(4) 群体创新方法。可以组织一些群体活动来识别项目和产品需求。头脑风暴法、概念/思维导图、德尔菲方法是常见的群体创新方法。头脑风暴法是用来产生和收集对项目需求与产品需求的各种创意的一种技术。概念/思维导图可以把从头脑风暴中获得的创意,用一张简单的图联系起来,以反映这些创意之间的共性与差异,从而引导出新的创意。德尔菲方法是由一组选定的专家回答问卷,并对每一轮需求收集的结果再给出反馈,专家的答复只能交给主持人,以保持匿名状态。例如,在调研是否需要开设"能源动力工程项目管理"这门课程时,笔者就以匿名的方式向34名同学发出了调查问卷来了解他们的需求。

(5) 群体决策方法。群体决策就是为实现期望结果而对多个可能行动方案进行评估。群体决策方法可用来开发产品需求,以及对产品需求进行归类和优先排序。完成群体决策的原则很多,例如:一致同意。每个人都同意某个行动方案;大多数原则,获得群体中50%以上的人的支持;相对多数原则,根据群体中相对多数者的意见做出决定,即便未能获得一部分人的支持;独裁,某一个人为群体做出决策。在需求收集过程中,几乎可采用上述任何一种决策方法进行群体决策。例如,在决定是否开设"能源动力工程项目管理"这门课程时,在调查问卷中是31人支持、3人弃权,则以大多数原则通过。而当决定该课程是否考试时,笔者以"独裁"的方式决定考试。

(6) 问卷调查。问卷调查是指通过设计书面问题,向为数众多的受访者快速收集信息。如果受众众多、需要快速完成调查,并需要使用统计分析法,就适宜采用问卷方法。

(7) 观察。观察是指直接观察个人在各自的环境中如何开展工作和实施流程。当产品使用者难以或不愿说明他们的需求时,就特别需要通过观察来了解细节。观察,也称为"工作跟踪",通常由观察者从外部来观察使用者的工作。例如,我们针对一个烧结球团工艺的余热利用问题,业主就提出他们现在有节能需求,但是无从下手,就邀请我们去观察他们的操作,从而确定他们的需求。

（8）原型法。原型法是指在实际制造产品之前,先造出该产品的实用模型,并据此征求对需求的反馈意见。原型是有形的实物,它使干系人有机会体验最终产品的模型,而不是只讨论抽象的需求陈述。原型法符合渐进明细的理念,因为原型需要重复经过制作、试用、反馈、修改等过程。在经过足够的重复之后,就可以从原型中获得足够完整的需求,并进而进入设计或制造阶段。例如,我们在推广燃用玉米芯的锅炉时,由于存在玉米芯灰熔点低、容易结焦的问题,业主很不放心。为了打消业主的顾虑,我们就先做了一个小型的燃烧炉(原型机),验证我们的设计是否符合要求,最终业主对我们的燃烧炉很满意,我们获得了这个项目,后续也签订了一系列规模类似甚至更大的项目。

4.2.3　收集需求的成果

收集需求的主要成果是需求文件,需求文件描述各种需求将如何符合与项目相关的业务需求。起初可能只有概括性的需求,然后可以随着信息的增加逐步细化。只有明确的、可测量和可测试的、可跟踪的、完整的、相互协调的且主要干系人愿意接受的需求,才能作为项目基准。比如,虽然燃料部门提出流化床锅炉比煤粉锅炉更有优势,但是受业主投资限制,无法建造循环流化床锅炉,则其不能成为有效需求并成为项目基准。需求文件可以包括许多组成部分,例如:当前的机遇和发起项目的理由、项目预期目标、功能性要求、非功能性要求、质量要求、验收标准、与需求有关的假设条件和制约因素等。

4.3　定义范围

定义范围是制定项目和产品的项目范围说明书,即详细描述。详细项目范围说明书的编制,一般根据项目启动过程中确定的主要可交付成果、假设条件和制约因素等来编制项目范围说明书。项目范围定义的目的在于明确界定项目产品和项目可交付成果(包括项目产出的产品、服务和成果以及附带的管理报告和文件等)及其各种约束条件等。项目范围定义给出的项目范围界定是开展下一步项目工作分解的依据,也是进行项目成本、项目时间和项目资源管理的基础之一。

定义范围工作的基本内容是界定项目产品范围和为交付产品的项目的工作范围。

定义产品范围是根据项目章程、项目初步范围说明书、组织过程资产等信息,特别是根据项目所属专业领域对项目本身的客观要求和项目各方面的要求,进一步明确和界定项目产品的工作。例如,对一个新型节能锅炉的研发,此时应该界定构成锅炉的水冷壁、省煤器、过热器等研发要求和结构,并对研发工作中的可交付物做具体界定,甚至应该界定所需交付的研究成果和文件清单,比如热力计算、壁温计算和强度计算等文件。只有全面界定项目产品和项目可交付物,才能够进一步界定生成这些项目产品的项目工作的范围。

定义项目工作范围是根据项目产品或项目可交付物的定义以及项目章程、项目初步范围说明书、组织过程资产、项目所属专业领域的客观技术和工作要求等,全面界定项目工作范围。例如,对于上述新型节能锅炉研发项目而言,此时应该根据界定清楚的项目产品和项目可交付物,全面界定所需开展的工作,比如设计工作、制造工作、安装工作、调试工作、项目管理工作等。

4.3.1　定义范围的依据

在分析和界定项目产出物范围和项目工作范围时常依据项目章程、需求文件和组织过程资产等。

项目章程在收集需求时已经使用（即使那些不编制项目章程的项目也要使用类似项目规定或要求之类的文件作为依据，例如签订的合同），需求文件是收集需求的成果，下面主要介绍一下组织过程资产。

组织过程资产是参与项目的组织的部分或全部的与过程相关的资产，利用起来有助于帮助项目成功。这些过程资产包括组织内的计划、政策、程序和指南，过程资产还包括组织的知识库，如经验教训和历史信息。组织过程资产可能包括完整的进度计划、风险数据和挣值（挣值是指项目实施过程中某阶段实际完成工作量及按预算定额计算出来的工时或费用）数据。项目团队成员通常有责任在项目全过程中对组织过程资产进行必要的更新和补充。组织过程资产可分成以下两大类。

1. 组织的流程与程序

这些工作流程与程序包括：组织的标准流程，例如，标准、政策（如安全与健康政策、伦理政策和项目管理政策）、标准的产品与项目生命周期，以及质量政策与程序（如过程审计、改进目标、核对表和组织所使用的标准化的流程定义）；标准化的指南、工作指示、建议书评价准则和绩效测量准则；模板（如风险模板、工作分解结构模板、项目进度网络图模板以及合同模板）；根据项目的具体需要，"剪裁"组织标准流程的指南与准则；组织对沟通的规定（如具体可用的沟通技术、许可的沟通媒介、记录保存政策以及安全要求）；项目收尾指南或要求（如项目终期审计、项目评价、产品确认以及验收标准）；财务控制程序（如定期报告、费用与支付审查、会计编码以及标准合同条款）；问题与缺陷管理程序，包括对问题与缺陷的控制、识别与处理，以及对相关行动的跟踪；变更控制程序，包括修改公司标准、政策、计划和程序（或任何项目文件）所需遵循的步骤，以及如何批准和确认变更；风险控制程序，包括风险的类别、概率的定义和风险的后果，以及概率影响矩阵；排序、批准与签发工作授权的程序等。

2. 共享知识库

组织用来存取信息的共享知识库可包括：过程测量数据库，用来收集与提供过程和产品的测量数据；项目档案（如范围、成本、进度与质量基准，绩效测量基准，项目日历，项目进度网络图，风险登记册，风险应对计划和风险影响评价）；历史信息与经验教训知识库（如项目记录与文件、完整的项目收尾信息与文件、关于以往项目选择决策与绩效的信息，以及关于风险管理工作的信息）；问题与缺陷管理数据库，包括问题与缺陷的状态、控制情况、解决方案，以及相关行动的结果；配置管理知识库，包括公司标准、政策、程序和项目文件的各种版本与基准；财务数据库，包括工时、实际成本、预算和任何成本超支等信息，等等。

当一个项目是依照合同由承包商实施时，合同中确定的各种约束条款都是在项目范围定义过程中着重考虑的项目限制条件和项目假设条件。

4.3.2　定义范围的方法

范围定义是一项非常严密的分析、推理和决策工作，因此需要采用一系列的逻辑推理和分析识别的方法。

（1）引导式研讨会，在收集需求中已经提及。

（2）专家判断。专家判断常用来分析制定项目范围说明书所需的信息。专家判断和专业知识可用来处理各种技术细节。专家判断可来自具有专门知识或经过专门培训的任何小组或个人，可从许多渠道获得，包括：组织内的其他部门；顾问；干系人，包括客户和发起人；专业与技术协会；行业团体；主题专家。

当人们面对不确定或很不确定的项目产出物范围定义时，人们多数时候会使用专家法。因为此时存在较大或很大的项目信息缺口，人们很难使用结构化的系统分析和界定方法去定义项目的产出物，甚至人们此时对项目目标的界定都十分困难，所以人们会转向专家而通过使用他们的专家经验和判断定义项目的产出物范围。例如，人们可以通过请建筑工程师和机械工程师这样的专家对初次开展且十分独特的建设工程或机械工程的研发项目进行定义，然后在项目后续实施中逐步修订和完善这些专家们对项目产出物的定义。

当人们面对不确定或很不确定的项目工作范围定义时，人们多数时候也会使用专家法。因为这种项目不但会因为存在较大信息缺口而很难进行项目产出物的定义，而且人们会更难以使用结构化的系统分析方法定义项目的工作范围，甚至人们此时界定的项目产出物也十分含糊，所以人们会转向专家们求助。专家们使用自己的经验和判断进一步定义项目的工作范围，专家们可以一起使用头脑风暴法和横向思维法等方法提出各种项目工作备选方案，然后通过优化分析而做出项目工作范围的定义并随后将其逐步修订和完善。

（3）产品分析。对于那些以产品为可交付成果的项目（区别于提供服务或成果的项目），产品分析是一种有效的工具。每个应用领域都有一种或几种普遍公认的、把概括性的产品描述转变为有形的可交付成果的方法。产品分析技术包括产品分解、系统分析、需求分析、系统工程、价值工程和价值分析等。

这是最基本的项目产出物范围定义的方法，这种方法是一种结构化分析和分解的方法，它多数用在对相对确定性比较高的项目产出物或项目可交付物的定义上。任何项目所属专业领域都有自己的客观规律和人们普遍接受的项目产出物分解方法，如建设工程项目和机械工程项目各自有不同的项目产出物分解技术和方法。项目产出物分解方法还包括各种系统分析和分解的方法，如系统工程所包含的项目分解方法、价值工程或价值分析的方法、功能分析和产品分解的方法等，这些都属于结构化的项目分析与设计的方法。

（4）备选方案识别。备选方案识别是用来为项目工作提出不同执行方法的一种技术。许多通用管理技术都可用于备选方案识别，如头脑风暴、横向思维和配对比较等。

这是基本的项目工作范围定义的方法，这种也是一种结构化的分析方法，所以它同样更适用于相对确定性比较高的项目工作范围的定义。在多数情况下，在项目产出物界定以后，人们可以找出很多种生成项目产出物的工作方案，然后从中选优而界定项目工作的范围。例如，一个建设工程项目就可以有多种建设和施工组织方案，人们采用招投标的方法就是为了获得更多的项目工作范围的备选方案，然后比较它们的优劣而最后确定采用方案的项目工作范围。每个项目所属的专业技术领域都有自己的客观规律和人们普遍接受的项目工作范围定义方法，如信息系统开发项目不但有自己独特的项目工作范围定义方法，而且某些方法已经成为国际性的标准或行业规范，因此人们可以使用这些定义划出项目的工作范围。

4.3.3 定义范围的成果

定义范围的主要成果是项目范围说明书。项目范围说明书详细描述项目的可交付成果,以及为提交这些可交付成果而必须开展的工作。项目范围说明书也表明项目干系人之间就项目范围所达成的共识。为了便于管理干系人的期望,项目范围说明书可明确指出哪些工作不属于本项目范围。项目范围说明书使项目团队能开展更详细的规划,并可在执行过程中指导项目团队的工作,它还为评价变更请求或额外工作是否超出项目边界提供基准。

项目范围说明书描述要做和不要做的工作的详细程度,决定着项目管理团队控制整个项目范围的有效程度。详细的项目范围说明书包括以下内容:

(1)产品范围描述。逐步细化在项目章程和需求文件中所述的产品、服务或成果的特征,以便人们能够据此生成项目产品。这方面的内容也是逐步细化和不断修订的,但是其详尽程度要能为后续项目的各种计划工作提供依据,最低限度是它要清楚地给出项目的边界,项目中包括什么和不包括什么。

(2)产品验收标准。定义已完成的产品、服务或成果的验收过程和标准。

(3)项目可交付成果。可交付成果包括组成项目产品或服务的各种结果,也包括各种辅助成果,如项目管理报告和文件。

(4)项目的除外责任。通常需要识别出什么是被排除在项目之外的。明确说明哪些内容不属于项目范围,有助于管理干系人的期望。

(5)项目制约因素。列出并说明与项目范围有关且限制项目团队选择的具体项目制约因素,例如,客户或执行组织事先确定的预算,强制性日期,项目成本、时间、质量和范围的相互关系。如果项目是根据合同实施的,那么合同条款通常也是制约因素。

(6)项目假设条件。列出并说明与项目范围有关的具体项目假设条件,以及万一不成立而可能造成的后果,这些假设条件限定了项目的产品和项目工作范围与方案的选择。这些也是确定项目合同或承包书的依据,所以这些需要按照定量化的原则详细给出。

4.4 创建工作分解结构

创建工作分解结构是把项目可交付成果和项目工作分解成较小的、更易于管理的组成部分。工作分解结构是以可交付成果为导向的工作层级分解,其分解的对象是项目团队为实现项目目标、提交所需可交付成果而实施的工作。在"工作分解结构"这个词中,"工作"是指经过努力所取得的成果,如工作产品或可交付成果,而非"努力"本身。这一工作最主要的内容是对定义出的项目工作范围进行全面的分解,最终给出项目工作分解结构和项目工作分解结构词典等项目范围分解的文件。

工作分解结构是最基本的项目分解结构,由此可以生成项目的其他一些分解结构。在一般项目的管理中人们常用到的分解结构主要有如下几种:

(1)项目合同工作分解结构。项目合同工作分解结构(contract WBS)是定义承包商或分包商为项目业主/客户提供产品和服务内容的文件,它比项目工作分解结构要粗略一些,因为它只是为订立项目合同所使用的一种分解结构文件。

（2）项目组织分解结构。项目组织分解结构（organization breakdown structure，OBS）是根据项目工作分解结构确定项目团队的结构化安排的文件。这种 OBS 侧重于对项目责任和项目任务的分配和项目组织构成情况的描述。

（3）项目资源分解结构。项目资源分解结构（resource breakdown structure，RBS）是项目分解结构的一种，这是对于项目工作所需使用资源的分解结构，它说明了项目在实施各项工作中应得到的资源情况以及项目资源的整体分配情况。

（4）项目风险分解结构。项目风险分解结构（risk breakdown structure，RBS）也是一种结构化的项目分解结构，它是根据项目风险识别结果按一定的项目风险分类原则给出的项目风险分解结构，按结构化方法说明各种项目已识别风险及其之间的关系。

（5）项目物料清单。项目物料清单（bill of materials，BOM）是在一些项目管理的专业应用领域使用的项目所需资源或项目工作的清单。例如，在工程建设项目中的工料清单（quantity list）就是一种项目所需材料、人工、设备、费用等的项目物料清单。

（6）项目活动清单。项目活动清单（bill of activities，BOA）也是一种结构化的项目分解结构，它是在对项目工作分解结构进一步分解的基础上所生成的，是对项目各项活动的详细说明。它与 WBS 的关系最为紧密，因为它是 WBS 的进一步分解得到的文件。

4.4.1　创建工作分解结构的依据

通过分解项目工作而得到的项目工作分解结构是一种以项目产品为导向的层次化的项目范围管理文件，该文件给出了生成各个项目可交付物的项目工作分解以及它们之间的关系描述。

创建工作分解结构的主要依据是项目定义范围的成果范围说明书、收集需求的成果需求文件、组织过程资产、项目产品的初步设计或技术设计图纸、项目合同文件、项目干系人提出的项目范围变更请求批准情况的信息、项目限制条件与假设条件方面发展变化的信息、历史项目的信息等。

4.4.2　创建工作分解结构的方法

根据项目工作分解的依据，可以使用"分解"的方法生成项目工作分解结构。分解就是把项目可交付成果划分直到更小的、更便于管理的工作包的层次。工作包是工作分解结构的最底层，根据工作包可以估算和管理工作成本和活动持续时间。要把整个项目工作分解成工作包，一般需开展下列活动：

（1）识别和分析可交付成果及相关工作。

（2）确定工作分解结构的结构与编排方法。

（3）自上而下逐层细化分解。

（4）为工作分解结构组成部分制定和分配标志编码。

（5）核实工作分解的程度是必要且充分的。

工作分解结构可以采用多种形式，例如：按可交付成果或服务的组成部分分，汽车分为发动机、底盘、内饰等；按生命周期分，一个软件项目可分为项目管理、项目需求、详细设计、构建、整合与调试等；按地理位，配送服务可分为北京、上海、广州等；按组织单元分，建筑设计分为结构、土建、暖通空调、给排水等；按子系统/项目分，电厂设施可分为锅炉岛、汽机岛等。按子项目进行分解,子项目(如外包工作)可能由项目团队之外的组织实施。作为外包工作的一部分,卖方需编制相应的合同工作分解结构。

工作分解结构可以采用列表式、组织结构图式、鱼骨图式或其他方式。不同的可交付成果可以分解到不同的层次。某些可交付成果只需分解一层,即可到达工作包的层次,而另一些则需分解更多层。工作分解得越细致,对工作的规划、管理和控制就越有力。但是,过细的分解会造成管理努力的无效耗费、资源使用效率低下以及工作实施效率降低。

在创建工作分解结构时要遵循以下原则:

(1) 以可交付成果为导向,而非以活动为导向。

(2) 100%准则,WBS包含了全部的产品和项目工作,包括项目管理工作。通过把WBS底层的所有工作逐层向上汇总,来确定没有遗漏工作,也没有增加多余工作。

(3) 名词原则,WBS分解后所得的工作包是以名词或者形容词命名,不用动词。

(4) 团队原则,WBS分解不是任何一个人去做的,必须是由工作的执行者创建,干系人和相关专家等参与。

(5) 80小时法则,完成工作包的时间应不超过80小时。

(6) 独立责任原则,分解到可安排给一个责任者或团队负责。

(7) 滚动分解原则,未来远期才完成的可交付成果或子项目,当前可能无法分解,通常要等到这些可交付成果或子项目的信息足够明确后,才能制定出工作分解结构中的相应细节。

(8) 随着项目变更,不断更新。

项目经理和干系人对WBS常有些理解误区。例如,混淆WBS和活动排序的关系,WBS是对可交付成果的分解,"工作"是指经过努力所取得的成果,而非"努力"本身,并不描述"努力"活动之间的排序和依赖关系;困扰于过时的WBS概念,1987年的《项目管理知识体系指南》中WBS被定义为以任务为导向的活动树状结构,而1996年做了重新定义,工作分解结构是以可交付成果为导向的工作层级分解,从以任务为导向更新为以可交付成果为导向。

一个有经验的项目管理团队,在创建WBS时可能经历如下步骤:

(1) 获得创建WBS的依据,如需求文件、项目范围说明书。

(2) 组建创建WBS的团队,比如干系人、专家、经理、同事等都可能参加WBS的创建。

(3) 分析工作范围,和团队一起,反复识别和分析为完成项目需要做的工作。

(4) 确定WBS的编码方法、WBS的呈现形式,比如树形图、表格式等。

(5) 应用"分解"方法进行工作分解,根据分解原则,检查分解的合理性。

(6) 征求干系人意见,直到关键干系人接受WBS。

(7) WBS获得批准,WBS一旦获得批准,只有通过正式的变更程序才能修改WBS。

(8) 沟通范围,向干系人发送WBS,确保大家清楚项目范围。

(9) 把WBS和预算、进度计划联系起来。

(10) 建立范围基准。

任何项目并不是只有一种正确的项目工作分解结构,而是可能会有多种可行的项目工作分解结构。通常人们需要判定的是一个项目工作分解的结果是否可行和令人满意,而不是项目工作分解结构是否正确与唯一。图4.2是以项目生命周期的各阶段作为分解的第二层,把产品和项目可交付成果放在第三层的 WBS,以主要可交付成果作为分解的第二层的 WBS 见图 4.3。图 4.4 是一个 220kV 输电线路的 WBS 示意。

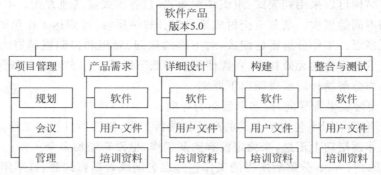

这个 WBS 只是作为示例,不代表任何某个具体项目的完整项目范围,
也不意味着此类项目仅此一种 WBS 分解方式。

图 4.2　以阶段作为第二层的 WBS

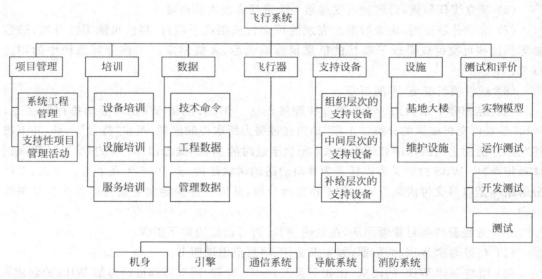

这个 WBS 只是作为示例,不代表任何某个具体项目的完整项目范围,也不意味着此类项目仅此一种 WBS 分解方式。

图 4.3　以主要可交付成果作为第二层的 WBS

4.4.3　创建工作分解结构的成果

（1）工作分解结构。工作分解结构是以可交付成果为导向的工作层级分解。其分解的对象是项目团队为实现项目目标、提交所需可交付成果而实施的工作。工作分解结构每向下分解一层,代表着对项目工作更详细的定义。为工作包建立控制账户,并根据"账户编码"分配标志号,是创建工作分解结构的最后步骤。这些标志号为汇总成本、进度与资源信息建立了层级结构。控制账户是一种管理控制点。在该控制点上,把范围、成本和进度加以整合,并把它们与挣值相比较,以测量绩效。控制账户设置在工作分解结构中的特定管理节点上。每一个控制账户都可以包括一个或多个工作包,但是每一个工作包只能属于一个控制账户。

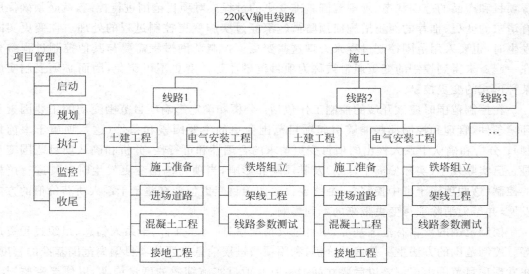

图 4.4 220kV 输电线路的高层级 WBS

（2）工作分解结构词典。项目工作分解结构词典是对项目工作分解结构中各个部分的详细说明，项目工作分解结构图表中给出的各个要素都需要逐个作为词条进行较为全面的描述和说明。通常一个典型的项目工作分解结构词典的内容包括账户编码标志号、工作描述、负责的组织、进度里程碑清单、所需的资源、成本估算、质量要求、验收标准、合同信息等。

（3）范围基准。项目范围说明书、工作分解结构和工作分解结构词典构成了范围基准。通常将范围、进度和成本基准合并为一个绩效测量基准，作为项目的整体基准，以便据此测量项目的整体绩效。

4.5 核实和控制范围

4.5.1 核实范围

核实范围是正式验收项目已完成的可交付成果的过程。核实范围包括与客户或发起人一起审查可交付成果，确保可交付成果已圆满完成，并获得客户或发起人的正式验收。

核实范围的依据包括范围基准、需求文件、干系人信息、质检合格的可交付成果等。核实范围的方法主要是检查，就是通过开展测量、审查与核实等活动，来判断工作和可交付成果是否符合要求及产品验收标准。检查有时也被称为审查、产品审查、审计和巡检等。

经过核实范围，符合验收标准的可交付成果得到业主或者客户的签收。对没有通过验收的可交付成果，寻找不通过的原因，并提出变更请求，进行消缺处理（项目过程中会出现各种缺陷，发现缺陷后，然后组织人员进行一一消除，称为"消缺处理"）。

4.5.2 控制范围

在项目开始按照项目范围基准实施以后，项目自身以及项目的各种条件和环境都会发生变化，这种变化会导致项目范围发生变动而需要对其进行必要的控制。控制范围就是监督项目和产品的范围状态、管理范围基准变更的过程。对项目范围进行控制，就必须确保所有请求的变更、推荐的纠正措施或预防措施都经过实施变更控制过程的处理。在变更实际发生时，也要采用范围控制过程来管理这些变更。控制范围过程需要与其他控制过程整合在一起。未得到控制的变更通常被称为项目范围蔓延。变更不可避免，因而必须强制实施某种形式的变更控制。

在控制范围时应该开展的控制工作包括：分析和确定影响项目范围变动的主要因素和环境条件，管理和控制那些能够引起项目范围变更的主要因素和条件（这两项属于事前控制）；分析和确认干系人提出的项目变更请求的合理性和可行性，分析和确认项目范围变动是否已实际发生（实际偏离了计划）及其风险和影响，当项目范围变更发生时对其进行严格的控制（这两项属于事中控制）。最终要设法使项目变更朝着有益于干系人所获价值的方向发展，并努力消除项目变更带来的不利影响。

控制范围的依据有范围基准、项目进展情况信息、需求文件、干系人信息、组织过程资产等。控制范围的方法主要是偏差分析，利用项目进展信息来评估项目偏离范围基准的程度，在发现项目范围出现偏差以后要立即缩短原有项目实施绩效的度量周期，以便严密监视项目实施进展情况以及其中出现的偏差和问题。

控制范围的成果包括：①项目范围实施的结果，这方面的成果有两个：其一是按照项目范围基准实施而得到的项目范围实施成果，其二是按照项目范围基准的变更方案所进行的项目变更结果以及各种预防、纠偏和补救措施。②项目范围控制的文件，例如更新了的需求文件。③更新了的组织过程资产，例如经验教训，不管是何种原因造成的项目范围变更都属于项目范围控制中出现的经验和教训，可以通过发现和解决问题而得到经验与教训，这些经验与教训最终形成文件，使这部分信息成为项目历史数据的一部分。这既可作为本项目后续阶段工作的指导，也可用于项目业主或项目团队今后开展其他项目。

能源动力工程项目的进度管理

工程项目进度管理以工程项目建设总目标为基础,进行工程项目进度分析、进度计划及资源优化配置,同时实现进度控制管理,直到工程项目竣工验收为止。进度管理将工程项目的工作、工期、成本有机地结合起来,全面地反映工程项目的实施状况。

5.1 项目进度目标与进度计划

5.1.1 项目进度目标

进度和工期有着密切的关系,进度管理的总目标与工期目标是一致的,进度的拖延最终一定会表现为工期的拖延。项目进度管理的最终目标是确保按预定的时间或提前交付使用,项目进度管理的主要对象是建设工期。

在进行工程项目管理时,首选要确定工程项目的进度目标。

(1)进度目标受到工程项目总目标的制约,其必须服从和服务于项目的总目标。

(2)确立进度目标时,必须综合考虑项目的成本、质量、风险等多目标体系,在众多目标体系中进行动态平衡,整体优化项目目标。如图 5.1 所示,随着工期的拖长,成本将上升,收益将下降。

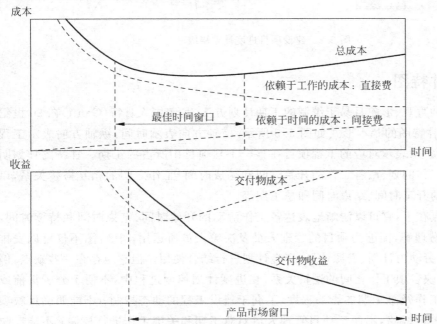

图 5.1 成本、收益与工期的关系

（3）确立项目进度目标时要充分考虑外部环境系统的影响。外部环境系统构成了工程项目的边界条件。环境对工程项目有着重大影响，首先环境决定项目是否有价值，其次环境对工程项目的技术和实施方案有重要的影响，最后环境还与工程项目的风险等密切相关。

项目进度计划是一个层级系统（图 5.2），根据项目大小可以分为总进度纲要、总进度规划、项目进度计划、项目实施计划等多个层次，各个层次逐层细化，最终落实到实施层面。在每个层面都要利用表示进度计划的方法，例如，甘特图、网络图、速度图、线形图等，常用的主要是甘特图和网络图，以下主要介绍甘特图和网络图。

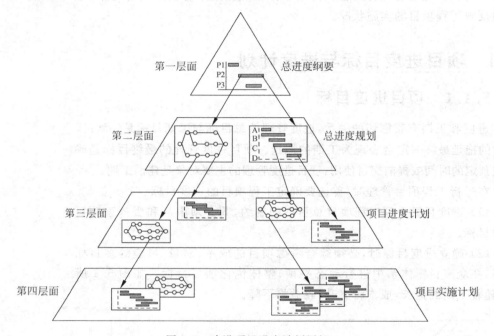

图 5.2　建设项目进度计划层级

5.1.2　甘特图

甘特图是一种直观、形象且易于编制的工期计划方法，是美国人甘特（Gantt）在 20 世纪 20 年代提出的。甘特图的基本形式如图 5.3 所示，横轴方向表示时间，纵轴方向表示工程活动，图表内以线条来表示对应的工程项目在整个工程项目中所占的工期。甘特图计划明确地表示了各项工作的划分、各工作的开始时间和完成时间、工作之间的相互搭接关系，以及整个工程项目的开工时间、结束时间和总工期等。

甘特图的优点在于，它可以清晰地表达各工作活动的开始时间、结束时间和持续时间，比较直观、形象，易理解，能够为项目的管理人员及决策人员所运用；甘特图不仅可以安排工期，而且可以与劳动力计划、资源计划、资金计划进行结合使用。但它也存在一些缺点，例如，不能明确的反映各项工作之间的逻辑关系，在进度计划控制过程中，不便于分析提前或拖延工作对其他工作及总工期的影响程度，不利于建设工程的动态控制；不能明确反映项目的关键工作和关键线路，不便于项目管理人员对总工期和关键工作进行控制；不能反映各工作所具有的机动时间，看不到进度计划的潜力所在；对复杂的工作项目不能进行工期

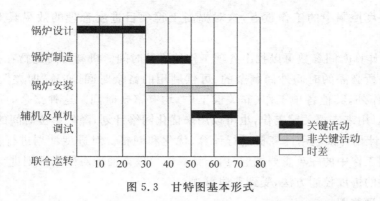

图 5.3 甘特图基本形式

的计算,也无法进行优化。所以,甘特图一般应用于简单的小项目或者大项目的初期计划和总体计划。

5.1.3 网络计划

网络计划技术诞生于 20 世纪 50 年代末,1956 年美国杜邦化学公司开发了关键线路法(critical path method,CPM),1958 年美国海军军械局开发了计划评审技术(program evaluation and review technique,PERT),20 世纪 60 年代初期网络计划技术在美国得到了推广。1965 年,数学家华罗庚教授以 CPM 和 PERT 方法为核心,进行提炼加工,通俗形象化,提出了中国式的统筹方法。

随着网络计划技术在其他领域的推广,得到了迅速发展,并衍生出很多种类。总的来说,网络计划可分为确定型和非确定型两类。

确定型是指网络计划中各项工作及其持续时间和各工作之间的相互关系都是确定的,否则就是非确定型网络计划。对于确定型网络计划,在常见的双代号和单代号网络计划基础上派生出了以下几种网络计划:

(1)时标网络计划。是以时间坐标为尺度表示工作进度安排,最主要特点是计划时间直观明了。

(2)搭接网络计划。可以表示计划中各项工作之间搭接关系,主要特点是计划图形简单。常用的搭接网络计划是单代号搭接网络计划。

(3)多级网络计划。由若干个处于不同层次且相互间有关联的网络计划组成,主要适用于大中型工程建设项目,用来解决工程进度中的综合平衡问题。

与甘特图相比,网络计划可以弥补横道计划(甘特图)的许多不足,具有以下主要特点:

(1)网络计划能够明确表示各项工作之间的逻辑关系。逻辑关系是各项工作之间的先后顺序关系,逻辑关系对于分析各项工作之间的相互影响及处理它们之间的协作关系具有重要的意义,这是网络计划优于甘特图的主要特征。

(2)通过计算时间参数可以找出关键线路和关键工作。在关键线路法(CPM)中,关键线路是指在网络计划中从起点节点开始,沿箭线方向通过一系列箭线与节点,最后到终点节点止所形成的通路上所有工作持续时间总和最长的线路。关键线路上各项工作持续时间总和即为网络计划的工期,关键线路上的工作就是关键工作。关键工作的进度将直接影响到网络计划的工期。通过时间参数的计算,能够明确网络计划中的关键线路和关键工作,也就明确了工程进度控制中的工作重点,这对提高工程项目进度管理的效果具有非常重要的意义。

(3)通过计算时间参数可以找出各项工作的机动时间。机动时间是指在执行进度计划时除完成任务所必需的时间外尚剩余的、可供利用的富余时间,亦称"时差"。在一般情况下,除关键工作外,其他各项工作(非关键工作)均有富余时间。这种富余时间可视为一种"潜力",既可以用来支援关键工作,也可以用来优化网络计划,降低单位时间的资源需求量。

(4)网络计划可以利用计算机进行计算、优化和调整。对进度计划进行优化和调整是工程进度控制工作中的一项重要内容,由于计算机可以方便地对网络计划进行优化和调整,因而成为有效的进度控制方法,受到普遍重视。

1. 双代号网络图

在双代号网络计划中,如图 5.4 所示,用箭线表示工作,工作名称标注在箭线之上,工作的持续时间标注在箭线之下,箭尾表示活动的开始,箭头表示活动的结束,箭头和箭尾画上圆圈并分别编上标号 i 和 j,用箭头和箭尾编号 $i-j$ 代表这项工作的名称,因此而得名双代号。如图 5.5 所示,将一个工程项目的所有工作模型,根据先后顺序并考虑制约关系从左向右排列,形成一个有序的网状图形即为双代号网络图。

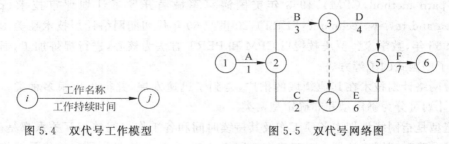

图 5.4　双代号工作模型　　　　　图 5.5　双代号网络图

双代号网络图由工作、节点和线路三个基本要素组成。

(1)工作。工作是一项需要消耗人力、物力和时间的具体努力过程,它是按需要划分而成的、消耗时间同时也消耗资源的一个子项目或子任务,它可以是工程项目结构分解(WBS)各个层次的工作单元或工作包以及工作包下的各项活动。工作包是 WBS 中最低层的可交付成果,它通常还应进一步细分为更小的组成部分,即"活动","活动"是为完成工作包所需的工作投入。

工作通常分为三种:需要消耗时间和资源、只消耗时间而不消耗资源(如混凝土养护)、不消耗时间和资源。前两种是实际存在的工作,后一种是人为的虚设工作,称为虚工作,用虚箭线或实箭线下标以"0"表示,它在网络计划中只表示相邻前后工作之间的逻辑关系。

工作箭头的长短在无时间坐标网络计划中与时间长短无关,工作箭头方向则应始终保持从左到右的方向,在双代号网络图中不得逆向。

(2)节点。节点是双代号网络图中表示工作之间联系的圆圈,在时间上节点表示指向某节点的工作全部完成后该节点后面的工作才能开始的瞬间,具有承上启下的衔接作用,而不需要消耗任何时间或资源。图 5-3 中的节点 5 既表示 D、E 两项工作的结束时刻,也表示工作 F 的开始时刻,一项工作可以用其前后两个节点的编号表示,D 工作可以称为"工作 3-5"。

节点有以下几种(如图 5.6):箭线出发的节点为开始节点,箭线进入的节点称为结束节点,既有进入箭线又有发出箭线的为中间节点。

中间节点的进入箭线与发出箭线互为紧前、紧后关系,一一对应。图 5.6 中工作 A 为工作 B 的紧前工作,工作 B 为工作 A 的紧后工作。

当两项工作具有相同开始节点时,这两项工作为平行工作。有时某项(或几项)工作通过虚工作与另一项工作的开始节点相连,它们也是平行工作。图 5.7 中 B、D 为平行工作,E 与 F 同为 C 的平行工作。

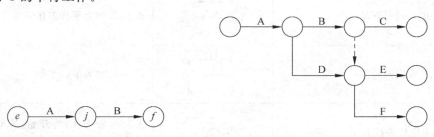

图 5.6 节点示意图　　　　　　　　图 5.7 节点示意图

整个网络图的开始节点,如图 5.5 中的"1"节点称为起点或起始节点;整个网络图的最终节点,如图 5.5 中的"6"节点,称为终节点,或终止节点。介于网络图起点节点和终点节点之间的节点,都可称为中间节点。

在实际工作中重要工作的开始节点或结束节点称为里程碑事件,如工程开工、竣工、主体结构封顶、锅筒吊装、水压试验等。

(3)线路。网络图中从起点节点开始,沿箭线方向通过一系列箭线与节点最后达到终点节点的一条通路称为线路。在一个网络图中一般存在多条线路,每条线路中各项工作持续时间之和就是该线路的长度,也是完成这条线路上的工作计划工期。工期最长的线路即为关键线路,位于关键线路上的工作则为关键工作,关键工作用粗箭线或双线表示,关键工作完成的快慢直接影响整个计划工期的实现,其余工作为非关键工作。

在图 5.5 所示的网络图中,共有 1→2→3→5→6,1→2→4→5→6,1→2→3→4→5→6 三条线路,持续时间之和(即计划工期)分别为 15、16、17,其中 1→2→3→4→5→6 的持续时间最长,则 A、B、E、F 为关键工作,C、D 非关键工作。

关键线路可能同时存在几条。在实际工作中,如果一些工作的持续时间因某种原因出现变化,则该网络计划和各条线路的持续时间都将产生变化,因此网络图中的关键线路并不是一成不变的。在一定条件下,关键线路和非关键线路可以相互转化,因而关键工作与非关键工作也可能互相转化。

用网络图编制工程项目进度计划,并通过计划进行项目进度控制,因而网络图必须正确表达工程项目各项工作之间的先后顺序关系。所以在绘制网络图时必须遵循一定的基本原则和要求。

(1)网络图必须正确表达工作之间的逻辑关系。要画出一个正确地反映工作逻辑关系的网络图,首先必须分析各项工作之间的逻辑关系:①该工作必须在哪些工作之前进行;②该工作必须在哪些工作之后进行;③该工作可以与哪些工作平行进行。

由于网络图是有向、有序网状图形,所以必须严格按照工作之间的逻辑关系绘制,这也是为了保证工程质量和资源优化配置及合理使用考虑。网络图中常见的一些逻辑关系及其表示方法见表 5-1。

表 5-1　双代号网络图中常见的各种工作逻辑关系的表达

序号	工作逻辑关系	网络图中的表达方法	说　明
1	A 完成后进行 B		B 依赖 A，A 约束着 B 的开始
2	A、B、C 同时开始		A、B、C 称为平行工作
3	H、J、K 同时约束		H、J、K 称为平行工作
4	A 完成后进行 B、C		A 制约着 B、C 的开始，B、C 为平行工作
5	H、J 都完成后进行 K		K 依赖着 H、J，H、J 为平行工作
6	A、B 都完成后进行 C、D		通过中间事件 j 正确地表达了 A、B、C、D 之间的关系
7	A 完成后进行 C、D，B 完成后进行 D		D 与 A 之间引入了虚工作，只有这样才能正确表达它们之间的约束关系
8	A 完成后进行 D，B 完成后进行 D、E，C 完成后进行 D、E		虚工作表示 D 受到 B、C 的约束，E 不受 A 的影响
9	A 完成后进行 C，A、B 均完成后进行 D，B 完成后进行 E		D 同时受到 A、B 的约束，C、E 分别受 A、B 的约束

（2）绘制双代号网络图时须遵循以下基本规则。

（a）只允许有一个起点节点，一个终点节点。

（b）严禁出现从一个节点出发，顺箭头方向又回到原出发点的循环回路。循环回路会造成逻辑关系混乱，使工作无法按顺序进行，图 5.8 所示为错误的画法。

（c）箭线（包括虚箭线）应保持自左向右的方向，不应出现箭头指向左方的水平箭线和箭头偏向左方的斜向箭线。

（d）严禁出现双向箭头和无箭头的连线。图 5.9 为错误的工作箭线画法。

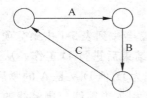

图 5.8 错误的循环回路画法

图 5.9 错误的工作箭线画法
(a) 双向箭头箭线；(b) 无箭头箭线

(e) 严禁出现没有箭尾节点的箭线和没有箭头节点的箭线。图 5.10 所示为错误的绘图。

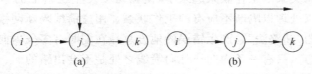

图 5.10 错误的绘图
(a) 没有箭尾节点的箭线；(b) 没有箭头节点的箭线

(f) 节点必须编号，编号不能重复，每一条箭线上箭尾节点编号小于箭头节点编号。

(g) 严禁在箭线上引入或引出箭线。图 5.11 所示为错误的画法。

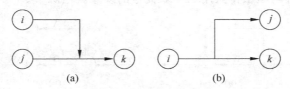

图 5.11 错误的画法
(a) 箭线上引入箭线；(b) 箭线上引出箭线

(h) 应尽量避免网络图中工作箭线的交叉。当交叉不可避免时，可以采用过桥或指向法处理。其中，过桥法是用过桥符号表示箭线交叉，避免引起混乱的绘图方法。指向法是在箭线交叉较多处截断箭线、添加虚线指向圈以指示箭线方向的绘图方法。示例见图 5.12。

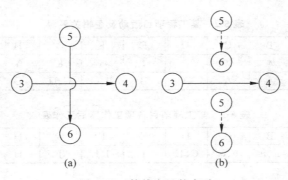

图 5.12 箭线交叉的表示
(a) 过桥法；(b) 指向法

(3) 恰当使用虚箭线。虚箭线不是一项正式的工作，它是根据逻辑关系的需要而增设的。虚箭线有助于正确表达各工作间的关系，避免逻辑错误。虚箭线在网络图的绘制中主要有以下应用：

（a）虚箭线用于工作的逻辑连接。绘制网络图时，经常会碰到表5-1中第7项所示图例的情况，A工作结束后可同时进行C、D两项工作，B工作结束后进行D工作。从这四项工作的逻辑关系可以看出，A的紧后工作为C，B的紧后工作为D，但D又是A的紧后工作，为了把A、D两项工作紧前紧后的关系表达出来，这时就需要引入虚箭线。虚箭线的持续时间是零，虽然A、D间隔有一条虚箭线和两个节点，但二者的关系仍是在A工作完成后，D工作才可以开始。

（b）虚箭线在工作的逻辑"断路"方面的应用。绘制双代号网络图时，最容易产生的错误是把本来没有逻辑关系的工作联系起来了，使网络图发生逻辑上的错误。这时就必须使用虚箭线在图上加以处理以隔断不应有的工作联系。用虚箭线隔断网络图中无逻辑关系的各项工作的方法称为"断路法"。产生错误的地方总是在同时有多条内向和外向箭线的节点处，画图时应特别注意，只有一条内向或外向箭线之处是不会出错的。

（c）虚箭线应用于两项或两项以上的工作同时开始和同时完成的情况。两项或两项以上的工作同时开始和同时完成时，必须引进虚箭线，以免造成混乱。图5.13（a）中，A、B两项工作的箭线共用1、2两个节点，1-2代号既表示A工作又可表示B工作，代号不清就会在工作中造成混乱。而图5.13（b）中，引进了虚箭线，即图中的2-3，这样1-2表示A工作，1-3表示B工作，前面那种两项工作共用一个双代号的现象就消除了。

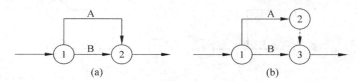

图5.13　虚箭线在两项同时开始和同时完成的应用
（a）错误；（b）正确

下面举例说明双代号网络图的绘制，某工程项目活动及逻辑关系见表5-2。由于紧前工作与紧后工作关系存在一一对应关系，根据上表可以分析出上述各项工作的紧后工作，见表5-3。

表5-2　某工程项目活动及逻辑关系表

活动	A	B	C	D	E	F	G	H	I	J	K
持续时间/d	5	4	10	2	4	6	8	4	2	2	2
紧前活动	—	A	A	A	B	B、C	C、D	D	E、F	G、H、F	I、J

表5-3　某工程项目各项工作紧后工作表

活动	A	B	C	D	E	F	G	H	I	J	K
紧后活动	B、C、D	E、F	F、G	G、H	I	I、J	J	H	K	K	—

第一步：首先作A的紧后关系B、C、D，以及B的紧后关系E、F，如图5.14（a）。

第二步：在C工作后作F、G，这时由于F同时受B、C制约，而E、G分别仅受B、C的限制（暂不考虑D工作的影响），因而可采用表5-1第9项的表示方法，如图5.14（b）。

第三步：在D工作后作H、G，同样由于G同时受C、D制约，则图5.14（b）可修改为如

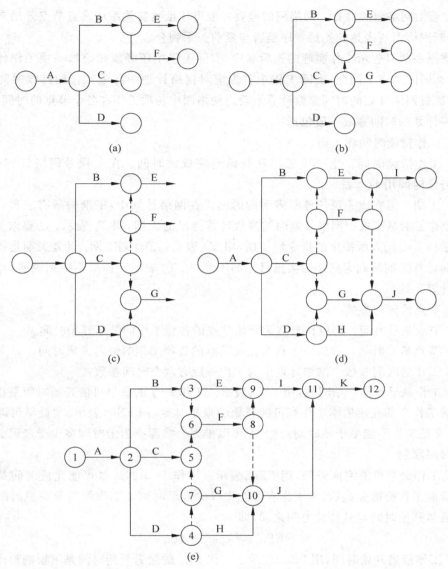

(a)

(b)

(c)

(d)

(e)

图 5.14　双代号网络图

图 5.14(c)。

第四步：同时考虑 E、F、G、H 的紧后工作，I 分别受 E、F 制约，J 分别受 F、G、H 制约，F 同时对 I、J 产生影响，所以应采用虚箭线连接，如图 5.14(d)。

第五步：I、J 的紧后工作为 K，应用表 5-1 第 5 项的表示方法。最后即可做出完整的双代号网络图，如图 5.14(e)。

第六步：编号。为了使网络图便于检查和计算，所有节点均应统一编号，一条箭线前后两个节点的号码就是箭线所表示的工作代号。网络计划应用于实际工程时，则应考虑到可能在网络图会增添或改动某些工作，故在节点编号时，可预先留出备用的节点号，即采用不连续编号的方法，如1,3,5,…,或1,5,10,…,以便于调整，避免以后由于中间增加一项或几项工作而改动整个网络图的节点编号。该工程网络图的编号情况如图 5.14(e)。

第七步：网络图的检查。网络图的检查一般可根据紧前关系从终点节点开始向前逐步检查，判断网络图所表达的先后顺序是否与紧前关系吻合。

网络图一般只表示工作实施的先后顺序，实际工程中还必须知道每一项工作什么时间开始，什么时间结束。因此，实际工作中首先应对网络计划中各项工作的持续时间进行定义，然后通过网络计划的时间参数计算来确定网络图中各项工作和各个节点的时间参数。

网络计划的时间参数一般包括：

(1) 工作持续时间和工期。

(a) 工作持续时间。指一项工作从开始到完成的时间。在双代号网络计划中，工作 $i-j$ 的持续时间用 D_{i-j} 表示。

(b) 工期。指完成一项任务所需要的时间。在网络计划中，工期一般有三种：①计算工期：计算工期是指根据网络计划时间参数计算得出的工期，用 T_c 表示；②要求工期：要求工期是任务委托人所提出的指令性工期，用 T_r 表示；③计划工期：计划工期是指根据要求工期和计算工期所确定的作为实施目标的工期，用 T_p 表示。如果不特别说明，计划工期即等于计算工期。

(2) 节点的时间参数。

(a) 节点最早时间。即以该节点为开始节点的各项工作的最早开始时间。

(b) 节点最迟时间。即以该节点为完成节点的各项工作的最迟完成时间。

(3) 工作的时间参数。网络计划中的工作一般有六个时间参数：

(a) 工作最早可能开始时间，用 ES_{i-j} 表示。工作 $i-j$ 的最早可能开始时间是指在其所有的紧前工作全部完成后本工作有可能开始的最早时刻，用 ES_{i-j} 表示。"最早可能开始时间"的含义是工作不能早于该时刻开始，但可以推迟。实际推迟的时间多少受最迟必须开始和完成时间限制。

(b) 工作最早可能完成时间，用 EF_{i-j} 表示。工作 $i-j$ 的最早可能完成时间是指在其所有的紧前工作全部完成后，本工作有可能完成的最早时刻。工作的最早完成时间等于本工作的最早开始时间与其持续时间之和，即

$$EF_{i-j} = ES_{i-j} + D_{i-j} \tag{5-1}$$

(c) 工作最迟开始时间，用 LS_{i-j} 表示。工作 $i-j$ 的最迟开始时间是不影响整个任务按期完成的前提下，本工作必须开始的最迟时刻。

(d) 工作最迟完成时间，用 LF_{i-j} 表示。工作 $i-j$ 的最迟完成时间是不影响整个任务按期完成的前提下，本工作必须完成的最迟时刻。"最迟必须完成时间"的含义是工作不能迟于该时刻完成，但可以提前。"最迟必须完成时间"一般受网络计划工期的限制。工作的最迟开始时间等于本工作的最迟完成时间与其持续时间之差，即

$$LS_{i-j} = LF_{i-j} - D_{i-j} \tag{5-2}$$

(e) 工作总时差，用 TF_{i-j} 表示。是指在不影响总工期的前提下，本工作可以利用的机动时间。

(f) 工作自由时差，用 FF_{i-j} 表示。是指在不影响其紧后工作最早时间的前提下，本工作可以利用的机动时间。所谓机动时间是指某项工作在最早开始时间的基础上可能向后"移动"的时间。

上述基本概念对任何一种网络计划都是适用的。网络计划时间参数的计算有分析计算法、图上计算法、表上计算法、节点标注法，各种方法计算的原理都差不多。以图上计算法为例，一般采用图 5.15 所示的"六时标注法"。网络图中各时间参数的计算公式见表 5-4。

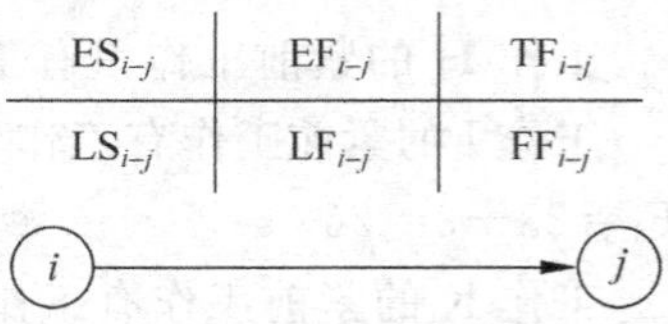

| ES_{i-j} | EF_{i-j} | TF_{i-j} |
| LS_{i-j} | LF_{i-j} | FF_{i-j} |

$$i \longrightarrow j$$

图 5.15　图上计算六时标注法

表 5-4　网络图时间参数计算表

最早时间	最迟时间	总时差	自由时差
$ES_{i-j} = \max EF_{h-i}$ $= \max\{ES_{h-i} + D_{h-i}\}$ $EF_{i-j} = ES_{i-j} + D_{i-j}$	$LF_{l-n} = T_p$ $LF_{i-j} = \min ES_{j-k}$ $= \min\{EF_{j-k} - D_{j-k}\}$ $LS_{i-j} = LF_{i-j} - D_{i-j}$	$TF_{i-j} = LS_{i-j} - ES_{i-j}$ $= LF_{i-j} - EF_{i-j}$	$FF_{i-j} = ES_{j-k} - ES_{i-j} - D_{i-j}$ 或 $FF_{i-j} = ES_{j-k} - EF_{i-j}$
式中：工作 $h-i$ 表示以 i 为结束节点的所有工作，即工作 $i-j$ 所有的紧前工作。$ES_{i-j} = \max EF_{h-i}$ 表示某一工作的最早开始时间等于其紧前工作最早完成时间的最大值。当 $i-j$ 的紧前工作只有一个时，$ES_{i-j} = EF_{h-i}$	式中：设 n 为网络计划的终点节点，则以 n 为结束节点的所有工作 $l-n$ 的最迟完成时间 LF_{l-n} 等于该计划的计划工期 T_p。$LF_{i-j} = \min ES_{j-k}$ 表示某一工作的最迟完成时间等于其紧后工作最早开始时间的最小值。当 $i-j$ 的紧后工作只有一个时，$LF_{i-j} = ES_{j-k}$	式中：工作最迟开始时间与最早开始时间之差，或工作最迟完成时间与最早完成时间之差，即工作所有总时差，若工作拖延超过这一时差，计划的工期即会受到影响	式中：紧后工作的最早开始时间与该工作最早完成时间之差即为该工作的自由时差，若该工作的移动超过这一时差，其紧后工作的开始时间就会受到影响

以表 5-2 所给出的工程项目的各项活动、持续时间及逻辑关系为例，绘制出图 5.14（e）所示的网络图。以此图为基础可以计算各个时间参数，计算结果见图 5.16。主要步骤如下：

（1）计算工作的最早开始时间与最早完成时间。

（a）其计算顺序从左向右，即从网络计划的起始节点向终点节点进行计算；

（b）如果没有特殊说明，以起始节点为开始节点的工作（即网络计划最早开始的工作）的最早开始时间为 0；

（c）其他各项工作的最早开始时间取紧前工作的最早完成时间的最大值。

如图 5.16 所示，工作 A 的最早开始时间为 $ES_A = 0$，则其最早完成时间 $EF_A = 0 + 5 = 5$。

工作 B、C、D 的紧前工作只有一项工作 A，则 B、C、D 的最早可能开始时间 $ES_B = ES_C = ES_D = EF_A = 5$。$EF_B = 5 + 4 = 9$；$EF_C = 5 + 10 = 15$；$EF_D = 5 + 2 = 7$。

同样，工作 E 的紧前工作只有工作 B，则 $ES_E = EF_B = 9$，$EF_E = 9 + 4 = 13$。

工作 F 的紧前工作有工作 B 和 C，$ES_F = \max\{EF_B, EF_c\} = \max\{9, 15\} = 15$，$EF_F = 15 + 6 = 21$。

工作 G 的紧前工作有工作 C 和 D，$ES_c = \max\{EF_c, EF_D\} = \max\{15, 7\} = 15$，$EF_G = 15 + 8 = 23$。

工作 I 的紧前工作有工作 E 和 F，$ES_I = \max\{EF_E, EF_F\} = \max\{13, 21\} = 21$，$EF_G = 21 + 3 = 24$。

工作 H 的紧前工作只有工作 D,则 $ES_H=EF_D=7,EF_E=7+4=11$。

工作 J 的紧前工作有工作 G,F 和 H,$ES_J=\max\{EF_{EF},EF_G,EF_H\}=\max\{21,23,11\}=23$,$EF_J=23+3=26$。

工作 K 的紧前工作有工作 I 和 J,$ES_K=\max\{EF_I,EF_J\}=\max\{24,26\}=26,EF_K=26+2=28$。

由于工作 K 为最后一项工作,则 EF_K 即为该工程项目的计算工期,即 $T_c=28$。

注意:网络计划的计算工期即为这些工作最早可能结束时间的最大值。

(2)计算工作的最迟开始时间与最迟完成时间。

(a)其计算顺序从右向左,即从网络计划的终点节点向起始节点进行计算。

(b)如果没有特殊说明,以终点节点为结束节点的工作(即网络计划结束性的工作)的最迟完成时间为计划工期 T_p,如果没有特殊说明,取计划工期 T_p 等于计算工期 T_c。

(c)其他各项工作的最迟完成时间取紧后工作的最早可能开始时间的最小值。

如图 5.16 所示,工作 K 为结束性的工作,其最迟必须完成时间 $LF_K=T_c=28,LS_K=28-2=26$。请注意:如果有计划工期要求,应取 $LF_K=T_p$。

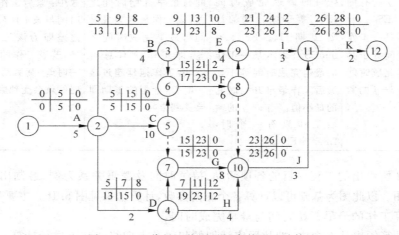

图 5.16 双代号网络图时间参数图上计算法

工作 I、J 的紧后工作只有一项工作 K,则取 $LF_I=LF_J=ES_K=26,LS_I=26-3=23$,$LS_J=26-3=23$。

工作 E 的紧后工作只有一项工作 I,则取 $LF_E=ES_I=23,LS_E=23-4=19$。

工作 F 的紧后工作有工作 I、J 两项,则 $LF_F=\min\{ES_I,ES_J\}=\{23,23\}=23,LS_F=23-6=17$。

工作 G、H 的紧后工作只有一项工作 J,$LF_G=LF_H=ES_J=23,LS_G=23-8=15,LS_H=23-4=19$。

工作 B 的紧后工作有工作 E、F 两项,$LF_B=\min\{ES_E,ES_F\}=\{19,17\}=17,LS_B=17-4=13$。

工作 C 的紧后工作有工作 F、G 两项,$LF_C=\min\{ES_E,ES_F\}=\{17,15\}=15,LS_C=15-10=5$。

工作 D 的紧后工作有工作 G、H 两项,$LF_D=\min\{ES_G,ES_H\}=\{15,19\}=15,LS_D=$

$15-2=13$。

工作 A 的紧后工作有工作 B、C、D 三项，$LF_A = \min\{ES_B, ES_C, ES_D\} = \{13, 5, 13\} = 5$，$LS_C = 5 - 5 = 0$。

若计划工期不等于计算工期，即 $T_p \neq T_c$，则开始工作中有一项工作的最迟开始时间就应等于$(T_p - T_c)$之差，否则计算肯定出现错误。

（3）计算各项工作的总时差。

根据工作总时差的概念可知，当某项工作的最早开始时间与最早完成时间向后移动时，如果移动的时间超过该项工作的总时差，则该网络计划的工期就会受到影响。

从工作的迟时间的计算中可以看出，各项工作的最迟必须开始与完成时间都是根据工期一步一步反推出来的，因此每项工作的迟时间与早时间之差，即为该工作的总时差。

参照表 5-4 中总时差的计算公式，图 5.16 各项工作的总时差为：$TF_A = 0 - 0 = 5 - 5 = 0$，$TF_B = 8$，$TF_C = 0$，$TF_D = 8$，$TF_E = 10$，$TF_F = 2$，$TF_G = 0$，$TF_H = 12$，$TF_I = 2$，$TF_J = 0$，$TF_K = 0$ 上述各项工作的总时差中，A、C、G、J、K 都是 0，是该网络计划的关键工作，$1 \to 2 \to 5 \to 7 \to 10 \to 11 \to 12$ 为关键线路，用粗箭线表示。

当网络计划的计划工期等于计算工期时，总时差为 0 的工作为关键工作，当网络计划的计划工期不等于计算工期时，总时差等于计划工期与计算工期之差的工作为关键工作；计划工期与计算工期之差大于 0，关键工作的总时差大于 0；计划工期与计算工期之差小于 0，关键工作的总时差小于 0。网络计划中总时差最小的工作为关键工作。

（4）计算各项工作的自由时差。

工作的自由时差即为紧后工作的最早开始时间的最小值减去本工作的最早完成时间。图 5.16 中各项工作的自由时差分别为：$FF_A = \min\{ES_B, ES_C, ES_D\} - EF_A = 5 - 5 = 0$，$FF_B = \min\{ES_E, ES_F\} - EF_B = \min\{9, 15\} = 9 - 9 = 0$，$FF_C = 0$，$FF_D = 0$，$FF_E = 8$，$FF_F = 0$，$FF_G = 0$，$FF_H = 12$，$FF_I = 2$，$FF_J = 0$，$FF_K = T_p - EF_K = 28 - 28 = 0$。

2. 单代号网络图

单代号网络计划中的工作的表示方式如图 5.17 所示。单代号网络图中，用圆圈或矩形作为一个节点表示一项工作。箭线只表示紧邻工作之间的逻辑关系，应画成水平直线、折线或斜线，箭线的方向应自左向右，表示工作的进行方向。节点表示的工作名称、持续时间和工作代号等应标注在节点内。节点必须编号，编号一般用数字注在节点内，其号码可间断，

图 5.17　单代号工作模型

但严禁重复。箭线的箭尾节点编号应小于箭头节点编号。工作对应的节点和编号必须唯一。

将一个工程项目的所有工作采用单代号的工作模式，根据其开展的先后顺序并考虑其制约关系，从左向右排列起来，就形成一个有序的网状的单代号网络图。

单代号网络图的绘制准则和双代号网络图基本相同，主要区别在于：当网络图中有多项工作开始时，应增设一项虚工作，作为网络图的起点节点，当网络图中有多项结束工作时，应增设一项虚工作，作为该网络的终点节点。除此之外，单代号网络计划中不需要也不应该出现虚工作。

绘制单代号网络图的方法单代号网络图的绘制方法和双代号网络图相似，甚至更为容

易。可按双代号网络图的绘制方式进行。绘制单代号网络图时,应熟悉用节点表示工作,箭线只表示逻辑关系。根据表 5-2 所示工程项目的活动及逻辑关系,绘制的单代号网络见图 5.18。

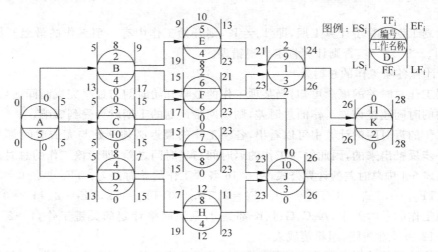

图 5.18　单代号网络计划时间参数图上计算法

单代号网络图的各个时间参数的意义及其计算公式、方法与双代号网络图基本相同。单代号网络计划时间参数图上计算法例参见图 5.18。计算结果与计算步骤与双代号网络图方法基本相同。

在上面提到的双代号、单代号网络图中,工作之间的逻辑关系都是紧前、紧后关系,即前面的工作完成后,后面工作才能开始。但实际工程中有许多工作之间存在着搭接关系,或紧前与紧后工作之间存在时间间隔。如混凝体工程在养护后几天才能开始其他工作活动。

单代号搭接网络图的搭接关系主要有以下四种形式:

(1) FTS,即结束-开始(Finish to Start)关系,见图 5.19(a)。时间值可按实际要求标注。

(2) STS,即开始-开始(Start to Start)关系,见图 5.19(b)。

(3) FTF,即结束-结束(Finish to Finish)关系,见图 5.19(c)。

(4) STF,即开始-结束(Start to Finish)关系,见图 5.19(d)。

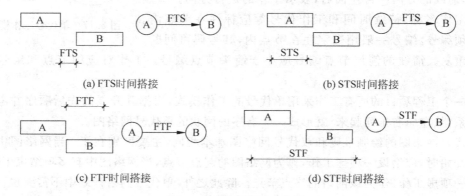

图 5.19　搭接关系示意图

除此之外，还有一种混合时距，如两项工作之间 STS 与 FTF 同时存在。

单代号搭接网络计划的绘图与单代号相同，不同点是在单代号搭接网络图的箭线上标注有工作之间的搭接关系。

单代号搭接网络计划单代号搭接网络计划的计算步骤同样分为三步：①最早时间的计算；②最迟时间的计算；③时差的计算。计算要点与双代号网络计划时间参数的计算相类似。图 5.20 所示是单代号搭接网络计划时间参数计算示例。

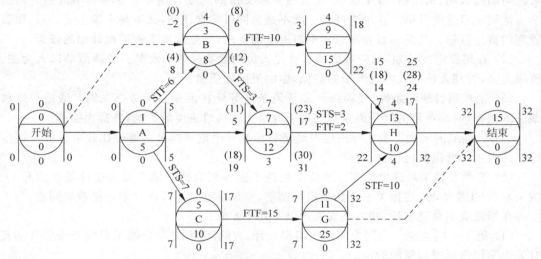

图 5.20　单代号搭接网络计划时间参数计算

5.2　工程项目进度计划的编制

按照 PMI 关于"项目时间管理"的知识体系，当创建完 WBS 后，编制工程进度计划包括定义活动、排列活动顺序、估算活动资源、制定进度计划等过程(图 5.21)，这些过程不仅相互作用，而且还和人力资源管理、成本管理、风险管理等领域的过程相互作用。下面详细介绍一下项目进度计划编制的方法。

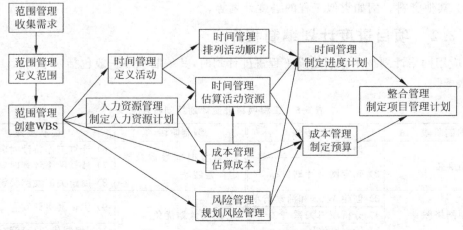

图 5.21　编制项目计划的简略过程

5.2.1 项目进度计划编制依据

在编制项目进度计划时,常常要考虑以下几个方面:

(1) 满足项目管理责任目标。我国《建设工程项目管理规范》规定,项目进度管理目标包含 6 项内容,分别是项目的总进度建议;项目总进度目标和控制方案;设计阶段的进度要求;明确各项准备工作的完成日期;施工总进度计划和单体工程施工进度计划;项目结束阶段明确的收尾、试运行、竣工验收、工程结算和交付的完成日期等。这 6 项中最主要的还是应达到项目进度目标。这个进度目标既不是合同目标责任制,又不是定额工期,而是项目管理的责任目标。凡是项目管理目标中对进度的要求,均是编制工程进度计划的依据。

(2) 在编制进度计划时,应考虑项目管理人员的素质及劳动效率。管理活动以人为主、资源为辅,管理人员的技术与素质的高低,影响进度和质量。

(3) 工程项目现场条件、气候条件和环境条件等外在因素必须考虑在内。通过对这些条件的调查,明确项目的制约因素和约束条件对工程项目进度的影响,并提出措施。

(4) 已建成的同类工程实际进度及经济指标是一个重要标尺。通过比较可以分析进度计划的水平高低以及可行性。

(5) 要参考施工总进度计划。单位工程施工进计划应执行施工总进度计划中的开工、竣工时间,工期安排,搭接关系。如果需要调整,应征得施工总进度计划审批者的同意。

在编制施工总进度计划时,还要考虑以下几个方面:

(1) 施工合同。施工合同中的施工组织设计、合同工期、分期分批工期的开竣工日期及有关工期提前延误调整的约定。

(2) 施工进度目标。除合同约定的施工进度目标外,公司领导可能有自己的施工进度目标,这个目标一般比合同目标更短,以达成保险的进度目标责任制。

(3) 施工方案。施工方案中包含的内容对施工进度有约束作用。施工方案中的施工顺序一般就是施工进度计划的施工顺序,施工方法也直接影响施工进度。施工机械设备的选择,既影响所涉及的项目的持续时间,又影响总工期,对施工顺序也有制约。

(4) 主要材料和设备的供应能力。进度计划编制的过程中,必须考虑人力、主要材料和机械设备的能力。一旦进度确定,则供应能力必须满足进度的需要。

(5) 有关技术经验资料。包括施工地质、环境、统计等资料。

(6) 其他资料。例如类似工程的进度计划等。

5.2.2 项目进度计划编制程序

当应用网络计划技术编制建设工程进度计划时,其编制程序一般包括四个阶段 10 个步骤,见表 5-5。

表 5-5 工程项目进度计划编制程序

编制阶段	编制步骤	编制阶段	编制步骤
1. 计划准备	1) 调查研究	3. 计算时间参数及确定关键线路	6) 计算工作持续时间
	2) 确定网络计划目标		7) 计算网络计划时间参数
			8) 确定关键线路关键工作
2. 绘制网络图	3) 创建 WBS 和活动清单	4. 网络计划优化	9) 优化网络计划
	4) 分析逻辑关系		10) 编制优化后网络计划
	5) 绘制网络图		

各阶段的内容如下：

1. 计划准备阶段

计划准备阶段包括调查研究和确定网络计划目标。

（1）调查研究的目的是为了掌握充分、准确的资料，从而为确定合理的进度目标、编制科学的进度计划提供可靠依据。调查研究的内容包括：①工程任务情况、实施条件、设计资料；②有关标准、定额、规程、制度；③资源需求与供应情况；④资金需求与供应情况；⑤有关统计资料、经验总结及历史资料等。调查研究的方法有：①实际观察、测算、询问；②会议调查；③资料检索；④分析预测等。

（2）确定网络计划目标。网络计划的目标由工程项目的总目标所决定，一般可分为以下三类：

（a）时间目标。时间目标也即工期目标，是指建设工程合同中规定的工期或有关主管部门要求的工期。工期目标的确定应以建筑设计周期定额和建筑安装工程工期定额为依据，同时充分考虑类似工程实际进展情况、气候条件以及工程难易程度和建设条件的落实情况等因素。建设工程设计和施工进度安排必须以建筑设计周期定额和建筑安装工程工期定额为最高时限。

（b）时间-资源目标。所谓资源，是指在工程建设过程中所需要投入的劳动力、原材料及施工机具等。在一般情况下，时间-资源目标分为两类：①资源有限，工期最短，即在一种或几种资源供应能力有限的情况下，寻求工期最短的计划安排；②工期固定，资源均衡，即在工期固定的前提下，寻求资源需用量尽可能均衡的计划安排。

（c）时间-成本目标，即以限定的工期寻求最低成本或寻求最低成本时的工期安排。

2. 绘制网络图阶段

这一阶段包括创建 WBS 和活动清单、分析逻辑关系和绘制网络图。

（3）创建 WBS 和活动清单就是对项目进行分解。将工程项目由粗到细进行分解，是编制网络计划的前提。对于控制性网络计划，应将其工作划分得粗一些，而对于实施性网络计划，工作应划分得细一些。

（4）分析逻辑关系。分析各项活动之间的逻辑关系时，既要考虑施工程序或工艺技术过程，又要考虑组织安排或资源调配需要。对施工进度计划而言，分析其活动之间的逻辑关系时，应考虑：①施工工艺的要求；②施工方法和施工机械的要求；③施工组织的要求；④施工质量的要求；⑤当地的气候条件；⑥安全技术的要求。分析逻辑关系的主要依据是施工方案、有关资源供应情况和施工经验等。

（5）绘制网络图。根据已确定的逻辑关系，即可绘制网络图。可绘制单代号网络图，也可以绘制双代号网络图。还可根据需要，绘制双代号时标网络计划（图 5.22）。

3. 计算时间参数及确定关键线路阶段

这一阶段包括计算工作持续时间、计算网络计划时间参数以及确定好关键线路和关键工作。

（6）计算工作持续时间。工作持续时间是指完成该工作所花费的时间，计算方法有多种，既可以凭以往的经验进行估算，也可以通过试验推算。当有定额可用时，还可利用时间定额或产量定额并考虑工作面及合理的劳动组织进行计算。

（7）计算网络计划时间参数。网络计划时间参数一般包括：工作最早开始时间、工作

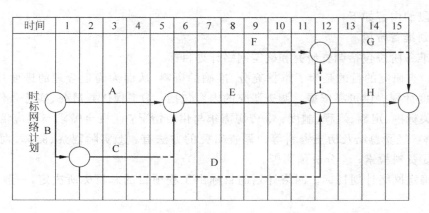

图 5.22 双代号时标网络计划

最早完成时间、工作最迟开始时间、工作最迟完成时间、工作总时差、工作自由时差、节点最早时间、节点最迟时间、相邻两项工作之间的时间间隔、计算工期等。应根据网络计划的类型及其使用要求选算上述时间参数。

（8）确定关键线路和关键工作。在计算网络计划时间参数的基础上，根据有关时间参数确定网络计划中的关键线路和关键工作。

4. 网络计划优化阶段

这一阶段包括优化网络计划和编制优化后的网络计划。

（9）优化网络计划。如果初始网络计划满足工期要求并且资源需求量能得到满足，则无须进行网络优化，这一初始网络计划即可作为正式的网络计划。否则，需要对初始网络计划进行优化。根据工程项目所追求的目标不同，网络计划的优化包括工期优化、费用优化和资源优化。

（10）编制优化后网络计划。根据网络计划的优化结果，便可绘制优化后的网络计划，同时编制网络计划说明书。网络计划说明书的内容应包括：编制原则和依据，主要计划指标一览表，执行计划的关键问题，需要解决的主要问题及其主要措施，以及其他需要说明的问题。

5.2.3 项目活动持续时间确定

项目的活动时间，有的可以量化，有的不便于量化，有的持续时间不确定，要区别对待。

对于能量化的活动，有确定的工作范围和工作量，又有确定的劳动效率，则可以比较精确地计算持续时间。一般计算包括以下四个过程。

（1）确定工程范围和计算工作量，这可由合同、规范、图纸、工作量表得到。

（2）确定劳动组合和资源投入量，即完成工程活动，需要什么工种的劳动力，什么样的班组组合（人数、工种级配和技术级配）。

（3）确定劳动效率，劳动效率可以用单位时间完成的工程数量（即产量定额）或单位工程量的工时消耗量（即工时定额）表示。在项目中生产效率的确定有一定难度，一般根据过去工程的数据和积累的经验确定。

（4）计算持续时间。

单个工序的持续时间比较容易确定,它可由公式计算,

$$持续时间 /d = 工作量 /(总投入人数 \times 每天班次 \times 8h 产量效率) \tag{5-3}$$

例如,某工程基础混凝土 $300m^3$,投入三个混凝土小组,每组 8 个人,预计人均产量效率为 $0.375m^3/h$。则每班次(8h)可浇混凝土 $= 0.375m^3/h \cdot 人 \times 8h \times 8 人 = 24m^3/h$,则混凝土浇捣的持续时间 $= 300m^3/(24m^3/班次 \times 3 班次/d) = 4.2d \approx 4d$

整个工作包的持续时间就会复杂一些,有些工作包由许多活动组成。首先要将工作包进一步分解为活动,这种分解通常考虑:①工作过程的阶段性;②工作过程不同的专业特点和不同的工作内容;③工作不同的承担者,例如不同的工程小组;④建筑物不同的层次和不同的施工段等因素。例如,通常基础混凝土施工可以分解为垫层、支模板、扎钢筋、浇捣混凝土等。这些活动的划分和安排一般由实际操作者提出,对这种工作包的持续时间的确定包括:①安排并确定活动间的逻辑关系,工程活动的相关性,使其构成一个子网络;②根据所需的资源、具体的条件,估计各项活动的持续时间;③分析计算子网络的持续时间。

与能量化的工作相比,有些工程活动的持续时间无法定量计算,因为其工作量和生产效率无法定量化。例如,工程技术设计、招标投标工作,以及一些属于管理层的工作。对于这些可以考虑:①按过去工程的经验或资料分析确定;②充分地与任务承担者协商确定。特别是有些活动是由其他分包商、供应商承担的,则在给他们下达任务、确定分包合同时应研究他们的能力,认真协商,确定持续时间,并以书面形式(例如通过合同)确定下来。

有些活动的持续时间不能确定,这通常由于:①工作量不确定;②工作性质不确定,如基坑挖土,土的类别会有变化,劳动效率也会有很大的变化;③受其他方面的制约,例如,合同规定监理工程师的审查批准期在 14d 之内,这时间可长可短;④环境的变化,如气候对工程活动持续时间的影响。这些活动是有风险的,在实际工程中很普遍也很重要,在估计这些活动持续时间时,应进行风险分析,考虑风险因素的影响。通常可用:

(1) 蒙特卡罗(Monte Carlo)模拟的方法。即采用仿真技术对工期的状况进行模拟。但由于工程影响因素太多,实际使用效果不佳。

(2) 德尔菲(Delphi)专家评议法。即请有实践经验的工程专家对工作持续时间进行评议。在评议时,应尽可能多地向他们提供工程的技术和环境资料。

(3) 用三种时间的估计办法。即对一个活动的持续时间分析各种影响因素,得出一个最乐观(一切顺利)值(t_o),最悲观(各种不利影响都发生)值(t_p),以及最大可能值(t_m),则其持续时间(t_e)为

$$t_e = (t_o + 4t_m + t_p)/6 \tag{5-4}$$

例如,某工程基础混凝土施工,施工期在夏季,若一切顺利需要的施工时间 t_o 为 42d;若出现最不利的天气条件,同时发生一些周边环境的干扰,施工时间 t_p 为 52d;按照过去的气象统计资料以及现场情况分析,最大可能的工期 t_m 为 50d。则持续时间 t_e 为

$$t_e = (t_o + 4t_m + t_p)/6 = (42 + 4 \times 50 + 52)d/6 \approx 49d$$

5.2.4　项目网络进度计划的优化

网络计划的优化是指在一定约束条件下,按既定目标对网络计划进行不断地改进,以寻求满意方案的过程。网络计划的优化目标应按计划任务的需要和条件选定,包括工期目标、费用目标和资源目标。根据优化目标的不同,网络计划的优化可分为工期优化、费用优化和

资源优化三种。

所谓工期优化,是指网络计划的计算工期不满足要求工期时,通过压缩关键工作的持续时间以满足要求工期目标的过程。工期优化的基本方法是在不改变网络计划中各项工作之间逻辑关系的前提下,通过压缩关键工作的持续时间来达到优化目标。网络计划的工期优化可按下列步骤进行:

(1) 确定初始网络计划的计算工期和关键线路。

(2) 按要求工期计算应缩短的时间

$$\Delta T = T_c - T_r \tag{5-5}$$

式中,T_c 为网络计划的计算工期,T_r 为要求工期。

(3) 选择应缩短持续时间的关键工作。选择压缩对象时宜在关键工作中考虑下列工作:①缩短持续时间对质量和安全影响不大;②有充足备用资源;③缩短持续时间所需增加的费用较少。

(4) 将所选定的关键工作的持续时间压缩至最短,并重新确定计算工期和关键线路。若被压缩的工作变成非关键工作,则应延长其持续时间,使之仍为关键工作。

(5) 当计算工期仍超过要求工期时,则重复上述步骤(2)~(4),直至计算工期满足要求工期或计算工期已不能再缩短为止。

当所有关键工作的持续时间都已达到其能缩短的极限而寻求不到继续缩短工期的方案,但网络计划的计算工期仍不能满足要求工期时,应对网络计划的原技术方案、组织方案进行调整,或对要求工期重新审定。

费用优化又称工期成本优化,是指寻找工程总成本最低时的工期安排,或按要求工期寻求最低成本。在进行费用优化的时候,只要考虑的进度方案不同,所对应的总工期和总费用也就不同。工程总费用由直接费和间接费组成。直接费由人工费、材料费、机械使用费、其他直接费组成。一般情况下,直接费会随着工期的缩短而增加,而间接费会随着工期的缩短而减少。为了进行工期成本优化,必须分析网络计划中各项工作的直接费与持续时间之间的关系,它是进行网络计划工期成本优化的基础。将工作持续时间每缩短单位时间而增加的直接费称为直接费用率。工作的直接费用率越大,说明将该工作的持续时间缩短一个时间单位(一天、一周),所需增加的直接费就越多,反之就越少。

费用优化的基本思路:不断地在网络计划中找出直接费用率(或组合直接费用率)最小的关键工作,缩短其持续时间,同时考虑间接费随工期缩短而减少的数值,最后求得工程总成本最低时的最优工期安排或按要求工期求得最低成本的计划安排。按照这样基本思路,费用优化可按以下步骤进行:

(1) 按工作的正常持续时间确定计算工期和关键线路。

(2) 计算各项工作的直接费用率。

(3) 当有一条关键线路时,应找出直接费用率最小的一项关键工作,作为缩短持续时间的对象;当有多条关键线路时,应找出组合直接费用率最小的一组关键工作,作为缩短持续时间的对象。

(4) 对于选定的压缩对象(一项关键工作或一组关键工作),首先比较其直接费用率或组合直接费用率与工程间接费用率的大小。如果被压缩对象的直接费用率或组合直接费用率大于工程的间接费用率,说明压缩关键工作的持续时间会使工程总费用增加,此时应停止缩短关键工作的持续时间,在此之前的方案即为优化方案。如果被压缩对象的直接费用率或组合直接费用率小于或等于工程间接费用率,说明压缩关键工作的持续时间不会使工程总费用增加,故应缩短关键工作的持续时间。

(5)当需要缩短关键工作的持续时间时,其缩短值必须保证:缩短持续时间的工作没有变为非关键工作,缩短后工作的持续时间不小于其最短持续时间。

(6)计算关键工作持续时间缩短后相应增加的总费用。

(7)重复上述步骤(3)~(6),直至计算工期满足要求工期或被压缩对象的直接费用组合直接费用率大于工程间接费用率为止。

(8)计算优化后的工程总费用。

资源优化就是通过改变工作的开始时间和完成时间,使资源的分布平衡。资源是为完成一项计划任务所需投入的人力、材料、设备工具和资金等,完成一项工程活动所需要的资源量基本上是不变的,不可能通过资源优化将其减少。资源的种类繁多,管理者对资源的管理是区别对待的,在实际工作中用定义优先级的办法确定资源重要程度。在资源计划以及优化等过程中首先保证优先级高的资源。资源的优先级包括如下内容:①资源的数量和价值量,即对价值量高、数量多的大宗材料优先重视。可以按照 ABC(Activity,Based,Classification)分类方法,对价值高的材料和设备优先。②资源获得过程的复杂程度,资源的获得过程复杂、风险大,则优先级高。如能在当地买到的材料则其优先级就比较低。③可替代性,即可用其他品种材料代替的则优先级较低,没有替代可能的、专门生产的、使用面很窄的、不可或缺的材料优先级较高。④增加的可能性,包括它的采购条件,是否可以按需要增减。通常专门生产加工的,由专门采购合同供应的材料优先级高。

由于工程项目的建设过程受到外部许多因素的影响,是一个不均衡的生产过程,资源品种和用量常常会有大的变化。资源的平衡及优化对项目管理和施工有很大的影响。资源平衡及优化首先是要求通过合理的安排,在保证预定工期的前提下,使资源的使用比较连续、均衡,即"工期固定、资源均衡"。其次,是在限定资源用量的情况下,也就是某种资源的使用量不超过规定的条件,尽可能缩短工期,即"资源有限,工期最短"。当然这两个问题实质上又可以统一成一个问题,即在预定工期条件下削减资源使用的峰值,使资源趋于均衡。资源的平衡及优化一般仅对优先级高的几个重要资源,如劳动力、关键材料等,其方法很多,对不同的情况需要分别考虑:①对一个确定的工期计划,最方便、影响最小的是通过非关键线路上工作开始和结束时间在时差范围内的合理调整达到资源的平衡。②如果经过非关键线路的活动的移动未能达到目标,或希望资源使用更为均衡,则可以考虑减少非关键线路工作的资源投入强度,这样相应延长它的持续时间,当然这个延长必须在其时差范围内,否则会影响总工期。注意经过这样的调整,可能会出现多个关键线路。③如果非关键活动的调整仍不满足要求,可以从以下几方面努力:修改工程活动之间的逻辑关系,重新安排施工顺序,将资源投入强度高的活动错开施工;改变施工方案,采取高劳动效率的措施,以减少资源的投入,如将现场搅拌混凝土改为商品混凝土;压缩关键线路的资源投入,当然这样做会影响总工期,对此要进行技术经济分析。

经过优化会使工程项目的资源使用趋于平衡,但同时又使非关键线路工程活动的时差减少或消失,也可能出现多条关键线路。这就使得工期计划缺乏弹性,在项目执行过程中如果出现小的干扰就会导致总工期的拖延,增加了项目管理者实施控制的难度。

5.3 项目进度计划的实施与控制

项目进度控制是指在经确认的进度计划的基础上,实施工程各项具体工作,在一定的控制期内检查实际进度完成情况,并将其与进度计划相比较,若出现偏差便分析产生的原因和对工期的影响程度,找出必要的调整措施,修改原计划,不断如此循环,直至工程项目竣工。

5.3.1 工程项目进度控制方法和措施

项目进度控制方法主要是计划、控制和协调。计划就是确定总进度目标和各进度控制子目标,并编制进度计划。控制是指在项目实施的全过程中,分阶段进行实际进度与计划进度的比较,出现偏差并及时采取措施予以调整。协调是指协调工程项目各参加单位、部门和工作班组之间的工作节奏与进度关系。

项目进度控制采取的主要措施有组织措施、技术措施、合同措施、经济措施和信息管理措施等。

组织措施主要是建立进度控制目标体系。落实工程项目中各层次进度目标的责任人、具体任务和工作责任,建立进度控制的组织系统。确定各参加者进度控制工作制度,建立进度信息沟通渠道,如检查期、报告制度、协调会议制度、参加人等。建立图纸审查、工程变更和设计变更的管理制度。对影响进度的因素进行分析和预测。

技术措施主要是指采取切实可行的施工部署和技术方案,审查承包商提交的进度计划,使其能在合理的状态下实施。编制进度控制工作细则,指导监理人员实施进度控制。利用计算机辅助管理,对工程项目进度实施动态控制。

合同措施是指在整个合同网络中每份合同之间的进度目标应相互协调、吻合。加强合同管理,保证合同中进度的目标得以实现。严格控制合同变更,对各方提出的工程变更和设计变更,应严格审查后并补入合同文件中。加强索赔管理,公正地处理索赔。

经济措施是指各参加者实现进度计划的资金保证措施以及可能的奖罚措施。主要包括:及时支付工程预付款和进度款、给予应急赶工相关费用、对工期提前予以奖励和对工程延误及质量安全等进行赔偿。

信息管理工作措施是指不断收集工程实施实际进度的有关信息并进行整理统计后与计划进度比较,定期向决策者提供进度报告。

5.3.2 工程项目进度的检查与分析

项目进度检查与分析涉及实际进度与计划进度的比较,因而需要一种方法来表达工程的实际进度。由于需要消耗时间、劳动力、材料、费用等才能完成项目的任务,所以工程项目实施结果应该以项目任务完成情况(如工程量)来表达。但由于工程项目对象系统的复杂性,WBS中同一级别以及不同级别的各项目单元往往很难选定一个恰当的、统一的指标来全面反映当前检查期的工程进度。例如,有时工期和成本都与计划相吻合,但工程实际完成的工程量小于计划应完成的工程量。

项目的完成情况可以用持续时间、实物工程量、已完工程价值量、资源消耗指标等要素表示,每一个要素都有其特殊性。

（1）持续时间。用持续时间来表达某工作包或活动的完成程度是比较方便的，如某工程活动计划持续时间 4 周，现已进行 2 周，则对比结果为完成 50% 的工期。但这通常并不一定等于工程进度已达 50%。因为这些活动的开始时间有可能提前或滞后；有可能中间因干扰出现停工、窝工现象；有时因环境的影响，实际工作效率低于计划工作效率。通常情况下，某项工作任务刚开始时可能由于准备工作较多、不熟悉情况而工作效率低、速度慢；到其任务中期，工作实施正常化，加之投入大，所以效率高，进度快；后期投入减少，扫尾以及其他工作任务相配合工作繁杂，速度又慢下来。

（2）实物工程量。对于工作性质、内容单一的工作包或活动，可以用其特征工程量来表达它们的进度以反映实际情况，如对设计工作按资料数量表达，施工中工作如墙体、土方、钢筋混凝土工程以体积（m³）表达，钢结构以及吊装工作以重量（t）表达等。

（3）已完工程价值量，即用工作任务已经完成的工程量与相应的单价相乘。这一要素能将不同种类的分项工程统一起来，能较好地反映工程的进度状况。

（4）资源消耗指标，如人工、机械台班、材料、成本的消耗等，它们有统一性和较好的可比性。各层次的各项工作都可用它们作为指标。在实际工程中应注意，投入资源数量的程度不一定代表真实的进度；实际工作量与计划有差别；干扰因素产生后，成本的实际消耗比计划要大，所以这时的成本因素所表达的进度不符合实际。

各项要素在表达工作任务的进度时，一般采用完成百分比表达。具体的项目实际进度与计划进度比较的方法有甘特图比较法、前锋线比较法、S 形曲线比较法、香蕉形曲线比较法等。

甘特图比较法就是将在项目实施中针对工作任务检查实际进度收集的信息，经整理后直接用横道线并列标于原计划的横道处，进行直观比较的方法。例如，某工程的施工实际进度与计划进度比较，如图 5.23 所示。甘特图比较法中的实际进度可用持续时间或任务完成量（实物工程量、劳动消耗量、已完工程价值量）的累计百分比表示。

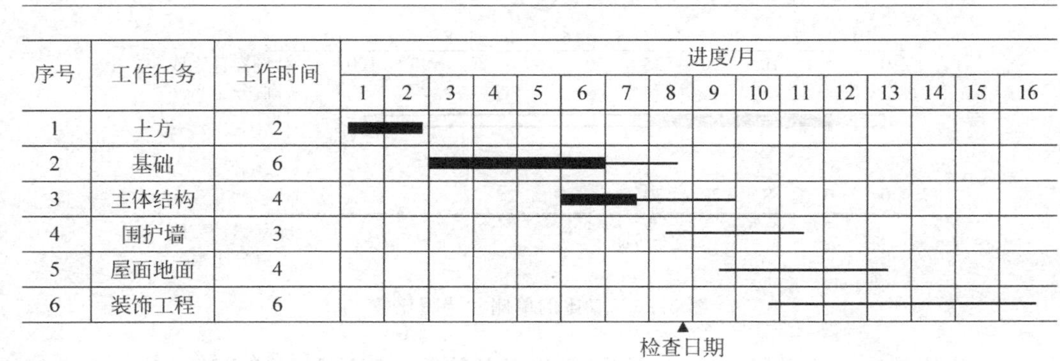

序号	工作任务	工作时间	进度/月															
			1	2	3	4	5	6	7	8	9	10	11	12	13	14	15	16
1	土方	2																
2	基础	6																
3	主体结构	4																
4	围护墙	3																
5	屋面地面	4																
6	装饰工程	6																

检查日期

图 5.23　甘特图比较法示意

工作进展有两种情况：一是工作任务是匀速进行的，即每项工作任务在单位时间内完成的任务量都是相等的，二是工作任务的进展速度是变化的。因此，进度比较就采取不同的方法。甘特图比较方法包括匀速进展甘特图比较、双比例单侧甘特图比较等。这几种方法都是针对某一项工作任务进行实际与计划的对比，在每一检查期，管理人员将每一项工作任务的进度评价结果标在整个项目进度甘特图上，最后综合判断工程项目的进度进展状况。

（1）匀速进展甘特图比较法。匀速进展甘特图比较法步骤为：①根据甘特图进度计划，分别描述当前各项工作任务的计划状况。②在每一工作任务的计划进度线上标出检查日期。③将实际进度数据，按比例用涂黑粗线（或其他图线）标于计划进度线上。如图5.24所示。④比较分析实际进度与计划进度。涂黑的粗线右端与检查日期相重合，表明实际进度与计划进度相一致；涂黑的粗线右端在检查日期左侧，表明实际进度拖后；涂黑的粗线右端在检查日期右侧，表明实际进度超前。

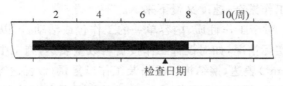

图5.24　匀速进展甘特图比较

（2）双比例单侧甘特图比较法。双比例单侧甘特图比较法适用于工作的进度按变速进展的情况。该方法用涂粗线（或其他填实图案线）表示工作任务实际进度的同时，标出其对应时刻完成任务的累计百分比，将该百分比与其同时刻计划完成任务的累计百分比相比较，判断工作的实际进度与计划进度之间的关系。其比较方法的步骤为：①根据甘特图进度计划，分别描述当前各项工作任务的计划状况。②在每一工作任务计划进度线的上方、下方，分别标出各主要时间工作的计划、实际完成任务累计百分比。③用粗线标出实际进度线，由实际开工标起，同时反映实施过程中的连续与间断情况，如图5.25所示。间断时，将实际进度线作相应的空白。④对照横道线上方计划完成任务累计量与同时间的下方实际完成任务累计量，比较它们的偏差，分析对比结果：同一时刻上下两个累计百分比相等，表明实际进度与计划一致；同一时刻上方的累计百分比大于下方的累计百分比，表明该时刻实际进度拖后，拖后的量为二者之差；同一时刻上方的累计百分比小于下方的累计百分比，表明该时刻实际进度超前，超前的量为二者之差。

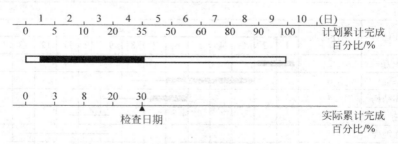

图5.25　双比例单侧甘特图比较

前锋线比较法主要适用于时标网络计划以及甘特图进度计划。该方法是从检查时刻的时间标点出发，用点划线依次连接各工作任务的实际进度点，最后到计划检查时的坐标点为止，形成前锋线。按前锋线与工作箭线交点的位置判定工程项目实际进度与计划进度偏差，见图5.26。该交点落在检查日期的左侧，表明实际进度拖延；该交点与检查日期相一致，表明实际进度与计划进度相一致；该交点落在检查日期右侧，表明实际进度超前。

S形曲线比较法是将项目实际进展和计划进展的S曲线画在同一张图上进行比较。S形曲线是以横坐标表示进度时间，纵坐标表示累计工作任务完成量或累计完成成本量，绘

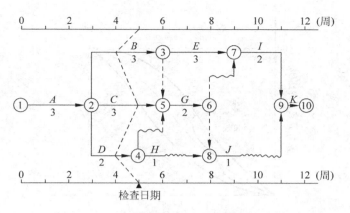

图 5.26　某网络计划前锋线比较

制出一条按计划时间累计完成任务量或累计完成成本量的曲线。因为在工程项目的实施过程中，开始和结尾阶段，单位时间投入的资源量较少，中间阶段单位时间投入的资源量较多，则单位时间完成的任务量或成本量也是同样的变化，所以随时间进展累计完成的任务量，呈 S 形变化，见图 5.27。

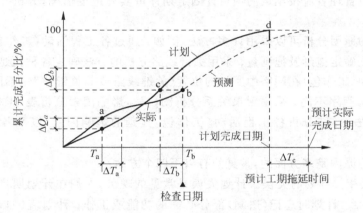

图 5.27　S 曲线检查

在项目实施过程中，按规定时间将检查的实际情况绘制在与计划 S 形曲线同一张图上，可得出实际进度 S 形曲线，如图 5.27 所示。比较两条 S 形曲线可以得到如下信息：①当实际工程进度点落在计划 S 形曲线左侧，则表示实际进度比计划进度超前；若落在其右侧，则表示拖后；若刚好落在其上，则表示二者一致。②ΔT_a 表示 T_a 时刻实际超前的时间，ΔT_b 表示 T_b 时刻实际进度拖后的时间。(3)ΔQ_a 表示 T_a 时间超额完成的任务量；ΔQ_b 表示 T_b 时刻拖欠的任务量。

香蕉形曲线是两种 S 形曲线组合成的闭合曲线，其一是以网络计划中各工作任务的最早开始时间安排进度而绘制的 S 形曲线，称为 ES 曲线，其二是各项工作的最迟开始时间安排进度而绘制的 S 形曲线，称为 LS 曲线，由于两条 S 形曲线都是同一项目的，其计划开始时刻和完成时间相同，因此，ES 曲线与 LS 曲线是闭合的，如图 5.28 所示。若工程项目实施情况正常，如没有变更等，实际进度曲线应落在该香蕉形曲线的区域内。

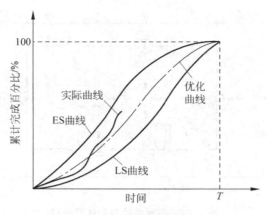

图 5.28　香蕉形曲线比较图

5.3.3　工程项目进度控制调整

进度拖延是工程项目过程中经常发生的现象,各层次的项目单元、各个项目阶段都可能出现延误。项目管理者应按预定的项目计划定期评审实施进度情况,分析并确定拖延的根本原因。

进度拖延的原因分析可以采用许多方法,例如:通过各工程活动(工作包)的实际工期记录与计划对比确定拖延及拖延量;采用关键线路分析的方法确定各种拖延对总工期的影响。由于各活动(工作包)在网络中所处的位置(关键线路或非关键线路)不同,它们对整个工期拖延的影响程序不同;采用因果关系分析图(表),影响因素分析表,工程量、劳动效率对比分析等方法,详细分析各工程活动(工作包)拖延的影响因素,以及各因素影响量的大小。

进度拖延的原因是多方面的,常见的有以下四个方面:

(1) 工期及相关计划的失误。计划失误是常见的现象,人们在计划期将持续时间安排得过于乐观,包括:计划时忘记(遗漏)部分必需的功能或工作;计划值(如计划工作量、持续时间)不足,相关的实际工作量增加;资源或能力不足,如计划时没考虑到资源的限制或缺陷,没有考虑如何完成工作;出现了计划中未能考虑到的风险或状况,未能使工程实施达到预定的效率;业主、投资者、企业主管常常在一开始就提出很紧迫的工期要求,使承包商或其他设计单位、供应商的工期太紧,而且许多业主为了缩短工期,常常压缩承包商的工期、前期准备的时间。

(2) 环境条件的变化。可能是由于设计的修改或错误、业主新的要求、修改项目的目标及工作范围的扩展造成的工作量变化;外界因素对项目新的要求或限制或设计标准的提高可能造成项目资源的缺乏,致使进度无法按时完成;环境条件的变化,如不利的施工条件不仅造成对工程实施过程中的干扰,有时直接要求调整原来已确定的计划;发生不可抗力事件,如地震、台风、动乱、战争状态等。

(3) 实施过程中管理失误。计划部门与实施者之间、总分包商之间、业主与承包商之间缺少沟通;工程实施者缺少工期意识,如管理者拖延了图纸的供应和批准,任务下达时缺少必要的工期说明和责任落实,拖延了工程活动;项目参加单位对各个活动(各专业工程和供应)之间的逻辑关系没有了解清楚,下达任务时也没有作详细的解释,同时对活动的必要前提条件准备不足,各单位之间缺少协调和信息沟通,许多工作脱节,资源供应出现问题;由于其他方面未完成项目计划造成拖延,如设计单位拖延设计、有关部门拖延批准手续、质量检查拖延、业主不果断处理项目实施中出现的问题等;承包商没有集中力量施工,材料供应拖延,资金缺乏,工期控制不紧。这可能是由于承包商的同期工程太多,力量不足造成的;业主没有集中资金的供应,拖欠工程款,或业主的材料、设计供应不及时。

(4) 其他原因。例如,由于采取其他调整措施造成工期的拖延,如设计的变更、质量问题的返工、实施方案的修改。

解决进度拖延的基本策略可以是积极赶工也可以是不采取特别措施。采取积极措施赶工目标以弥补或部分地弥补已经产生的拖延,主要通过调整后期计划、采取措施赶工、修改网络等方法解决进度拖延问题。不采取特别的措施就是在目前进度状况的基础上仍按照原计划安排后期工作。通常情况下,这会导致拖延的影响越来越大,有时刚开始仅一两周的拖延,最后会导致几个月或一年拖延的结果。这是一种消极的办法,最终必然会损害工期目标和经济效益。

与在计划阶段压缩工期一样,解决进度拖延有许多方法,但每种方法都有它的适用条件和限制条件,并且会带来一些负面影响。实际工作中将解决拖延的重点集中在时间问题上,但往往效果不佳,甚至引起严重的问题,最典型的是增加成本开支、现场的混乱和产生质量问题。应该将解决进度拖延作为一个新的计划过程来处理。在实际工程中经常采用如下赶工措施:

(1) 增加资源投入,例如增加劳动力和材料、周转材料及设备的投入量。这是最常用的办法。它会带来如下问题:造成费用的增加,如增加人员的调遣费用、周转材料一次性费用、设备的进出场费;造成资源使用效率的降低;加剧资源供应的困难,如有些资源没有增加的可能性,从而加剧了项目之间或工序之间对资源激烈的竞争。

(2) 重新分配资源,例如,将服务部门的人员投入到生产中去,投入风险准备资源,采用加班或多班制工作。

(3) 减少工作范围,包括减少工程量或删去一些工作包(或分项工程)。但这可能会产生如下影响:损害工期的完整性、经济性、安全性、运行效率,或提高项目运行费用;由于必须经过上层管理者,如投资者、业主的批准,这可能会造成待工,增加拖延。

(4) 改善设备工具以提高劳动效率。

(5) 通过辅助措施和合理的工作过程,提高劳动生产率。这里要注意如下问题:加强培训,通常培训应尽可能地提前;工作中的激励机构,例如奖金、个人负责制、目标明确;改善工作环境及项目的公用设施;项目小组时间上和空间上合理的组合和搭接;避免项目组织中的矛盾,多沟通。

(6) 将部分任务分包、委托给另外的单位,将原计划由自己生产的产品改为外购等。这不仅有风险,会产生新的费用,而且需要控制和协调工作。

(7) 改变网络计划中工程活动的逻辑关系,如将前后顺序工作改为平行工作,注意这又可能产生一些问题:工程活动逻辑上的矛盾性;资源的限制,平行施工要增加资源的投入强度,尽管投入总量不变;工作面限制及由此产生的现场混乱和低效率问题。

(8) 修改实施方案,例如,将现浇混凝土改为场外预制、现场安装,这样可以提高施工速度。当然这一方面必须有可用的资源,另一方面又要考虑会造成成本的超支。

值得注意的是,赶工应符合项目的总目标与总战略,措施应是有效的、可以实现的,注意成本节约,对项目的实施和承包商、供应商的影响面较少。在实际工作中,人们常常采用了许多事先认为有效的措施,但实际效力却很小,常常达不到预期的缩短工期的效果。因此,要注意计划的科学性,在计划和执行过程中加强各方之间的配合协调。

第6章

能源动力工程项目的质量管理

工程项目施工是保证项目质量的重要阶段之一，本章主要以工程项目施工为例，介绍工程项目质量的定义、质量管理的原则和施工阶段质量控制程序、工程质量问题与质量事故的定义，导致工程质量事故的原因分析及工程质量事故处理方法的确定等。

6.1 工程项目质量管理概述

6.1.1 工程项目质量与质量管理

工程项目质量有关法律、法规、技术标准、设计文件及工程合同中对工程的安全、使用、经济、美观等特性有着严格的综合要求。工程项目一般都是按照合同条件承包建设的，合同条件中对工程项目的功能、使用价值及设计、施工质量等的明确规定都是业主的需要，因而也是质量的内容。工程项目质量取决于由 WBS 所确定的项目范围内所有的阶段、子项目、各工作单元的工作质量，其形成过程如图 6.1 所示，过程复杂，受多方影响。

就功能和使用价值来看，工程项目质量体现在适用性、可靠性、经济性、外观质量与环境协调等方面。不同的业主对工程项目有不同的功能要求，工程项目的功能与使用价值的质量是相对于业主的需要而言的，并无统一的标准。

工程项目质量一般有如下要求：

（1）适用性。任何建筑物首先要满足它的使用要求，例如住宅要满足居住的要求，供暖锅炉房要满足供暖要求，水电站要满足防洪、发电等的要求。

（2）耐久性。工程要满足一定的使用年限，即工程要有合理的使用寿命。

（3）可靠性。工程在规定的时间和规定的条件下具有完成规定功能的能力。任何建筑物都必须坚实可靠，足以承担它所负荷的人和物的重量，足以抵御风、雪等的侵袭。

（4）安全性。工程建成后在使用过程中保证结构安全、保证人身和环境免受危害的程度。

（5）美观性。任何建筑物都要根据它的特点和所处的环境，为人们提供与环境协调、丰富多彩的造型和景观。

（6）经济性。工程从规划、勘察、设计、施工到整个产品使用寿命周期内的成本和消费的费用要具有经济性，只有做到物美价廉，才能取得最大的经济效益。

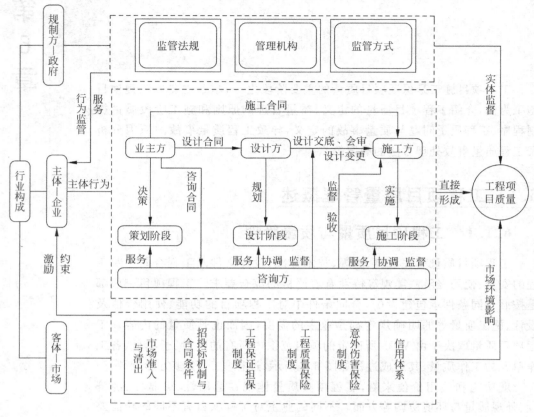

CHAPTER 6

图 6.1　工程质量形成过程

　　质量管理是指项目组织在质量方面进行的指挥和控制活动。在质量方面的指挥和控制活动通常包括制订质量方针和质量目标以及质量策划、质量控制、质量保证和质量改进等。质量管理是质量管理主体围绕着使产品质量能满足不断更新的质量要求,而开展的策划、组织、计划、实施、检查和监督、审核等所有管理活动的总和。工程项目的质量管理是围绕工程项目质量所进行的指挥、协调和控制等活动。进行项目质量管理的目的是确保项目按规定的要求满意地实施。

　　质量控制是对项目实施情况进行监督、检查和测量,并将项目实施结果与事先制订的质量标准进行比较,判断其是否符合质量标准,找出存在的偏差,分析偏差形成的原因的一系列活动。质量控制的目标就是确保质量能满足有关方面提出的质量要求(如适用性、可靠性、安全性等)。质量控制的工作内容包括了作业技术和活动,即包括专业技术和管理技术两方面。质量控制应贯彻预防为主与检验把关相结合的原则,在项目形成的每个阶段和环节都应对影响其工作质量的人、料、机、法、环(4M1E:Manpower,Material,Machine,Method,Enviroment)因素进行控制,并对实际质量活动的成果进行分阶段验证,以便及时发现问题,查明原因,采取措施,防止类似问题重复发生,并使问题在早期得到解决,减少经济损失。

　　工程项目质量管理有如下特点:

　　(1) 影响因素多。工程项目的进行是动态的,影响项目质量的因素也是动态的,项目的不同阶段、不同环节、不同过程,影响项目质量的因素也不相同。这些因素有些是可知的,有些是不可预见的；有些对项目质量的影响小，有些对项目质量的影响较大，有些对项目质量的影响还可能是致命性的。所有这些，都给工程项目的质量控制造成了难度。

（2）质量控制的阶段性。项目需经过不同的阶段，各阶段的工作内容、工作结果都不相同，所以每阶段的质量控制内容和控制重点亦不相同。

（3）质量波动大。由于工程项目的固定性和其生产的单件性，不像一般工业产品可以成批生产，也不存在固定的生产流水线，生产环境也不稳定，手工作业工种多，所以其质量波动性大。

（4）易产生系统因素变异。由于影响工程质量的因素较多，任一因素的干扰影响均会引起工程质量变化，即质量变异。

（5）易产生第二判断错误。在项目质量控制中，经常需要根据质量数据对项目实施过程或结果进行判断。由于项目的复杂性、不确定性，造成质量数据的采集、处理和判断的复杂性，往往会对项目的质量做出错误的判断。如将合格判为不合格，或将不合格判为合格。在施工过程中，由于工序交接多，中间产品多，隐蔽工程多，所以应该注重对实施过程的检查验收。

（6）质量检查不能解体和拆卸项目。工程项目不可能像一般工业产品那样，依靠最终检查判断产品的质量和控制产品的质量，也不可能将产品拆卸和解体来检查其内在的质量，对于不合格的零件可以进行更换。例如，对于已建成的锅炉就难以检查其地基的质量。所以，项目的质量控制应更加注重项目进展过程，注重对阶段结果的检验和记录。

（7）项目质量受费用、工期的制约。工程项目的质量不是单独存在的，它受费用和工期的制约。在对项目进行质量控制时，必须考虑对费用和工期的影响，同样应考虑费用和工期对质量的制约，使项目的质量、费用、工期都能达到预期目标。

6.1.2　质量管理的原则、内容和程序

在工程项目建设过程中，对其质量管理应遵循以下几项原则。

（1）坚持以客户为关注焦点。客户是组织的生存基础，没有客户组织将无法生存。工程质量是建筑产品使用价值的集中体现，用户最关心的就是工程质量的优劣，或者说用户的最大利益在于工程质量。

（2）坚持以人为控制核心。人是质量的创造者，质量控制应该以人为本，把人作为质量控制的动力，充分发挥人的积极性、创造性，只有这样工程质量才能达到目标。质量控制必须坚持以人为控制核心，做到人人关心质量，人人做好质量控制工作。

（3）坚持预防为主原则。预防为主是指要重点做好质量的事前控制、事中控制，同时严格对工作质量、工序质量和中间产品质量进行检查，这是确保工程质量的有效措施。

（4）坚持和提升质量标准。质量标准是评价工程质量的尺度，数据是质量控制的基础。质量控制必须建立在有效的数据基础上，必须依靠能够确切反映客观实际的数字和资料，否则就谈不上科学的管理。

（5）坚持持续的过程控制。围绕质量目标，坚持持续的过程控制是项目质量管理的基础。为了保证和提高工程质量，质量控制不能仅限于某一建设阶段，而必须贯穿于项目全过程，要把所有影响工程质量的环节和因素控制起来，有机地协调好各个过程的接口问题，坚持持续不断地改进和管理，使过程的质量风险降至最低。

项目施工阶段的不同环节,其质量控制的工作内容不同。根据施工的不同阶段,可以将施工质量控制分为事前控制、事中控制和事后控制。

（1）事前质量控制,开工前、实施作业前所进行的质量控制就称为事前质量控制,其控制的重点是做好各项施工准备工作,且该工作应贯穿于施工全过程。其主要工作内容有:

（a）技术准备。熟悉和审查项目有关资料、图样;调查分析项目的自然条件、技术经济条件;确定施工方案及质量保证措施;确定计量方法和质量检验技术等。

（b）物质准备。对原材料、构配件的质量进行检查与控制;对施工机械设备进行检查与验收,其技术性能不符合质量要求的不能使用。

（c）组织准备。建立项目组织机构及质量保证体系;对项目参与人员分层次进行培训教育,提高其质量意识和素质;建立与保证质量有关的岗位责任制等。

（d）现场准备。不同的项目,现场准备的内容亦不相同,一般包括平面控制网、水准点的建立;五通一平,生产、生活临时设施等的准备;组织材料、机具进场;拟定有关试验、技术进步计划等。

（2）事中质量控制,在全面施工过程中所进行的质量控制就是事中控制。事中质量控制的策略是对施工过程中进行的所有与施工过程有关各方面（人、事、物）进行质量控制,包括对中间产品（工序产品或分部、分项工程产品）的施工过程中的质量控制,即全面控制施工过程,重点控制工序质量。

（3）事后质量控制,一个项目、工序完成所形成的成品或半成品的质量控制称为事后质量控制。事后质量控制的重点是进行质量检查、验收及评定。

（4）工程竣工验收阶段的质量控制。项目最终完成后,应进行全面的质量检查评定,判断项目是否达到其质量目标。工程竣工验收就是对项目施工阶段的质量通过检查评定、试车运转（试生产）,考核项目质量是否达到设计要求,是否符合决策阶段确定的质量目标和水平,并通过验收确保工程项目的质量。

影响工程项目质量的因素主要有五大方面:人、机、料、法、环（图 6.2）。对这五方面的控制与管理是保证工程项目质量的关键。

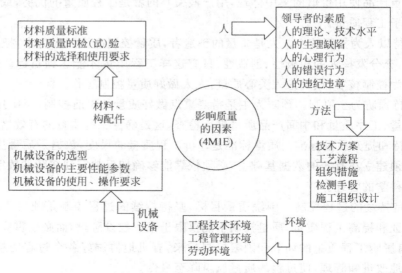

图 6.2　影响工程质量控制的因素

（1）人的管理。人（包括直接参与项目的组织者、指挥者和操作者）作为控制的对象，要避免产生失误，作为控制的动力，要充分发挥人的积极性和主导作用。因此，应提高人的素质，健全岗位责任制，改善劳动条件；应根据项目特点，从确保质量出发，在人的技术水平、人的生理缺陷、人的心理行为、人的错误行为等方面控制人的使用；更为重要的是提高人的质量意识，形成人人重视质量的项目环境。

（2）机械设备管理。设备主要包括项目实施使用的机械设备、工具等。对设备的控制，应根据项目的不同特点，合理选择、正确使用、管理和保养。

（3）材料管理。材料主要包括原材料、成品、半成品、构配件等。对材料的控制主要通过严格检查验收，正确合理地使用。进行收、发、储、运的技术管理，杜绝使用不合格的材料等环节来进行控制。

（4）方法管理。方法包括项目实施方案、工艺、技术措施等，对方法的控制，主要通过合理选择、动态管理等环节加以实现。

（5）环境管理。影响项目质量的因素较多，有项目技术环境，如地质、水文、气象等；项目管理环境，如质量保证体系、质量管理制度等；劳动环境，如劳动组合、作业场所等。根据项目特点和具体条件，应采取有效措施对影响质量的环境因素进行控制。

施工质量控制程序如图6.3所示。施工阶段质量控制包括施工单位的直接控制以及监理和监督单位的间接控制。施工单位及其项目经理部和作业队有许多质量管理工作，如领导、协调、计划、组织、控制，通过生产过程的内部监督和调整及质量特征的检查，达到质量保证的效果。这里有许多技术监督工作和质量信息的收集、判断、措施指定等质量控制工作。项目管理者对质量的控制权，包括：①行使质量检查的权力。②行使对质量文件的批准、确认、变更的权力。③对不符合质量标准的工程（包括材料、设备、工程）处置的权力。④在工程中做到隐蔽工程不经签字不得覆盖；工序间不经验收下道工序不能施工；不经质量检查，已完的分项工程不能验收、不能结算工程价款。

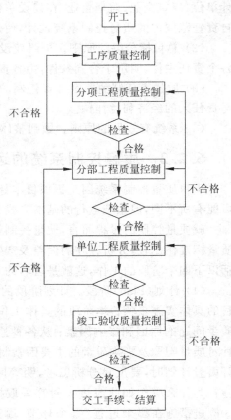

图6.3 施工质量控制程序

6.2 工程项目质量控制系统

6.2.1 质量控制系统的建立

质量控制是指为实现预定的质量目标，根据规定的质量标准对控制对象进行观察和检测，并将观测的实际结果与计划或标准对比，对偏差采取相应调整的方法和措施。工程项目质量控制系统是面向工程项目而建立的质量控制系统。

(1) 按控制内容分为 4 种：①工程项目勘察设计质量控制子系统；②工程项目材料设备质量控制子系统；③工程项目施工安装质量控制子系统；④工程项目竣工验收质量控制子系统。

(2) 按实施的主体分为以下 5 种：①建设单位建设项目质量控制子系统；②工程项目总承包企业项目质量控制子系统；③勘察设计单位勘察设计质量控制子系统（设计施工分离式）；④建筑企业（含分包商）施工（土建和安装）质量控制子系统；⑤工程监理企业工程项目质量控制子系统。

根据实践经验，可以参照以下几条原则来建立工程项目质量控制体系。

(1) 分层次规划的原则。可分为两个层次。第一层次是建设单位和工程总承包企业，分别对整个建设项目和总承包工程项目进行相关范围的质量控制系统设计。第二层次是设计单位、建筑企业、监理企业，在建设单位和总承包工程项目质量控制系统的框架内，进行各自责任范围内的质量控制系统设计，使总体框架更清晰、具体，落到实处。

(2) 总目标分解的原则。按照建设标准和工程质量总体目标的要求，把总目标分解到各个责任主体，明示于合同条件，由各责任主体制订质量计划，确定控制措施和方法。

(3) 质量责任制的原则。责任制的原则就是要贯彻谁实施谁负责，并使工程项目质量与责任人的经济利益挂钩。

(4) 系统有效性的原则。做到整体系统和局部系统的组织、人员、资源和措施落实。

6.2.2　质量控制系统的运行

项目质量控制系统因工程项目本身不同、所处环境不同而使控制参数、特征及控制条件可能有所不同，但系统运行的基本方式、机制是基本相同的。

就质量控制的过程而言，质量控制就是监控项目的实施状态，将实际状态与事先制订的质量标准作比较，分析存在的偏差及产生偏差的原因，并采取相应对策。该控制过程主要包括以下四个阶段的工作，这就是著名的 PDCA 循环，也称戴明环。

(1) 计划（Plan）阶段。计划阶段的主要工作任务是确定质量目标、活动计划和管理项目的具体实施步骤。本阶段的具体工作是分析状态，找出质量问题及控制对象；分析产生质量问题的原因和影响因素；从各种原因和因素中确定影响质量的主要原因或影响因素；针对质量问题及影响质量的主要因素制订改善质量的措施及实施计划，并预计效果。在制订质量计划时，要反复分析思考，明确回答以下问题：①为什么要提出该计划，采取哪些措施？为什么应作如此改进？回答采取措施的原因。②改进后达到什么目的？有何效果？③改进措施在哪个过程（哪个环节、哪道工序）执行？④计划和措施在何时执行和完成？⑤计划由谁执行？⑥用什么方法完成？

(2) 实施（Do）阶段。实施阶段主要工作任务是根据计划阶段制订的计划措施，组织贯彻执行。这一阶段要做好计划措施的交底、组织落实、技术落实和物质落实。必须抓好控制点设置，加强重点控制和例外控制。

(3) 检查（Check）阶段。检查阶段的主要工作任务是检查实际执行情况，并将实际效果与预期目标对比，进一步找出存在的问题。检查得到的信息一定要全面准确，信息反馈要及时。

(4) 处理（Action）阶段。处理阶段的主要工作任务是对检查的结果进行总结和处理。

通过对实施情况的检查,明确有效果的措施,制订相应的工作文件、工艺规程、作业标准以及各种质量管理的工作制度,总结好的经验,防止以后发生问题。

工程项目质量控制系统建立并进入运行状态后,运行正常与成功的关键取决于以下的系统机制设计:

(1)动力和利益机制。工程项目质量控制系统的活力在于它的运行机制,而运行机制的核心是动力机制,动力机制又来源于利益机制,因此利益机制是关键。

(2)约束机制。工程项目质量控制系统的约束机制取决于自我约束能力和外部监控效力,外部监控效力是来自于实施主体外部的推动和检查监督,自我约束能力则指质量责任主体和质量活动主体的经营理念、质量意识、职业道德及技术能力的发挥。这两方面的约束机制是质量控制系统正确运行的保障。自我约束能力要靠提高员工素质、职业道德,加强质量保证制度建设等来形成。外部监控效力则需严格执行有关建设法规和合同来保证。

(3)反馈机制。工程项目质量控制系统的运行效果和运行结果信息,需要及时反馈,以便对系统的控制能力进行评价,以便使得系统控制主体能够做出处理决策,调整或修改控制参数,达到预定的控制目标。

6.2.3　常用的质量控制方法

工程项目质量控制运用数理统计方法,可以科学地掌握质量状态,分析存在的质量问题,了解影响质量的各种因素,达到提高工程质量和经济效益的目的。常用的数理统计方法有因果分析法、控制图法、直方图法、排列图法、统计调查表法、分层法、相关图法等,这里介绍下因果分析法和控制图法。

(1)因果分析图。按其形状又称树枝图或鱼刺图,也叫特性要因图。所谓特性,就是工程实施中出现的质量问题。所谓要因,也就是对质量问题有影响的因素或原因。

因果分析图是一种用来逐步深入地研究和讨论质量问题,寻求其影响因素,以便从重要的因素着手进行问题解决的一种工具。图6.4是分析产品缺陷的因果分析图。可以看出,因果分析图常从人、机、料、法、环五大原因入手,一步一步地,顺藤摸瓜一样地去寻找影响质量特性的原因,直到找出可以有针对性地制订相应的对策的主要原因为止。

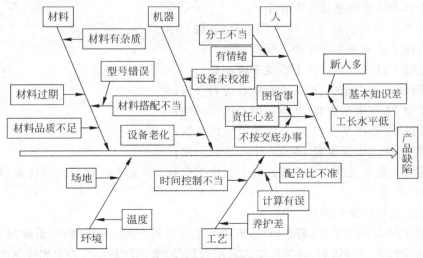

图6.4　产品缺陷的因果分析

（2）控制图。也称管理图,它反映工序随时间变化而产生的质量波动的状态,如图 6.5 所示。子样平均值(中心线)随时间而变化,但这种变化是否正常仍不能判断,因此必须引入判断线。判断线可根据数理统计方法计算得到。这种带有判断线的图就是控制图,其判断线被称为控制界限。控制图是用来区分质量波动是属于偶然因素引起的正常波动,还是系统因素引起的异常波动,从而判断整道工序是否处于控制状态的一种有效工具。

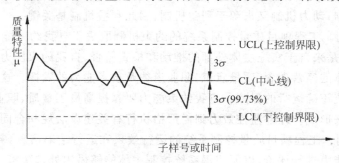

图 6.5　质量控制图

控制图包括三条线:上控制界限(Upper Control Limit,UCL),中心线(Central Line,CL)和下控制界限(Lower Control Limit,LCL)。将反映控制对象质量状态的质量特性值在控制图上打点,若数据点全部落在上、下控制界限内,且数据点的排列无缺陷(如链、倾向、接近、周期等),则可判定工序处于控制状态,否则认为工序存在系统因素,必须查明,予以消除。

可见,控制界限是判定工序质量是否发生变异,是否存在系统因素的尺度,可根据数理统计原理得到。目前采用较多的是三倍标准差法,即以中心线为基准向上下移动三倍标准差值后作为上下控制界限。一旦数据点超出控制界限或排列有缺陷,即认为维持正常作业的良好状态和标准作业条件被破坏的可能性极大。

控制图上的观测点同时满足下述条件时,认为生产过程处于统计控制状态:

（1）连续 25 点中没有 1 点在限外;

（2）连续 35 点中最多 1 点在限外;

（3）连续 100 点中最多 2 点在限外。

当控制界限内的数据点排列有下述异常现象:

（1）连续 7 点或更多点在中心线同一侧;

（2）连续 7 点或更多点的上升或下降趋势;

（3）连续 11 点中至少有 10 点在中心线同一侧;

（4）连续 14 点中至少有 12 点在中心线同一侧;

（5）连续 17 点中至少有 14 点在中心线同一侧;

（6）连续 20 点中至少有 16 点在中心线同一侧;

（7）连续 3 点中至少有 2 点或连续 7 点中至少有 3 点落在二倍与三倍标准偏差控制界限之间;

（8）数据点呈周期性变化。

就应对工序做仔细观察、调查研究,查清产生异常的原因,采取措施,消除异常因素,使工序恢复和保持良好的状态,避免产生大量不合格品,真正起到预防为主和控制的作用。

6.3　工程项目施工质量控制

　　工程施工是形成工程实体,建成最终产品的活动。施工阶段的质量控制非常重要,简单地从人、财、物等消耗上看,它显然是项目质量控制的重点。工程施工活动决定了设计意图能否体现,它直接关系到工程的安全可靠、能否正常使用功能,以及外表观感能否体现建筑设计的艺术水平。项目施工阶段所实现的质量是一种符合性质量,即施工阶段所形成的项目质量应符合设计要求。质量控制包括的内容如图6.6所示。

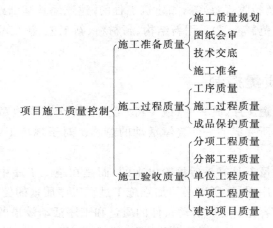

图 6.6　施工质量控制范畴

6.3.1　施工质量控制的依据

　　工程专业技术标准和管理技术标准,是确保工程质量和衡量经济效益的基础。这些工程技术标准以国家标准、行业标准、地方标准和企业标准的形式颁布实施。它是工程过程管理与技术工作质量管理的依据和目标。

　　工程技术标准依其作用的不同,可分为基础标准、控制标准、方法标准、产品标准、管理标准五大类。名词术语、图例符号、模数、气象参数等为基础标准;满足安全、防火、卫生、环保要求以及工期、造价、劳动、材料定额等为控制标准;试验检测、设计计算、施工操作、安全技术、检查、验收、评定等为方法标准;确定工程材料、构配件、设备、建筑机具、模具等性能为产品标准;计划管理、质量管理、成本管理、技术管理、安全管理、劳动管理、机具管理、物料管理、财务管理等为管理标准。

　　施工阶段质量控制的依据有技术标准和管理标准两类。管理标准有《建设工程项目管理规范》《质量管理-项目管理质量指南》《质量体系-生产和安装的质量保证模式》《质量-术语》《质量管理体系标准》,企业自身有关质量管理的规定及有关管理工作的规定,企业与业主签订的建设工程施工合同、施工项目管理规划、施工组织设计等。技术标准包括设计文件(图纸和说明书)、合同条款规定的技术标准,例如《建筑工程施工质量验收统一标准》《城市住宅小区竣工综合验收管理办法》《电力建设施工及验收技术规范》。

　　施工所使用的原材料、半成品、构配件质量控制的依据包括:①有关产品的技术标准,如水泥、水泥制品、钢材、保温材料、防水材料等的产品标准；②有关试验、取样方法的技术标准，如《水泥胶砂强度检验方法》《加气混凝土力学性能试验方法》；③有关材料验收、包装、标志的技术标准，如《钢铁产品牌号表示方法》《型钢验收、包装、标志及质量证明书的一般规定》等；④工程使用新材料时，必须有权威的技术检验部门出具关于其技术性能的鉴定书。

施工过程中，控制工序质量的依据包括：①有关建筑工程、安装工程作业的操作规程，为了保证工序质量而制订的操作技术规范，例如《混凝土施工操作规程》等；②有关施工工艺规程及验收规范。这是以分项分部工程为对象制订的技术性规范，有各专业工程的施工质量验收规范(或施工及验收规范)等，如建筑工程的《建筑地基基础施工质量验收规范》《砌体工程施工质量验收规范》等；③采用新结构、新材料、新工艺、新技术工程必须在试验基础上制订施工工艺规程。

6.3.2 工序质量控制

工序亦称作业。一道工序，是一个(或一组)工人在一个工作地对一个(或几个)劳动对象(工程、产品、构配件)所完成的一切连续活动的总称。对于现场工人来讲，工作质量通常表现为工序质量。

施工项目的实体质量不是靠最后检验出来的，而是在施工工序中形成的。正是因为项目实体质量的基础是工序质量，所以必须加强施工过程工序质量的控制。

工序质量包含的内容是：工序活动条件的质量和工序活动效果的质量。从质量控制的角度看，工序活动条件的质量是基础和保证，只有投入品(即人、机、料、法、环)的质量控制到位，工序活动效果的质量才容易达到有关质量的标准。

工序质量控制的基本原理是采用数理统计方法，通过对工序子样检验的数据进行统计分析，来判断工序质量控制的稳定性。其基本步骤如下：

(1)实测。采用适当的检测工具和手段，对工序样本进行检测。

(2)分析。根据检验的数据，通过数理统计方法进行分析，了解这些数据的运行规律。

(3)判断。根据分析结果，判断工序状态。如数据是否符合正态分布曲线；是否在控制图的控制界限之间；是否在质量标准规定的范围内；是属于正常状态还是异常状态；是否存在系统因素引起的质量异常等。

(4)对策。根据判断结果，采取相应的对策。若出现异常情况，则应查明原因，予以纠正，并采取措施加以预防，以达到控制工序质量的目的。

控制工序质量时须合理设置工序质量控制点。控制点是指为了保证工序质量而必须进行控制的重点，或是关键部位，或是薄弱环节。如人的行为、关键的操作、施工顺序、材料的质量和性能、常见的质量通病、新技术、新材料、新工艺的应用等。

在工序质量控制中，首先应对工序进行分析、比较，以明确质量控制点，然后应分析所设置的质量控制点在工序进行过程中可能出现的质量问题或造成质量隐患的因素并加以严格控制。

设置工序质量控制点时须考虑如下方面：

(1)人的行为。某些工序应控制人的行为，避免因人的失误造成质量问题。如高空作业、水下作业等，都应从人的生理、心理、技术能力等方面对操作者进行考核、控制。

（2）物的状态。某些工序应以物的状态作为控制的重点。如测量精度与仪器有关,危险源与失稳、振动、腐蚀等有关。因此,应根据不同工序的特点,有的应以防止失稳、倾覆等危险源为重点,有的则以作业场所为重点。

（3）材料的质量和性能。材料的质量和性能是直接影响工程质量的主要因素。某些工序应将材料的质量和性能作为控制的重点。如预应力钢筋的加工（冷拉、冷拔、应力下料等）,就要求匀质、弹性模量一致,含硫、磷量不能过大,以免产生热脆和冷脆。

（4）关键的操作。操作直接影响工程质量,显然应作为控制的重点。楼面标高、高层建筑物垂直度、预应力筋的张拉控制等都是关键的操作。如无黏结预应力筋张拉,在操作中不严格控制张拉力和伸长值,就不可能可靠地建立预应力值。

（5）施工顺序。某些工序或操作,必须严格控制相互之间的先后顺序,否则就会影响工程质量。如冷拉钢筋,就应先对焊后冷拉,否则就会失去冷拉后的强度;木门窗的油漆应在玻璃安装之前,否则就会污染成品。

（6）技术间隙。有些工序之间的技术间隙时间性很强,如不严格控制就会影响质量。如连续浇筑混凝土时,必须待下层混凝土未初凝时进行上层混凝土浇筑;砖墙砌筑后,应有一周左右时间让墙体充分沉降稳定、干燥后才能抹灰,抹灰底层干燥后才能抹中层或面层。

（7）技术参数。某些技术参数与质量密切相关,必须严格控制。如混凝土的水灰比、外加剂掺量等技术参数直接影响混凝土质量,应作为质量控制点。

（8）常见的质量通病。常见的质量通病,如渗水、漏水、起砂、起壳、裂缝等,都与工序操作有关,均应事先研究对策,提出预防措施。

（9）质量不稳定、质量问题较多的工序。通过对质量数据的统计分析,表明质量波动、不合格品（返工）率较高的工序,如阳台地坪、门窗装饰等应设置为质量控制点。

（10）特殊土地基和特种结构。对于失陷性黄土、膨胀土和盐渍土等特殊土地基的处理,以及大跨度结构、高耸结构等技术难度大的施工环节和重要部位,应加以特殊控制。

（11）施工方法。施工方法中对质量产生重大影响的问题,如液压滑模施工中支撑杆失稳问题,混凝土被拉裂和坍塌问题,建筑物中心漂移和扭转问题;大模板施工中模板的稳定和组装问题等,均为控制的重点。

（12）新工艺、新技术、新材料的应用。新工艺、新技术、新材料虽已通过鉴定、试验,但当操作人员缺乏经验时,应将其工序操作作为重点严加控制。

在施工中,如果发现质量控制点有异常情况,应立即停止施工,召开分析会,找出产生异常的主要原因,并用对策表写出对策。如果是因为技术要求不当而出现异常,必须重新修订标准,在明确操作要求和掌握新标准的基础上,再继续进行施工,同时还应加强自检、互检的频次。

6.3.3　材料质量控制

材料质量是工程项目质量的基础,加强材料质量控制是工程质量的重要保证。材料的选择不当和使用不正确,会严重影响工程质量或造成工程质量事故。在进行材料质量控制时,主要通过做好以下方面的工作来保证材料质量。

（1）对供货方质量保证能力进行评定,主要评定:①材料供应的表现状态,如材料质量、交货期等;②供货方质量管理体系对于按要求如期提供产品的能力;③供货方的顾客满意程度；④供货方交付材料之后的服务和支持能力；⑤其他如价格、履约能力等。

（2）建立材料管理制度，减少材料损失、变质，对材料的采购、加工、运输、贮存建立管理制度，可加快材料的周转，减少材料占用量，避免材料损失、变质，按质、按量、按期满足工程项目的需要。

（3）对原材料、半成品、构配件进行标识，具体包括：①进入施工现场的原材料、半成品、构配件要按型号、品种分区堆放，予以标识；②对有防潮、防湿要求的材料，要有防雨防潮措施，并有标识；③对容易损坏的材料、设备，要做好防护；④对有保质期要求的材料，要定期检查，以防止过期，并做好标识；⑤标识应具有可追溯性，即应标明其规格、产地、日期、批号、加工过程、安装交付后的分布和场所。

（4）加强材料检查验收，用于工程的材料，进场时应有出厂合格证和材质化验单；凡标志不清或认为质量有问题的材料，需要进行追踪检验，以保证质量；凡未经检验和已经验证为不合格材料的原材料、半成品、构配件和工程设备不能投入使用。

（5）发包人提供的原材料、半成品、构配件和设备，发包人提供的原材料、半成品、构配件和设备用于工程时，项目组织应对其做出专门的标识，接受时进行验证，贮存或使用时给予保护和维护，并得到正确的使用。若上述材料验证不合格，不得用于工程。发包人有责任提供合格的原材料、半成品、构配件和设备。

（6）材料质量抽样和检验方法，材料质量抽样应按规定的部位、数量及采选的操作要求进行。材料质量的检验项目分为一般材料试验项目和其他试验项目。一般项目即通常进行的试验项目，如水泥的强度等级，钢筋的屈服强度、延伸、冷弯；其他试验项目是根据需要而进行的试验项目，如水泥的安定性、凝结时间，钢筋的化学成分、耐冲击韧性。材料质量检验方法有书面检验、外观检验、理化检验和无损检验等。

6.3.4　工程质量检查

项目的启动、规划、执行、监控和收尾等各个环节都涉及质量检查。各个阶段的质量检查侧重点会有差异。下面以施工过程为例来介绍下工程质量检查。

在施工过程中，施工人员是否按照施工图纸、技术交底、技术操作规程和质量标准的要求实施，都直接关系到工程产品的质量问题。

（1）在施工过程中，必须加强对操作质量的巡视检查，对违章操作、不符合工程质量要求的要及时纠正，以防患于未然。这是因为施工过程有些质量问题由于操作不当所致，也有些操作不符合规程的工程质量要求，虽然表面上似乎影响不大，却隐藏着潜在的危害。

（2）工序质量交接检查严格执行自检、互检、交接检的质量检查制度。各工序按施工技术标准进行质量控制，每道工序完成后进行检查。相互各专业工种之间，应进行交接检查，并形成记录。未经监理工程师（或建设单位技术负责人）检查认可，不得进行下道工序施工。

（3）隐蔽验收检查。对被其他工序施工所隐蔽的分部分项工程，在隐蔽前须进行检查验收。隐蔽验收检查是防止隐患、避免质量事故的重要措施。隐蔽工程验收后，要办理隐蔽签证手续，列入工程档案。

（4）工程施工预检。预检是指工程在未施工前所进行的预先检查。预检是确保工程质量，防止可能发生偏差造成重大质量事故的有力措施。预检后要办理预检手续，未经预检或预检不合格，不得进行下一道工序施工。

（5）不合格控制。对检查发现的工程质量问题和不合格报告提及的问题，应由项目技术负责人组织有关人员确定不合格程度，制订纠正措施。对已发现或潜在的不合格信息，应分析并记录结果。对严重不合格或质量事故，必须实施纠正措施。实施纠正措施的结果应由项目技术负责人验证并记录。对可能出现的不合格项，应制订预防措施。预防措施的内容和要求可在施工方案、技术交底活动中体现出来。对施工中出现的"未满足与预期或规定用途有关的要求"缺陷须进行处理，包括修补处理、返工处理、限制使用或者不做处理等，视情况而定。

6.3.5　工程质量验收

一个工程项目往往可以划分为单项工程、单位工程、分部工程和分项工程。单项工程是指在一个建设项目中，具有独立的设计文件，能够独立组织施工，竣工后可以独立发挥生产能力或效益的工程，例如一所学校的教学楼、实验楼、图书馆等。单位工程是不能独立发挥生产能力，但具有独立的设计图纸和组织施工工程，如土建工程、安装工程等。分部工程是单位工程的组成部分，由不同工种、材料和工具完成的部分工程，如土石方工程、钢筋工程等。分项工程是分部工程的组成，是分部工程的进一步划分，如土石方中的挖土、运输及回填土等。

施工质量验收属于过程验收，按构成大小分为单位工程、分部工程、分项工程和检验批四种层次的验收，其中检验批是工程验收的最小单位，是分项工程乃至整个建筑工程质量验收的基础。检验批是施工过程中条件相同，并含有一定数量的材料、构配件或安装项目的施工内容。由于其质量基本均匀一致，因此可以作为检验的基础单位，并按批验收。

在施工质量验收过程中遵循以下一些规定。

1. 检验批质量验收规定

检验批是按同一的生产条件或按规定的方式汇总起来供检验用的，由一定数量样本组成的检验体。一个分项工程分成一个或若干个检验批来验收。检验批质量验收合格的规定是：主控项目和一般项目的质量经抽查检验合格；具有完整的施工操作依据、质量检查记录。

主控项目是保证工程安全和使用功能的重要检验项目，是对安全、卫生、环境保护和公众利益起约定性作用的检验项目，是确定该检验批主要性能的项目，所以主控项目内容必须达到需求。主控项目包括的内容有三类：①重要材料、构件及配件、成品及半成品、设备性能及附件的材质和技术性能等，可通过检查出厂证明及试验数据确认。如钢材、水泥的质量；预制楼板、墙板、门窗等构配件的质量；风机等设备的质量等。②结构强度、刚度和稳定性等检验数据、工程性能的检测，可通过检查测验记录确认。如混凝土、砂浆的强度；钢结构的焊缝强度；管道的压力试验等。③一些重要的允许偏差的项目，必须控制在允许偏差限制之内。

一般项目是除主控项目以外的检验项目，其内容要求也是应该达到的，只不过对不影响工程安全和使用功能的少数要求可以适当放宽一些，这些要求虽不像主控项目那样重要，但对工程安全、使用功能、建筑物的美观都有较大影响。一般项目包括的主要内容有三类：①允许有一定偏差的项目，放在一般项目中，用数据规定的标准，可以有个别偏差范围，最多不超过20%的检查点可以超过允许偏差值，但也不能超过允许值的150%。②对不能确定偏差值而又允许出现一定缺陷的项目,则以缺陷的数量来区分。如砖砌体预埋拉结筋,其留置间距偏差;混凝土钢筋露筋,露出一定长度等。③一些无法定量的而采用定性的项目。如碎拼大理石地面颜色协调,无明显裂缝和坑洼;油漆工程中,中级油漆的光亮和光滑项目;管道接口项目,无外露油麻等。这些就要靠监理工程师来掌握了。

2. 分项工程质量验收规定

分项工程所含的检验批均应符合合格质量的规定,分项工程所含的检验批的质量验收记录应完整。分项工程质量的验收是在检验批验收的基础上进行的,是一个统计过程,若没有检验批时也有一些直接的验收内容。检验批质量验收是基础,分项、分部、单位工程的验收主要是一个逐级统计的过程,并规定从分部工程验收开始有质量控制资料核查、有关安全及功能的抽测以及观感质量的评价等内容。

3. 分部工程质量验收规定

分部(子分部)工程所含分项工程的质量均应验收合格,质量控制资料应完整,地基与基础、主体结构和设备安装等分部工程有关安全及功能的检验和抽样检测结果应符合有关规定,观感质量验收应符合要求。

分部工程的验收在其所含各分项工程验收的基础上进行。首先,分部工程的各分项工程必须已验收合格,且相应的质量控制资料文件必须完整,这是验收的基本条件。此外,由于各分项工程的性质不尽相同,因此作为分部工程不能简单地组合而加以验收,尚须增加以下两类检查项目。

涉及安全和使用功能的地基基础、主体结构、有关安全及重要使用功能的安装分部工程应进行有关见证取样、送样试验或抽样检测。关于观感质量验收,这类检查往往难以定量,只能以观察、触摸或简单量测的方式进行,并由每个人的主观印象判断,检查结果并不给出合格或不合格的结论,而是综合给出质量评价。对于差的检查点应通过返修处理等补救。

4. 单位工程质量验收规定

单位(子单位)工程所含分部(子分部)工程的质量均应验收合格,质量控制资料应完整,单位(子单位)工程所含分部工程有关安全和功能的检测资料应完整,主要功能项目的抽查结果应符合相关专业质量验收规范的规定,观感质量验收应符合要求。

单位工程质量验收也称质量竣工验收,是建筑工程投入使用前的最后一次验收,也是最重要的一次验收。验收合格的条件有五个:除构成单位工程的各分部工程应该合格,并且有关的资料文件应完整以外,还需进行以下三个方面的检查。

涉及安全和使用功能的分部工程应进行检验资料的复查。不仅要全面检查其完整性(不得有漏检缺项),而且对分部工程验收时补充进行的见证抽样检验报告也要复核。这种强化验收的手段体现了对安全和主要使用功能的重视。

在分项分部工程验收合格的基础上,竣工验收时应再做一定数量的抽样检查。抽查结果应符合有关专业工程施工质量验收规范的规定。抽查项目是在检查资料文件的基础上由参加验收的各方人员商定,并用计量、计数的抽样方法确定检查部位。

最后,还需由参加验收的各方人员共同进行观感质量检查,共同确定是否通过验收。

6.4　工程项目质量问题和质量事故的处理

6.4.1　工程质量问题和质量事故特点及成因

在工程项目中,凡工程质量不符合建筑工程施工质量验收统一标准及各专业施工质量验收规范(或安装工程相关各专业施工及验收规范)、设计图纸要求,以及合同规定的质量要求,程度轻微的称为质量问题;造成一定经济损失或永久性缺陷的,称为工程质量事故。

工程质量事故具有如下属性:

(1)复杂性。复杂性主要表现在质量问题的影响因素比较复杂,一个质量问题往往是由多方面因素造成的,而由于质量问题是多方面因素造成的,所以就使得质量问题性质的分析、判断和质量问题的处理复杂化。

(2)严重性。工程项目质量事故的后果比较严重,通常会影响工程项目的施工进度,延长工期,增加施工费用,造成经济损失;严重的会给工程项目造成隐患,影响工程项目的安全和正常使用;更严重的会造成结构物和建筑物倒塌,造成人员和财产的严重损失。

(3)可变性。工程项目有时在建成初期,从表面上看,质量很好,但是经过一段时间的使用,各种缺陷和质量问题就暴露出来。而且工程项目的质量问题往往还会随时间的变化而不断发展,从一般的质量缺陷,逐渐发展演变为严重的质量事故。如结构的裂缝,会随着地基的沉陷、荷载的变化、周围温度及湿度等环境的变化而不断扩大,一个细微的裂缝,也可以发展为结构构件的断裂和结构物的倒塌;锅炉的一个焊缝缺陷,会随着时间的变化产生裂纹,导致爆管。

(4)多发性。工程项目的许多质量问题,甚至同一类型的质量问题,往往会重复发生,形成多发性的质量通病,如房屋地面起砂、空鼓、屋面和卫生间漏水、墙面裂缝、焊缝砂眼等。

导致工程质量事故的原因很多,主要有以下几方面。

(1)违背建设程序。不经可行性论证、不作调查分析就拍板定案;没有搞清工程地质、水文地质就仓促开工;无证设计、无图施工;在水文气象资料缺乏、工程地质和水文地质情况不明、施工工艺不过关的条件下盲目兴建;任意修改设计,不按图纸施工;工程竣工不进行试车运转、不经验收就交付使用等盲干现象,致使不少工程项目留有严重隐患,房屋倒塌、设备损毁等事故时有发生。

(2)工程地质勘查原因。未认真进行地质勘查,提供地质资料、数据有误;地质勘查时,钻孔间距太大,不能全面反映地基的实际情况,如当基岩地面起伏变化较大时,软土层厚薄相差亦甚大;地质勘查钻孔深度不够,没有查清地下软土层、滑坡、墓穴、孔洞等地层构造;地质勘查报告不详细、不准确等,均会导致采用错误的基础方案,造成地基不均匀沉降、失稳,使上部结构及墙体开裂、破坏、倒塌。

(3)未加固处理好地基。对软弱土、冲填土、杂填土、湿陷性黄土、膨胀土、岩层出露、熔岩、土洞等不均匀地基未进行加固处理或处理不当,均是导致重大质量问题的原因。必须根据不同地基的工程特性,按照地基处理应与上部结构相结合,使其共同工作的原则,从地基处理、设计措施、结构措施、防水措施、施工措施等方面综合考虑治理。

(4)设计计算问题。设计考虑不周,结构构造不合理,计算简图不正确,计算荷载取值过小,内力分析有误,沉降缝及伸缩缝设置不当,悬挑结构未进行抗倾覆验算等,都是诱发质量问题的隐患。

(5)建筑材料及制品不合格。诸如钢筋物理力学性能不符合标准,水泥受潮结块、过期、安定性不良,砂石级配不合理、有害物含量过多,混凝土配合比不准,外加剂性能、掺量不符合要求时,均会影响混凝土强度、和易性、密实性、抗渗性,导致混凝土结构强度不足、裂缝、渗漏、蜂窝、露筋等质量问题。预制构件断面尺寸不准,支承锚固长度不足,未可靠建立预应力值,钢筋漏放、错位,板面开裂等,必然会出现断裂、垮塌。

(6)施工和管理问题。许多工程质量问题,往往是由施工和管理所造成,主要包括以下几方面:不熟悉图纸,盲目施工;不按图施工;不按有关建筑施工验收规范(或安装施工及验收规范)施工;不按有关操作规程施工;施工管理紊乱,施工方案考虑不周,施工顺序错误;技术组织措施不当,技术交底不清,违章作业;不重视质量检查和验收工作等,都是导致质量问题的祸根。

6.4.2 工程质量事故分析及处理

工程质量事故分析处理的主要目的是:正确分析和妥善处理所发生的质量问题,以创造正常的工作条件,保证建筑物、构筑物和设备的安全使用,减少事故损失,总结经验教训,预防事故重复发生。

由于影响工程质量的因素众多,一个工程质量问题的实际发生,既可能是由于设计计算和施工图纸中存在错误,也可能由于施工中出现不合格或质量问题,也可能由于使用不当,或者由于设计、施工甚至使用、管理、社会体制等多种原因的复合作用。要分析究竟是哪种原因所引起的,必须对质量问题的特征表现,以及其在施工中和使用中所处的实际情况和条件进行具体分析。分析方法很多,但其基本步骤和要领可概括如下。

1. 基本步骤

(1)进行细致的现场研究,观察记录全部实况,充分了解与掌握引发质量问题的现象和特征。

(2)收集调查与问题有关的全部设计和施工资料,分析摸清工程在施工或使用过程中所处的环境及面临的各种条件和情况。

(3)找出可能产生质量问题的所有因素。分析、比较和判断,找出最可能造成质量问题的原因。

(4)进行必要的计算分析或模拟实验予以论证确认。

2. 分析要领

分析的要领是进行逻辑推理,其基本原理是:

(1)确定质量问题的初始点,即所谓原点,它是一系列独立原因集合起来形成的爆发点。因其反映出质量问题的直接原因,故在分析过程中具有关键性作用。

(2)围绕原点对现场各种现象和特征进行分析,区别导致同类质量问题的不同原因,逐步揭示质量问题萌生、发展和最终形成的过程。

(3)综合考虑原因复杂性,确定诱发质量问题的起源点即真正原因。工程质量问题原因分析是对一堆模糊不清的事物和现象客观属性和联系的反映,它的准确性和管理人员的能力学识、经验和态度有极大关系,其结果不单是简单的信息描述,而是逻辑推理的产物,其推理也可用于工程质量的事前控制。

3. 事故调查报告

事故发生后,应及时组织调查处理。调查的主要目的,是要确定事故的范围、性质、影响和原因等,通过调查为事故的分析与处理提供依据,一定要力求全面、准确、客观。

调查结果,要整理撰写成事故调查报告,其内容包括:工程概况,重点介绍事故有关部分的工程情况;事故情况,事故发生时间、性质、现状及发展变化的情况;是否需要采取临时应急防护措施;事故调查中的数据、资料;事故原因的初步判断;事故涉及人员与主要责任者的情况等。

工程质量事故处理方案是指技术处理方案,其目的是消除质量隐患,以达到建筑物和设备的安全可靠和正常使用各项功能及寿命要求,并保证施工的正常进行。其一般处理原则是:正确确定事故性质,是表面性还是实质性,是结构性还是一般性,是迫切性还是可缓性;正确确定处理范围,除直接发生部位,还应检查处理事故相邻影响作用范围的结构部位或构件。其处理基本要求是:满足设计要求和用户的期望;保证结构安全可靠,不留任何质量隐患;符合经济合理的原则。

质量事故的处理需要分析事故的性质、事故的原因、事故责任的界定和事故处理措施研究和落实,这些问题的处理都必须依靠有效、客观、真实的依据为基础。通常,质量事故处理的依据包括:

(1)施工承包合同、设计委托合同,材料、设备的订购合同。

(2)设计文件、质量事故发生部位的施工图纸。

(3)有关的技术文件,如材料和设备的检验、试验报告,新材料、新技术、新工艺技术鉴定书和试验报告,施工记录,有关的质量检测资料,施工方案,施工进度计划等。

(4)有关的法规、标准和规定。

(5)质量事故调查报告,质量事故发生后对事故状况的观测记录、试验记录和试验。

质量事故处理方案类型包括:

(1)不做处理。某些工程质量问题虽然不符合规定的要求和标准,构成质量事故,但视其严重情况,经过分析、论证、法定检测单位鉴定和设计等有关单位认可,对工程或结构使用及安全影响不大,也可不做专门处理。通常不用专门处理的情况有以下几种:①不影响结构安全和正常使用。②质量问题,经过后续工序可以弥补。③法定检测单位鉴定合格。④出现的质量问题,经检测鉴定达不到设计要求,但经原设计单位核算,仍能满足结构安全和使用功能。

(2)修补处理。这是最常用的处理方案。通常当工程的某个检验批、分项或分部的质量未达到规定的规范、标准或设计要求,存在一定缺陷,但通过修补或更换器具、设备后还可达到要求的标准,又不影响使用功能和外观要求,在此情况下,可以进行修补处理。

(3)返工处理。当工程质量未达到规定的标准和要求,存在着严重质量问题,对结构的使用和安全构成重大影响,且又无法通过修补处理时,可对检验批、分项、分部甚至整个工程返工处理。例如,某防洪堤坝填筑压实后,其实压土的干密度未达到规定值,进行返工处理。对某些存在严重质量缺陷,且无法采用加固补强修补处理或修补处理费用比原工程造价还高的工程,应进行整体拆除,全面返工。

在选择工程质量事故处理方案时,以下辅助方法可供选择:

(1)试验验证。即对某些有严重质量缺陷的项目,可采取合同规定的常规试验方法进一步进行验证,以便确定缺陷的严重程度。例如,混凝土构件的试件强度低于要求的标准不太大(例如 10% 以下)时,可进行加载试验,以证明其是否满足使用要求。

(2)定期观测。有些工程,在发现其质量缺陷时,其状态可能尚未达到稳定,缺陷仍会继续发展。在这种情况下一般不宜过早做出决定,可以对其进行一段时间的观测,然后再根据情况做出决定。属于这类质量问题的如桥墩或其他工程的基础在施工期间发生沉降超过预计的或规定的标准。有些有缺陷的工程,短期内其影响可能不十分明显,需要较长时间的观测才能得出结论。

(3)专家论证。对于某些工程质量问题,可能涉及的技术领域比较广泛,或问题很复杂,有时难以决策,这时可提请专家论证。采用这种方法时,应事先做好充分准备,尽早为专家提供尽可能详尽的情况和资料,以便使专家能够进行较充分的、全面和细致的分析、研究,提出切实的意见与建议。

(4)方案比较。这是比较常用的一种方法。同类型和同一性质的事故可先设计多种处理方案,然后结合当地的资源情况、施工条件等逐项给出权重,做出对比,从而选择具有较好处理效果又便于施工的处理方案。

能源动力工程项目的成本管理

人们开展任何项目的根本目的是以最小的成本去获得最大的价值,所以项目成本管理是项目管理知识体系中最为重要的组成部分之一。项目成本估算、项目成本预算以及如何做好项目成本控制和项目成本报告与预测等工作是项目管理的重要内容。本章介绍项目成本确定方法、项目成本控制方法以及项目成本时间集成管理的挣值管理方法。

7.1 项目成本及其管理

7.1.1 项目成本的内涵

项目成本的英文为"project cost",但是"cost"本身就有"花费多少钱"的意思,也有值"多少钱"的意思,所以项目成本不仅仅是"花费"的意思。项目成本可以从狭义和广义两方面理解。狭义的项目成本是指在为实现项目目标而开展的各种项目活动中所消耗资源而产生的各种费用,广义的成本还包括项目中涉及的税金与承包商利润等内容。

在有些情况下,项目成本也被称为项目造价或者项目费用。例如,有承发包的建设项目成本通常被称为项目造价,因为这种项目成本中包含国家收取的税金以及承包商利润。对于自我开发项目而言,因项目业主和实施者是一家而没有税金和利润问题,所以就将这种项目成本称为项目花费或项目费用。

从价值工程的角度上讲,项目成本的内涵并不仅仅是花费,而是能够买到一定"功能"或"价值"的"花费"。所以项目成本的内涵可以使用下面的公式描述。

$$V(价值) = \frac{F(功能)}{C(成本)} \tag{7-1}$$

可以看出,成本只是价值的要素之一,是为了实现项目价值所做的投入,是为了获得项目各种功能而付出的项目投入(或投资),项目成本管理的方法必须从项目价值管理的角度入手去做好。

7.1.2 项目成本管理定义和内涵

项目成本管理的根本目标是使项目价值最大化,所以项目成本管理的定义和内涵也有广义和狭义之分。

狭义的项目成本管理是指为保障项目实际发生的成本不超过项目预算而开展的项目成本估算、项目预算编制和项目预算控制等方面的管理活动,是为确保在既定项目预算内按时按质地实现项目目标所开展的一种项目管理专门工作。广义的项目成本管理是指为实现项目价值的最大化所开展的各种项目管理活动和工作,涉及项目成本、项目功能和项目价值三个方面的管理工作。

项目成本管理首先考虑开展项目各种活动所需资源的成本方面的管理,同时项目成本管理还需要考虑项目决策的效应,这包括使用项目产出物的成本问题。例如,降低评估项目设计评估次数可以节约项目的成本,但是其代价可能是顾客的使用成本增加。这种广义的项目成本管理也被称为项目全生命周期成本核算的方法。项目全生命周期成本核算和价值工程技术共同使用可以降低项目成本和时间,改进项目质量和项目绩效并做出最优的项目决策。

过去,我国对项目成本管理方面的认识基本上停留在对建设项目造价的确定与控制上。随着项目管理理论和方法的引进,人们开始认识各种其他种类项目的成本管理规律和方法。项目成本管理内涵的发展和变化主要表现在两个方面:一是现代项目成本管理包括各种项目的成本管理;二是现代项目成本管理的主要内涵是项目价值的管理。

项目成本管理认为项目成本是由于人们开展项目活动而占用和消耗资源形成的,而项目活动是为实现项目目标服务的,因此在确保项目目标的前提下,人们可以从控制项目活动多少、规模和内容等方面入手而最终实现对项目成本的有效管理。同时,项目成本管理的主要内涵应该包括三个方面和多种途径,式(7-2)给出了示意:

$$V\uparrow = \left(\frac{F\uparrow}{C}\right)_1 + \left(\frac{\overline{F}}{C\downarrow}\right)_2 + \left(\frac{F\uparrow\uparrow}{C\uparrow}\right)_3 \tag{7-2}$$

由式(7-2)可以看出,当项目成本不变而项目功能上升时(对应下标 1),或项目功能不变而项目成本下降时(对应下标 2)以及虽然项目成本上升但是项目功能却大大上升时(对应下标 3),项目的价值都能够上升。所以项目成本管理不仅仅是努力降低成本,更是设法提升价值。

7.1.3　项目成本管理的内容

项目成本管理的核心内容包括项目成本的计划与确定、项目成本的监督与控制和努力保障项目成本不要超过项目批准的预算等方面的内容。

项目成本管理不仅要通过管理去努力实现以最低成本完成项目的全部活动,同时也强调必须努力实现项目价值的最大化,以及努力避免项目成本问题对项目产出物质量和项目工期的影响,盲目地降低项目成本可能会造成项目价值、项目质量或项目时间的损失。例如,如果项目决策工作上的成本投入不足,就会造成各种项目决策的纰漏或失误,这会给项目产出物质量和项目时间带来影响,甚至可能会大大降低项目的价值。项目成本管理要求人们不能只考虑项目成本的节约,还必须考虑项目经济收益的提高。

项目成本管理的具体内容可以用图 7.1 给出示意。

由图 7.1 可知,项目成本管理的具体内容包括下述几个方面:

(1)规划成本管理。为规划、管理、花费和控制项目成本而制定政策、程序和文档,为如何管理项目成本提供指南和方向。

(2)估算成本。根据项目活动资源估算以及各种资源的市场价格或预期价格等信息,估算和确定项目各种活动的成本和整个项目全部成本的项目成本。

(3)制定预算。制定项目成本控制基线或项目成本计划的管理工作,包括根据项目的

项目成本管理

7.1 规划成本管理

1. 输入
   (1) 项目管理计划
   (2) 项目章程
   (3) 事业环境因素
   (4) 组织过程资产

2. 工具与技术
   (1) 专家判断
   (2) 分析技术
   (3) 会议

3. 输出
   成本管理计划

7.4 控制成本

1. 输入
   (1) 项目管理计划
   (2) 项目资金需求
   (3) 工作绩效数据
   (4) 组织过程资产

2. 工具与技术
   (1) 挣值管理
   (2) 预测
   (3) 完工尚需绩效指数
   (4) 绩效审查
   (5) 项目管理软件
   (6) 储备分析

3. 输出
   (1) 工作绩效信息
   (2) 成本预测
   (3) 变更请求
   (4) 项目管理计划更新
   (5) 项目文件更新
   (6) 组织过程资产更新

7.2 估算成本

1. 输入
   (1) 成本管理计划
   (2) 人力资源管理计划
   (3) 范围基准
   (4) 项目进度计划
   (5) 风险登记册
   (6) 事业环境因素
   (7) 组织过程资产

2. 工具与技术
   (1) 专家判断
   (2) 类比估算
   (3) 参数估算
   (4) 自下而上估算
   (5) 三点估算
   (6) 储备分析
   (7) 质量成本
   (8) 项目管理软件
   (9) 卖方投标分析
   (10) 群体决策技术

3. 输出
   (1) 活动成本估算
   (2) 估算依据
   (3) 项目文件更新

7.3 制定预算

1. 输入
   (1) 成本管理计划
   (2) 范围基准
   (3) 活动成本估算
   (4) 估算依据
   (5) 项目进度计划
   (6) 资源日历
   (7) 风险登记册
   (8) 协议
   (9) 组织过程资产

2. 工具与技术
   (1) 成本汇总
   (2) 储备分析
   (3) 专家判断
   (4) 历史关系
   (5) 资源限制平衡

3. 输出
   (1) 成本基准
   (2) 项目资金需求
   (3) 项目文件更新

图 7.1　项目成本管理工作内容示意图

成本估算、项目的各项活动分配预算和确定整个项目的总预算两项工作。项目成本预算的关键是合理、科学地确定项目成本的控制基线。

（4）控制成本。在项目实施过程中依据项目成本预算，努力将项目实际成本控制在项目预算范围之内。这包括不断获取项目实际发生的成本，分析和比较项目实际成本与项目预算之间的差异，采取纠偏措施或修订项目预算的方法实现对项目成本的控制。

项目成本预测也是项目成本控制的一个组成部分，即，依据项目成本和各种相关因素的发展与变化情况，分析和预测项目成本的未来发展和变化趋势以及项目成本最终可能结果，为项目成本控制和预算调整及变更等提供依据。

7.2　项目成本估算

项目成本估算是项目成本管理的首要和核心工作,估计和确定项目的成本,为开展项目成本预算和项目成本控制提供依据。

7.2.1　项目成本估算的概念

项目成本估算是指根据项目的资源要求或计划以及各种资源的价格信息,通过估算和预计的方法而得到项目各种活动成本和项目总成本的工作。当项目按照承发包合同实施时,还需要仔细地区分项目业主/顾客的成本估算与项目承包商/分包商成本估算的概念,因为二者的范畴和内容会有所不同。另外,对小项目的成本估算和项目成本预算可以结合在一起进行,甚至可以将这两个步骤看成是一个项目成本管理的步骤。

项目成本估算可以根据估算精确度的不同而分类,如建设项目成本估算就可分为初步成本估算、项目设计概算和详细成本估算(施工图预算)3种不同精确度的项目成本估算。因为在建设项目初步估算阶段,项目有许多细节尚未确定,所以只能粗略地估计项目的成本,此时的项目成本估算结果十分粗略,粗略量级估算(rough order of magnitude,ROM)的区间为±50%。在项目技术设计完成之后就可以进行较为详细的项目成本估算了,而到项目各种设计细节确定后就可以进行更为精确的项目成本估算了,随着信息越来越详细,确定性估算的区间可缩小至±10%。因此,在一些大型项目的成本管理中项目成本估算都是分阶段做出不同精确度的成本估算,而且项目成本的估算必须是一个渐进明细的过程。

项目成本估算中既要识别各种项目成本的构成科目,也要估计和确定各种项目成本科目的数额大小。例如,在大多数项目中人工费、设备费、管理费、咨询费、物料费、开办费等都属于项目成本的构成科目,甚至在这些科目下面还可以进一步细分出二级科目甚至三级科目。同时,项目成本估算还包括分析和考虑各种不同项目实施方案,并分别做出各项目方案的成本估算的工作。例如,许多项目可能会有多种不同的项目设计方案或者是项目实施方案,这些不同的项目设计与实施方案会有不同的项目成本,在项目成本估算中人们必须努力给出不同项目设计与实施方案成本估算,并通过这种项目成本估算努力选择最优的项目设计和实施方案。

项目成本估算所给出的结果一般都要用某种货币单位表述(如本币、美元、欧元、日元等),有时也可采用其他计量单位,如人工工时数或工日,以消除通货膨胀的影响,便于成本比较(包括同一项目不同方案和不同项目的比较)。

7.2.2　项目成本构成及影响因素

项目成本是项目形成过程所耗用的各种费用的总和,通常由一系列的项目成本细目构成,主要的项目成本细目包括以下几个方面:

(1) 项目定义与决策工作成本。这是每个项目都必须要经历的一个项目阶段,其好坏对项目设计与实施和项目建成后的经济效益与社会效益都会产生十分重要的影响。为了科学地定义和决策一个项目,在这一阶段要进行各种调查研究、收集信息和可行性研究的工作,最终做出项目的抉择。这些工作都需要耗用人力和物力资源,这些就构成了项目定义与决策工作的成本。项目定义与决策在很大程度上决定了项目的成败,所以这部分成本或投入不足一定会造成项目"先天不足",会使整个项目遭受不必要的损失。

(2) 项目设计与计划工作成本。项目做出决策之后就可进入设计与计划阶段了,任何一个项目都要开展项目的设计和计划工作,只是不同项目的设计与计划工作内容不同而已。例如,建设项目就需要开展项目的初步设计、技术设计和施工图设计工作,同时还需要开展项目集成计划和项目时间、成本、质量、范围和风险应对等方面的专项计划工作。这些项目的设计与计划工作同样会发生成本。项目设计与计划工作在很大程度上决定了项目的质量和最终绩效,如果这部分成本或投入不足同样会给整个项目造成不可估量的损失或麻烦。

(3) 项目采购与获得的工作成本。这是指项目组织为获得项目所需的各种占用和消耗的资源(包括人力、物料、设备等)而必须开展的询价、选择供应商、承发包和招投标等工作的成本,这部分成本也必须全面计入项目资源的成本之中。

(4) 项目实施与作业成本。在项目实施与作业过程中,为生成项目产出物所耗用的各项资源所构成的成本统一称为项目实施与作业成本。这既包括在项目实施过程中所消耗资源的成本(这些成本以转移价值的形式转到了项目产出物中),也包括项目实施中所占用资源的成本(这些成本以租金等形式出现)。项目实施与作业成本的主要科目包括:项目人工成本(工资、津贴、奖金、保险等全部活劳动成本)、项目设备费用(使用设备、仪器和工具等费用)、项目物料成本(各种原材料的成本)、项目顾问费用(专家技术人员、咨询师或专业顾问的成本)、项目其他费用(不属于上述科目的其他费用)、项目不可预见费(针对意外情况而设立的项目管理储备费用)。这是项目成本的主要组成部分,是项目成本管理和控制的主要对象。

影响项目成本高低的因素有许多,而且不同应用领域中的项目成本影响因素也不同。但是最为重要的项目成本影响因素包括如下几个方面:

(1) 资源数量和价格。狭义的项目成本主要受两个因素的影响,一是项目各项活动消耗与占用资源的数量,二是项目各项活动消耗与占用资源的价格。项目成本管理必须要管理好这两个要素,从而直接降低项目的成本。通常情况下资源消耗与占用数量是一个相对可控的内部要素,而资源价格是一个相对不可控的由外部市场条件决定的外部要素,因而这两个要素中资源消耗与占用数量是第一位的,资源价格是第二位的。

(2) 项目活动时间。项目实施中各项活动消耗或占用的资源都是在一定的时刻或时期中发生的,项目成本与这些资源的使用和占用时间直接相关并相互影响。其根本原因是项目所消耗的资金、设备和各种资源都具有自己的时间价值。项目消耗或占用资源可以看成是对货币资金的占用,其时间价值的表现为应付利息,这既是构成项目成本的科目之一,也是项目成本的影响因素之一。

(3) 项目要求质量。项目的实现过程是项目质量的形成过程,在这一过程中为达到项目质量要求人们需要开展两方面的工作,一是项目质量检验与保障工作,二是项目质量失败的补救工作。这两项工作都要消耗资源,从而都会产生项目的质量成本。项目质量要求越高,项目质量工作的成本就越高,项目总成本也就越高。因此项目质量要求也是项目成本的直接影响因素之一。

(4) 项目范围大小。任何项目的成本的多少最主要是取决于项目的范围,即项目究竟要做多少事情和做到什么程度。项目范围越大则做的事情越多,所以项目成本会越高。项目所需完成的任务越复杂则消耗资源越多,项目的成本也就会越高。

综上所述,在项目成本管理中必须对项目资源耗用、价格、项目时间、质量和范围等要素进行集成管理与控制。如果仅对项目成本进行单个要素的管理和控制,将无法实现项目成本管理的目标。

7.2.3　项目成本估算的依据和方法

项目成本估算的依据涉及很多方面,项目成本估算方法也有很多不同种类,图 7.2 给出了估算成本的流程示意。

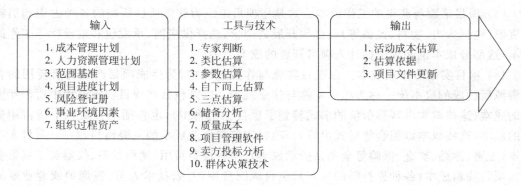

图 7.2　项目成本估算

项目成本估算的依据通常包括如下几个方面:

(1)项目已有的计划工作信息,这包括成本管理计划、人力资源管理计划、范围基准、项目进度计划等。

(2)估算所需的各种信息。这包括项目所需资源的种类、租赁、数量和投入时间等方面的信息,项目具体活动所需资源的信息,项目所需各种资源的价格信息(包括项目所需资源的市场价格信息和未来发展变化的趋势信息),项目所需人力资源估算和雇用方面的信息,项目各种已识别风险的相关信息,项目的事业环境因素信息,组织的过程资产信息,社会化的商业数据库的信息以及各种历史项目的信息与参考资料等。

另外,项目团队的知识和经验以及项目的教训等也是项目成本估算中使用的信息。

项目成本估算的方法主要有专家判断、类比估算、参数估算、工料清单法、标准定额法、统计资料法和软件工具法等。这些又可以分成相对粗略的自上而下项目成本估算方法和相对精确的自下而上项目成本估算方法。

(1)专家判断。基于历史信息,专家判断可以对项目环境及以往类似项目的信息提供有价值的见解。专家判断还可以对是否联合使用多种估算方法,以及如何协调方法之间的差异做出决定。

(2)类比估算。这是在项目成本估算精确度要求不高的情况下,通过比照已完成的类似项目实际成本估算出新项目成本的一种方法,以过去类似项目的参数值(如范围、成本、预算和持续时间等)或规模指标(如尺寸、重量和复杂性等)为基础,来估算当前项目的同类参数或指标,是自上而下的方法。在估算成本时,以过去类似项目的实际成本为依据,来估算当前项目的成本。这是一种粗略的估算方法,有时需要根据项目复杂性方面的已知差异进行调整。这种估算是基于实际经验和数据的,具有较好的可信度。但是这种估算的精确度不高,一般在±30%。在项目详细信息不足时,例如在项目的早期阶段,就经常使用这种技术来估算成本数值。该方法综合利用历史信息和专家判断。

(3) 参数估算。这也叫参数模型法,它是利用项目特性参数建立数学模型来估算项目成本的方法。例如,火力发电厂以装机容量 kW 作为参数,民用项目可以使用每平方米单价等作为参数估算项目的成本。该方法不考虑项目成本细节,估算快速并易于使用,所需输入信息不多,其准确性在经过模型校验后能够达到一定的精确度,在±20%。

(4) 自下而上估算。自下而上估算是对工作组成部分进行估算的一种方法。首先对单个工作包或活动的成本进行最具体、细致的估算,然后把这些细节性成本向上汇总或"滚动"到更高层次,用于后续报告和跟踪。自下而上估算的准确性及其本身所需的成本,通常取决于单个活动或工作包的规模和复杂程度。

(5) 三点估算。通过考虑估算中的不确定性与风险,使用三种估算值来界定活动成本的近似区间:最可能成本 C_M。对所需进行的工作和相关费用进行比较现实的估算,所得到的活动成本;最乐观成本 C_O。基于活动的最好情况,所得到的活动成本;最悲观成本 C_P。基于活动的最差情况,所得到的活动成本。

基于活动成本在三种估算值区间内的假定分布情况,使用公式来计算预期成本 C_E。基于三角分布和贝塔分布的两个常用公式如下:

三角分布:
$$C_E = (C_O + C_M + C_P)/3 \tag{7-3}$$

贝塔分布:
$$C_E = (C_O + 4C_M + C_P)/6 \tag{7-4}$$

(6) 储备分析。为应对成本的不确定性,成本估算中可以包括应急储备。应急储备是包含在成本基准内的一部分预算,用来应对已经接受的已识别风险,以及已经制定应急或减轻措施的已识别风险。应急储备通常是预算的一部分,用来应对那些会影响项目的"known unknowns 已知的未知情况"风险。例如,可以预知有些项目可交付成果需要返工,却不知道返工的工作量是多少。可以预留应急储备来应对这些未知数量的返工工作。可以为某个具体活动建立应急储备,也可以为整个项目建立应急储备,还可以同时建立。应急储备可取成本估算值的某一百分比、某个固定值,或者通过定量分析来确定。随着项目信息越来越明确,可以动用、减少或取消应急储备。

(7) 质量成本。质量成本是指一致性工作和非一致性工作的总成本。一致性工作是为预防工作出错而做的附加努力,非一致性工作是为纠正已经出现的错误而做的附加努力。质量工作的成本在可交付成果的整个生命周期中都可能发生。例如,项目团队的决策会影响到已完工的可交付成果的运营成本。项目结束后,也可能因产品退货、保修索赔、产品召回而发生"后项目质量成本"。由于项目的临时性及降低后项目质量成本所带来的潜在利益,发起组织可能选择对产品质量改进进行投资。这些投资通常用在一致性工作方面,以预防缺陷或检查出不合格单元来降低缺陷成本。

(8) 项目管理软件。项目管理应用软件、电子表单、模拟和统计工具等,可用来辅助成本估算。这些工具能简化某些成本估算技术的使用,使人们能快速考虑多种成本估算方案。

(9) 卖方投标分析。在成本估算过程中,可能需要根据合格卖方的投标情况,分析项目成本。在用竞争性招标选择卖方的项目中,项目团队需要开展额外的成本估算工作,以便审查各项可交付成果的价格,并计算出组成项目最终总成本的各分项成本。

(10) 群体决策技术。基于团队的方法(如头脑风暴、德尔菲技术或名义小组技术)可以调动团队成员的参与,以提高估算的准确度,并提高对估算结果的责任感。选择一组与技术工作密切相关的人员参与估算过程,可以获取额外的信息,得到更准确的估算。另外,让成员亲自参与估算,能够提高他们对实现估算的责任感。

7.2.4　项目成本估算的结果

项目成本估算的结果主要包括:

(1) 项目成本估算书。项目成本估算书是对完成项目所需费用的估计和计划安排,需要对完成项目活动所需资源、资源成本和数量进行必要的说明,这包括对项目所需人工、物料、设备和其他科目成本估算的全面描述和说明。另外,这一文件还要全面说明和描述项目的不可预见费等方面的内容。项目成本估算书中的主要指标是价值量指标,为了便于项目绩效考核,也需要使用其他的一些数量指标对项目成本进行描述。例如,它也需要使用劳动量指标(工时或工日)或实物量指标(吨、千克、米等)等,以便开展项目成本的控制。

(2) 相关支持细节文件。这是对项目成本估算文件依据和所考虑细节的说明文件,一般作为项目成本估算书的附件使用。文件的主要内容包括:①项目范围的描述,因为项目范围是直接影响项目成本的关键因素;②项目成本估算的基础和依据文件,这包括制定项目成本估算的各种依据文件、成本估算方法的说明以及所参照国家规定的说明等;③项目成本估算的各种假定条件说明,这包括在项目成本估算中所假定的各种项目实施效率、项目所需资源价格水平、项目资源消耗的定额估计等;④项目成本估算可能出现的变动范围的说明,这包括在各种项目成本估算假设条件和基础与依据发生变化后,项目成本可能会发生何种以及多大变化的说明。

(3) 项目成本管理计划。这是关于如何管理和控制项目成本以及项目成本变更的说明文件。项目成本管理计划文件可繁可简,具体取决于项目规模和项目管理工作的需要。项目开始实施后可能会发生各种无法预见的情况,从而危及项目成本目标的实现(例如某原材料的价格高于最初估计成本的价格)。为应对各种意外情况,人们就需要计划安排好各种可能需要的应急措施从而控制项目实施中可能出现的成本变动和变更。

(4) 成本变更的请求。项目成本估算的过程也是一个不断细化的过程,在这个过程中会出现各种影响项目成本管理计划、项目活动资源要求和项目集成计划的情况,此时就会出现项目成本的变更请求。项目成本的变更请求必须通过一定的程序进行审批,申请一旦通过了审批,管理人员就必须对项目成本估算和预算进行必要的调整和更新。

7.3　项目成本预算

7.3.1　项目成本预算概念和依据

项目成本估算完成以后,还需要在估算的基础上进行项目成本预算制定,成本预算制定是汇总所有单个活动或工作包的估算成本,建立一个经批准的成本基准的过程,它涉及项目活动成本预算、项目工作成本预算和项目总预算等方面内容。

项目成本预算是项目成本的多少和投入时间的计划安排。项目成本预算的制定会有两种不同的情况,①当项目由业主组织自行实施时,需要根据项目成本估算等方面的信息为项目各项具体活动确定预算或额度以及确定整个项目的总预算;②当项目由专门的承包商组织实施时,会存在承包商的预算和项目业主的预算,包括为项目各具体活动确定预算以及确定整个项目总预算。

项目成本预算工作的具体内容包括:根据项目成本估算信息以及项目承发包过程等为项目各项具体工作或活动确定预算,然后汇总确定项目总的预算,以及制定项目成本控制标准(或基线)和确定项目不可预见费等。项目成本预算书是项目成本的计划安排,必须留有一定的裕度,因此一定要有相应比例的项目成本管理储备(包括项目不可预见费等)以备不时之需。

编制项目成本预算的主要依据包括如下几个方面:

(1)项目成本估算文件或项目合同造价。项目成本估算文件是在项目成本估算工作中所形成的结果文件,项目合同造价是在项目有专门的承发包时的合同价格。在项目成本预算工作中,项目各项工作与活动的预算主要是依据这些文件制定的。

(2)项目工作结构分解结构 WBS 和项目活动清单。这是在项目范围界定和确认或者是在项目活动分解与界定中生成的项目工作分解结构文件和项目活动清单文件。在项目成本预算工作中要依据这些文件分析和确定项目各项工作与活动的成本预算。

(3)项目进度计划。这是一种有关项目各项工作起始与终结时间的文件,依据它可以安排项目成本预算(资金)的投入时间。项目进度计划通常是项目业主/客户与项目组织共同商定的,它规定了项目工作与活动必须完成的时间和所需资源,所以是项目预算编制的依据之一。

(4)其他项目计划文件和资源日历。在编制项目成本预算时还应考虑项目集成计划、项目成本管理计划和其他各种项目专项计划等项目计划文件。另外,项目资源日历也是制定项目成本预算的重要依据,需要根据这些方面的信息编制项目预算书。

(5)其他方面的信息。这包括项目各种已识别风险的相关信息、项目的事业环境因素信息、组织的过程资产信息(尤其是组织的项目成本预算政策和规定以及项目成本预算平台或模板等)、社会化的商业数据库信息以及各种社会化的统计资料和信息等。另外,项目管理团队的各种知识和经验以及项目本身的教训等也都是项目成本估算中可供使用的信息。

7.3.2　项目成本预算的内容和方法

项目成本预算是按时间分布给出的项目成本的计划,是项目成本控制的目标和基线。其编制结果是一种呈"S"曲线的项目成本基线,(图 7.3)。由图 7.3 可以看出,项目的成本预算包括两个因素:一是项目成本预算额的多少;二是项目预算的投入时间。需要特别注意的是,项目成本预算并不是越低越好,因为这会造成因预算过低而出现偷工减料的现象,从而使项目质量下降。

项目成本预算编制主要有如下工作:

(1)确定项目预算的风险储备。根据项目风险方面的信息和项目估算信息,制定项目不可预见费和项目管理储备等方面的预算额度,以便确定项目成本的总预算。

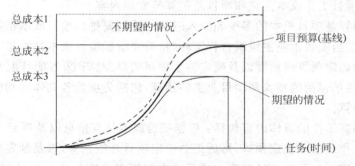

图 7.3　项目成本预算的"S"曲线图

（2）确定项目总预算。根据项目成本估算、项目不可预见费和项目管理储备等各种信息，按照"留有余地"的指导思想，确定项目总预算并且将其作为确定项目各项工作和活动预算的依据。

（3）确定项目工作包的预算。根据项目总预算、项目不可预见费以及项目各工作包的不确定性情况，分析和确定项目工作分解结构中的各个工作包的成本预算。这是一种自上而下确定项目工作包预算的方法。

（4）确定项目各活动的预算。根据项目工作包预算、项目不可预见费以及项目工作包中各项活动不确定性情况，分析和确定项目工作包中各项具体活动的成本预算。

（5）确定各项活动预算投入时间。根据项目、项目工作包、项目具体活动的预算以及项目进度安排，确定项目各项具体活动预算的投入时间，从而给出项目具体活动预算的具体投入时间和累计的项目预算成本。

（6）确定项目预算的"S"曲线。根据项目各具体活动的预算额、投入时间以及项目进度计划和项目预算的累计数据，画出项目成本预算的"S"曲线（图 7.3）。

由于影响项目成本预算的因素很多，所以项目成本预算的方法有很多种。在项目成本管理中主要的项目成本预算方法包括以下几种：

（1）常规的项目预算方法。最常用的是常规财务成本预算的方法，这种方法多数适合有承发包的业务项目预算，它使用企业财务预算的科目作为项目成本预算的科目，使用项目成本估算的信息作为基本信息，按照项目预算成本科目汇总项目估算信息和项目不可预见费，编制项目成本预算书。表 7-1 给出了这种方法的示意，由表中可以看出这种项目预算共有三级科目：人工费和非人工费构成第一级科目，其下面还有两级预算科目。这是一份项目承包商预算的示意表，项目业主也可在此基础上做出自己的项目成本预算书。

表 7-1　项目的三级科目财务预算方法　　　　　　　　　　　（单位：元）

科目	名称	描述	单位	数量	估算成本（B）	预算成本（A）
一级 1	非人工费	全部非人工数			3049358.00	3055189.00
二级 1.1	本厂硬件	自制硬件费			313053.00	314426.00
三级 1.1.1	硬件 1				0	0
三级 1.1.2	硬件 2				316053.00	314426.00
二级 1.22.2	本厂软件	自制软件费			89839.00	89839.00
三级 1.2.1	软件 1				89839.00	89839.00

续表

科目	名称	描述	单位	数量	估算成本（B）	预算成本（A）
三级 1.2.2	软件 2				0	0
二级 1.3	外购	外购配件费			123063.00	123063.00
三级 1.3.1	外购件 1				46781.00	46781.00
三级 1.3.2	外购件 2				7488.00	7488.00
三级 1.3.3	外购件 3				68794.00	68794.00
二级 1.4	物流费	物流服务费			5000.00	5000.00
三级 1.4.1	物流费 1				2500.00	2500.00
三级 1.4.2	物流费 2				2500.00	2500.00
三级 1.4.3	物流费 3				0	0
⋮	⋮	⋮	⋮	⋮	⋮	⋮
二级 1.8	担保费	担保造成费用			8848.31	8819.71
三级 1.8.1	担保费 1				3259.95	3259.95
三级 1.8.2	担保费 2				5588.36	5559.76
二级 1.9	财务费	垫款造成费用			2049.17	14204.20
三级 1.9.1	财务费 1				2049.17	1944.20
三级 1.9.2	财务费 2				11260.00	12260.00
三级 1.9.3	财务费 3				0	0
二级 1.10	其他	其他无法分类			0	0
三级 1.10.1	其他费 1				0	0
三级 1.10.2	其他费 2				0	0
一级 2	人工费	全部人工费用			59806.36	74167.74
二级 2.1	项目管理	管理人工费用			15182.45	16970.03
三级 2.1.1	管理费 1				10240.96	10632.27
三级 2.1.2	管理费 2				4650.13	4616.79
三级 2.1.3	管理费 3				960.00	1000.00
二级 2.2	项目设计	设计人工费用			1331.37	1720.97
三级 2.2.1	设计费 1				8608.95	9789.89
三级 2.2.2	设计费 2				0	0
二级 2.3	分包管理	项目分包佣金			360.00	360.00
三级 2.3.1	佣金 1				0	0
三级 2.3.2	佣金 2				260.00	350.00
二级 2.4	项目实施	实施人工费用			1600.00	1600.00
三级 2.4.1	实施费 1				0	0
三级 2.4.2	实施费 2				1600.00	1600.00
总成本					3109164.36	3129356.74
毛利润					2533968.95	2659953.23
毛利率					8.15%	8.50%
总 计					5643133.31	5789309.97

（2）专门的项目预算方法。项目预算的方法也包括各种项目成本预算的专用方法，甚至可以直接使用项目成本估算的方法。项目成本预算的不同方法适用于不同的项目和项目情况，此处介绍一种利用甘特图进行项目预算计划编制的方法。甘特图原本是一种项目进

度计划的方法,但是它也可用来编制项目预算。由于甘特图简单明了、直观和易于编制,因此常用它作为综合性的项目成本和进度计划方法,图7.4就是一个带预算的项目进度计划的甘特图。

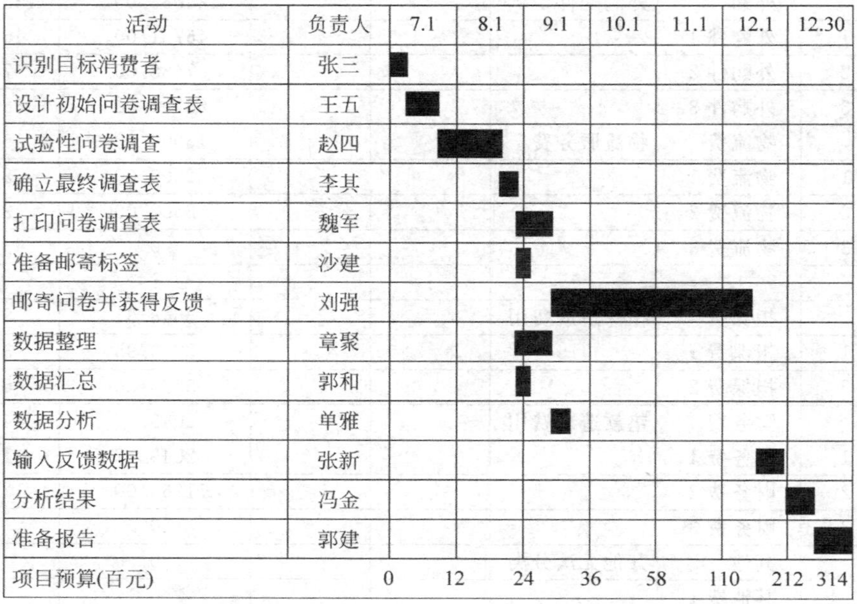

活动	负责人	7.1	8.1	9.1	10.1	11.1	12.1	12.30
识别目标消费者	张三							
设计初始问卷调查表	王五							
试验性问卷调查	赵四							
确立最终调查表	李其							
打印问卷调查表	魏军							
准备邮寄标签	沙建							
邮寄问卷并获得反馈	刘强							
数据整理	章聚							
数据汇总	郭和							
数据分析	单雅							
输入反馈数据	张新							
分析结果	冯金							
准备报告	郭建							
项目预算(百元)		0 12	24	36	58	110	212	314

图 7.4 带预算的消费者市场研究项目甘特图

(3) 项目成本预算中的其他方法。在项目预算中还需要使用一些其他的方法,这主要包括项目管理储备计算方法、项目成本聚合法和资源限制平衡法等,具体分述如下:

(a) 项目管理储备的计算方法。项目管理储备是在项目预算中为应对各种非计划性但是又可能发生的项目变更需要的一种储备,这是针对项目的那些"未知的未知"(unknown unknowns)情况所做的预算储备,这种项目预算储备只有在实际发生了"未知"情况时才能获准使用。项目管理储备不是项目预算基线的组成部分,但却应该包括在项目成本预算之中。项目管理储备不分配到项目预算的"S"曲线中,也不用于项目挣值的计算和分析。项目管理储备不同于项目成本预算中的不可预见费,项目不可预见费是用来对付各种"已知的未知"(known unknowns),所以它属于项目预算基线的构成部分。项目管理储备的预算方法是独特的,属于项目风险性成本分析和确定方法。

(b) 项目成本聚合法。项目成本的预算也可以使用按照项目活动到项目工作包再到项目产出物这样的自下而上的汇总和聚合的方法得到,这种方法的优点是便于按照项目各个工作包或项目产出物的分解制定项目预算和开展承发包以及项目成本的控制。

(c) 资源限制平衡法。任何项目的预算基线都不是一条真正的"S"曲线,因为有的项目阶段的费用会很大,而有的阶段发生的费用小,所以在预算中还需要努力平衡这两种情况,使项目不会出现忽高忽低的项目成本情况的方法。

(d) 历史关系法。有关变量之间可能存在一些可据以进行参数估算或类比估算的历史关系。可以基于这些历史关系,利用项目特征(参数)来建立数学模型,预测项目总成本。

7.3.3　项目成本预算的结果

项目成本预算工作的主要结果一般包括如下几个方面：

（1）成本基准。成本基准是经过批准的、按时间段分配的项目预算，只有通过正式的变更控制程序才能变更，用作与实际结果进行比较的依据。成本基准是不同进度活动经批准的预算的总和。

项目预算和成本基准的各个组成部分，如图 7.5 所示。先汇总各项目活动的成本估算及其应急储备，得到相关工作包的成本。然后汇总各工作包的成本估算及其应急储备，得到控制账户的成本。再汇总各控制账户的成本，得到成本基准。由于成本基准中的成本估算与进度活动直接关联，因此就可按时间段分配成本基准，得到一条 S 曲线，如图 7.6 所示。最后，在成本基准之上增加管理储备，得到项目预算。当出现有必要动用管理储备的变更时，则应该在获得变更控制过程的批准之后，把适量的管理储备移入成本基准中。

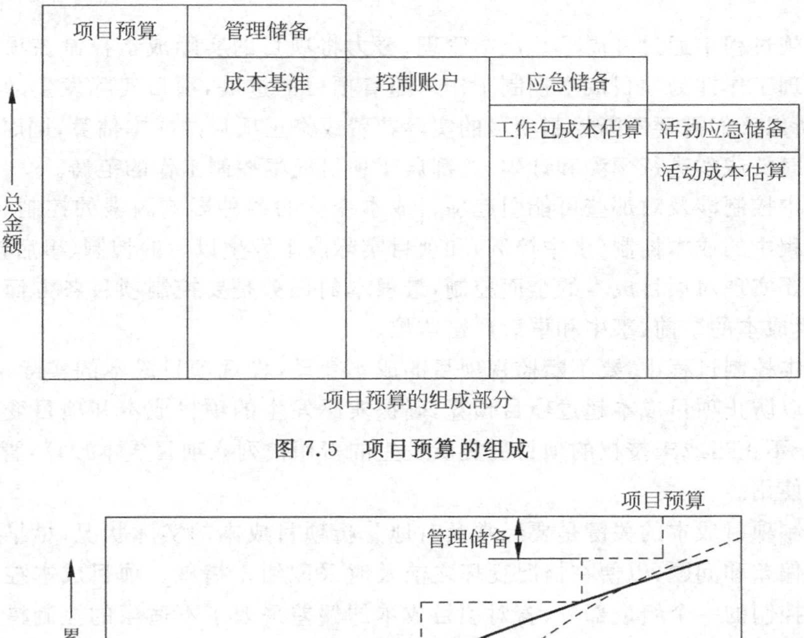

项目预算	管理储备			
	成本基准	控制账户	应急储备	
			工作包成本估算	活动应急储备
				活动成本估算

总金额 →

项目预算的组成部分

图 7.5　项目预算的组成

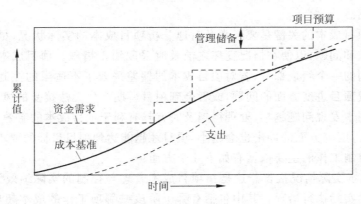

图 7.6　成本基准、支出与资金需求

（2）项目资金需求计划与安排。这包括项目总的筹资和各个时段的筹资要求和计划安排，它是根据项目预算结果给出的。通常每个阶段的筹资都应该给出一定的裕量以备出现各种预付款、提前结算和超支的情况，项目总筹资的数额应该是项目总成本加上项目管理储备。项目筹资工作一般都是间断性和不断增加的，一定比例的项目管理储备可以按照逐步增加的方式包括在每一笔筹资之中,这部分资金何时筹措取决于项目业主的财务管理政策。

（3）项目估算等文件的更新。在项目成本预算过程中会发现以前的项目成本估算和项目进度、范围以及集成计划等都存在一些问题而需要更新或修订,这样就会产生出更新后的项目成本估算书、项目成本管理计划或项目集成计划以及其他的项目文件的更新或修订版,这也是项目预算的结果之一。

7.4 项目成本控制

控制成本是监督项目状态,以更新项目成本、管理成本基准变更的过程。完成项目成本估算和预算之后,就可以根据项目成本预算开展项目实施和成本控制工作,努力实现项目成本最小化。

7.4.1 项目成本控制的概念和依据

项目实施过程中通过开展项目成本管理,努力将项目的实际成本控制在项目预算范围内的一项管理工作即为项目成本控制工作。随着项目的进展,项目实际发生的成本会不断发生变化,所以人们需要不断控制项目的实际花费或修正项目的成本估算,同时还需要对项目最终完工时的成本进行预测和计划,这都属于项目成本控制工作的范畴。

项目成本控制涉及对那些可能引起项目成本变化的各种影响因素的控制(事前控制)、项目实施过程中的成本控制(事中控制)和项目实际成本发生以后的控制(事后控制)三个方面的工作。要实现对项目成本的全面控制,最根本的任务是要控制项目各方面的变动和变更,以及项目成本的事前、事中和事后严密监控。

项目成本控制过程中,要不断监视项目的成本变动,发现项目成本的实际偏差,采取各种纠偏措施以防止项目成本超过项目预算,确保实际发生的项目成本和项目变更都能够有据可查,防止不正当或未授权的项目变更所发生的费用被列入项目成本预算,管理好项目不可预见费的使用。

有效控制项目成本的关键是要经常及时地分析项目成本的实际状况,尽早地发现项目成本出现的偏差和问题,以便在情况变坏之前及时采取纠正措施。项目成本控制属于项目集成管理与控制的一个组成部分,若对项目成本的偏差采取了不适当的控制措施就很可能造成项目质量或项目进度方面的问题,或者会到项目后期产生无法接受的风险损失。总之,在项目成本控制中发现问题越早,处理得越及时就越有利于项目成本的有效控制,而且对项目范围、质量和进度等方面的冲击也会越小,项目才越能达到项目目标的要求。

项目成本控制工作的主要依据有如下几个方面:

（1）项目成本实际情况报告。这是指项目成本管理与控制的实际绩效评价报告,它反映了项目预算的实际执行情况。其中包括有哪个阶段或哪项工作的成本超出了预算、究竟问题出在何处等。这种报告通常要给出项目成本预算额、实际额和差异额,其中的差异额是评价、考核项目成本控制绩效的重要信息。它必须具有准确性、及时性和适用性,因为它是项目成本控制的工作成果和后续依据。

（2）项目各种变更请求。项目变更请求既可以是项目业主/客户提出的,也可以是项目实施者(承包商)或其他方面提出的。任何项目的变更都会造成项目成本的变动,所以在项目实施过程中提出的任何变更都必须经过审批同意。如果未经过同意擅自变更而导致项目成本上升,那么很可能会出现虽然做了项目变更但收不到索赔付款的情况,甚至会造成各种不必要的项目合同纠纷。

(3)项目成本管理计划。这是关于如何管理和控制项目成本的计划文件,是项目成本控制工作的指导文件。它所给出的内容包括:项目成本事前控制的计划和安排、项目成本控制的具体措施和办法、项目成本控制的应急措施以及项目成本控制的具体责任等。

7.4.2　项目成本控制的方法和结果

项目成本控制具有自己的理论和方法,下面分别进行介绍。

项目成本控制的基本理论有两个方面:一是项目成本控制的关键在于对项目不确定性成本的控制;二是项目成本的控制必须从消减项目无效和低效活动及改进项目活动方法入手。只有从这两方面入手,才能真正对项目成本进行有效的控制。

(1)项目不确定性成本的控制。项目成本的变动主要是不确定性成本的发展变化,所以项目成本控制的根本对象是项目的不确定性成本。由于各种不确定性因素的存在和它们对项目成本的影响,使得项目成本一般都会有三种不同的成分。其一是确定性成本,人们知道这部分成本一定会发生并且知道具体数额;其二是风险性成本,对此人们只知道它可能发生和它发生的概率大小与分布情况;其三是完全不确定性成本,对此人们既不知道它是否会发生,也不知道它发生的概率和分布情况。这三类项目成本构成了一个项目总的成本,后两种项目成本必须控制,因为它是会发展变化的,而确定性成本已经确定,所以控制与不控制都是确定性的了。

项目不确定性成本的变动主要表现在三个方面,一是项目活动本身的不确定性,二是项目活动的规模及其消耗和占用资源情况的不确定性,三是项目所要消耗和占用资源价格的不确定性。这些特性以及对其的控制与管理介绍如下:

(a)项目活动本身的不确定性。这是指在项目实施中某项目活动可能会发生或不发生,例如,出现雨天时项目的室外施工就要停止且需要组织排水,如果不下雨就不需要停工和排水。由于是否下雨是不确定的,所以停工和排水活动就是不确定的。虽然人们安排项目实施计划时有气象资料作为参考,但是气象资料给出的只是降水概率而不是确定性结论。这种项目活动的不确定性会直接转化成项目成本的不确定性,这是导致项目成本不确定性的根本原因之一。这种不确定性成本是无法消除的,对它的控制主要是依靠对项目不可预见费的合理使用。

(b)项目活动规模的不确定性。这是指在项目实施中由于某些活动规模的不确定性以及由此造成的消耗与占用资源引发的项目成本的不确定性,如在建设项目地基挖掘过程中如果实际地质情况与地质勘查资料不一致,则地基挖掘工作量就会发生变化,从而消耗与占用资源的数量也会变化。虽然人们在确定地基挖掘工作量时有地质勘探资料作为依据,但是地质勘探调查是一种抽样调查,这种调查结果只在一定置信区间内是相对可信的资料,所以存在着不确定性。项目活动规模的不确定性也会直接转化为项目成本的不确定性,也是造成项目成本不确定性的主要根源之一。这种项目成本的不确定性同样是很难预测和消除的,所以也需要使用项目不可预见费甚至项目管理储备作为主要的控制手段。

(c)项目活动耗资和占用资源价格的不确定性。这是指在项目实现过程中有些项目活动消耗和占用资源的价格会发生异常波动和变化(通货膨胀和可预测的价格变化不属于这一范畴)。例如,由于汇率短期内大幅变化所形成的进口设备价格波动就属于这一范畴。同样,人们虽然可以对项目实现活动消耗与占用资源的价格进行种种预测,但是通常这种预测结果本身就包含相对的不确定性,所以项目具体活动消耗与占用资源的价格也是不确定性的。这同样会直接形成项目成本的变化,所以它也是项目成本不确定性的主要根源之一。对这种项目不确定性成本的控制多数也是需要使用项目不可预见费等项目成本控制的方法。

实际上项目的不确定性成本都会随着项目实施的展开而从最初的完全不确定性成本逐步地转变成为风险性成本,然后转变成确定性成本。因为随着项目的逐步实施,各种完全不确定的事物(unknown unknowns)和条件将逐步转化为风险性的(known unknowns),然后风险性事件会再进一步转化成确定性事件。换句话说,随着项目的发展各种事件的发生概率会逐步向确定的方向转化。当项目完成时一切都是确定的,最终完全确定的项目成本也就形成。因此,项目成本控制必须控制项目确定性、风险性和完全不确定性三类性质的成本,必须从对项目不确定性活动的控制出发去控制这些风险性项目成本。因此在项目成本控制中首先要识别项目具有的各种不确定性并确定出它们的不确定性成本情况,然后要通过对不确定性事件的控制去直接地控制项目不确定性成本。同时,还要安排好项目不可预见费和项目管理储备,以便应对各种项目的不确定性成本。

(2)项目活动及其方法的改进。项目成本控制的另一个主要理论是"基于活动的管理"理论,这种理论认为任何项目成本都是由于开展项目活动而消耗或占用资源造成的,所以努力消减项目的无效活动和积极改进项目低效活动的方法是项目成本控制的根本出路。这种理论认为,项目成本管理的直接对象并不是项目成本本身,而是项目的活动和活动方法;项目成本的管理方法并不是项目成本算账和付款等,而是减少项目活动的资源消耗与占用。

项目成本控制的基本方法包括两类:一类是分析和预测项目成本及其他要素发展变化的方法;另一类是控制项目成本和各种要素发展变化的方法。这两个方面的具体方法构成了一套项目成本控制的方法,这套方法的主要内容有如下几种:

(a)项目变更控制体系的方法。这是指通过建立和使用项目变更控制体系对项目成本进行有效控制的方法,包括从提出项目变更请求到变更请求获得批准,一直到最终修订项目成本预算的项目变更的全过程控制体系。项目变更就是对项目计划的修订,但最初的项目计划如果存在不足或问题就必须进行变更,项目变更是项目成本控制的主要对象和关键。通常有两种方法可用于解决项目变更问题:其一是科学规避的方法,即在项目定义与决策及设计与计划阶段,努力真正了解和正确确定项目的要求和目标,然后通过跟踪评审和有效沟通与及时反馈等方法努力避免项目发生变更或返工而规避项目变更带来的成本变动;其二是积极控制的方法,即通过建立严格的项目变更控制系统和流程对各种项目变更请求进行有效评估以及优化优选,从而使项目变更能够做到成本最小化和项目利益的最大化。

(b)项目成本实际情况度量的方法。这是指项目实际成本完成情况的度量方法,在现代项目成本管理中引入的"挣值"度量方法是非常有价值的一种项目成本和工期绩效集成控制的方法。这种方法的基本思想就是通过引进一个中间变量即"挣值"(Earned value)以帮助项目成本管理者分析项目的成本和项目工期变化,并给出相应的信息,从而使人们能够对项目成本的实际情况和未来发展趋势做出科学的预测与判断。

（c）预测和附加计划法。预测法是指根据已知项目信息和知识对项目将来的成本状况做出估算和预测，根据项目实施的绩效信息预测项目成本、项目进度、项目完工时的成本估算等。附加计划法是通过新增预算的办法对项目成本进行有效的控制，所谓附加计划法就是在出现意外情况时项目管理者可以使用应付紧急情况的项目管理储备资金的方法。如果没有这种方法就可能造成因项目实际与计划不符而形成项目成本无法管理而失控的局面，所以附加计划法是未雨绸缪、防患于未然的项目成本控制方法之一。

（d）计算机软件工具法。这是一种使用项目成本控制软件来控制项目成本的方法，利用项目成本控制软件可以进行的工作有：生成项目活动的预计工期，建立项目活动之间的相互依存关系，处理特定的项目约束条件，监控和预测项目成本的发展变化，发现项目成本管理中的矛盾和问题，根据不同要求生成不同用途的项目成本或工作绩效报告，对项目进度和预算变动迅速做出反应，通过实际成本与预算成本比较分析找出项目存在的问题，进行"挣值"分析等以供项目成本管理人员参考。

开展项目成本控制的直接结果是项目成本的节约和项目经济效益的提高。在这个过程中会输出工作绩效信息、成本预测信息、变更请求信息（预防或纠正措施等）等。间接结果会更新项目成本估算文件、更新项目成本预算文件，更新组织过程资产（应吸取的经验教训、采取的措施及理由等）。

7.5　挣值分析方法

项目成本控制的关键是经常及时分析项目成本的状况，尽早地预测和发现项目成本差异与问题，努力在情况变坏之前采取纠偏措施。为了建立科学的项目成本和工期的集成管理方法，美国国防部组织专家经过多年研究和实践提出了一套项目成本与工期的集成管理方法，最初它被称为项目成本/工期控制系统规范（cost/schedule control system criteria），该方法在1996年向民众开放并更名为挣值管理（earned value management，EVM）。挣值方法的基本思想是运用统计学的原理，通过引进一个中间变量即"挣值"（earned value，EV），来帮助项目管理者分析项目的成本和工期的变动情况并给出相应的信息，以便他们能够对项目成本的发展趋势做出科学的预测与判断，并提出相应的对策。

7.5.1　项目挣值定义

挣值定义为已完成作业量的计划价值的中间变量，是一个使用计划价值量来表示在给定时间内，已完成实际作业量的一个中间变量。这一变量的计算公式为：

$$挣值（EV）＝实际完成的作业量（WP）\times 已完成作业的预算（计划）成本（BC） \quad (7\text{-}5)$$

挣值不仅仅用于成本管理，所有的价值项目，计划与实际比较的，用货币值来表示偏差的都可以用挣值管理，挣值反映的是项目绩效（performance）。

7.5.2　项目挣值绩效分析

项目挣值绩效分析涉及三个变量、三个绝对差异分析和两个相对差异分析。

1. 项目挣值的三个关键变量

(1) 项目计划价值(budgeted cost of work scheduled,BCWS),按照项目预算计划成本(或造价)乘以项目计划工作量而得到的一个项目计划价值(plan value,PV),我国一般称其为"计划投资额",PV 主要反映进度计划应当完成的工作量,可采用如下方法计算:

$$PV = 计划工作量 \times 预算定额 \tag{7-6}$$
$$PV = 某工作预算 \times 检查时预算完成百分比 \tag{7-7}$$

例如:某项目的 X 任务按计划进展到两个月时,应完成工作量的 60%,即 180 工时,X 任务的预算为 24 000 元,每工时 80 元。则,PV=某工作预算×检查时预算完成百分比=24 000×60%=14 400(元);或者,PV=计划工作量×预算定额=180(工时)×80(元/工时)=14 400(元)。

(2) 项目的挣值(budgeted cost of work performed,BCWP),按照项目预算成本乘以项目实际完成工作量而得到的一个项目成本的中间变量(earned value,EV),我国一般称其为"实际投资额",EV 可采用如下方法计算:

$$EV = 已完成工作量 \times 预算定额 \tag{7-8}$$
$$EV = 某工作预算 \times 检查时实际完成百分比 \tag{7-9}$$

例如:上述项目的 X 任务进展到两个月时,应完成工作量的 60%,即 180 工时,X 任务的预算为 24 000 元,每工时 80 元,实际完成的工作量为 50%,即 150 工时,X 任务实际定额每工时 90 元,最终完成费用为 27 000 元。则,EV=某工作预算×检查时实际完成百分比=24 000×50%=12 000(元);或者,EV=实际工作量×预算定额=150(工时)×80(元/工时)=12 000(元)。

(3) 项目实际成本(actual cost of work performed,ACWP),按照项目实际发生成本乘以项目实际已完成工作量而得到的项目成本的实际值(actual cost,AC),我国一般称其为"消耗投资额",AC 主要反映项目执行的实际费用消耗,可采用如下方法计算:

$$ACWP = 实际工作量 \times 实际定额 \tag{7-10}$$
$$ACWP = 某工作实际费用 \times 检查时实际完成百分比 \tag{7-11}$$

例如:上述项目的 X 任务进展到两个月时,实际完成的工作量为 50%,即 150 工时,X 任务实际定额每工时 90 元,最终完成费用为 27 000 元。则,ACWP=某工作实际费用×检查时实际完成百分比=27 000×50%=13 500(元);或者,ACWP=实际工作量×实际定额=150(工时)×90(元/工时)=13 500(元)。

以上三个指标是挣值分析方法中根据不同的项目成本与工期(作业量)指标计算获得的数值,这些指标数值分别反映了项目成本和工期的计划和实际水平。再以某锅炉水冷壁焊接项目为例,其工时计划的甘特图如图 7.7,假设各任务的工时消耗是均匀进行的。在检查点检查时发现工时的实际消耗与预算有出入,如图 7.6 所示。假设工时定额 10 元/人,实际工时费用 12 元/人,计算项目的 PV、EV 和 AC。

计算结果如下:

$$PV(BCWS) = (100 + 150 + 80) \times 10 = 3300(元)$$
$$EV(BCWP) = (100 + 100 + 120 + 16) \times 10 = 3360(元)$$
$$AC(ACWP) = (100 + 100 + 120 + 16) \times 12 = 4032(元)$$

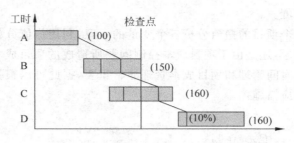

图 7.7 PV、EV 和 AC 计算示例

2. 项目挣值的绩效分析变量

根据项目挣值中的三个关键变量 PV、EV 和 AC,可以计算出如下五个差异分析变量指标。

(1) 项目成本/进度绝对差异(cost schedule variance,CSV),其计算公式如下:

$$CSV = PV - AC = BCWS - ACWP \tag{7-12}$$

CSV 反映了项目计划作业量的预算成本与项目实际已完成作业量的实际成本之间的绝对差异值,这种差异值是由于项目成本从预算值变化到实际值和项目进度从计划作业量变化到实际已完成作业量这两个因素的综合变动造成的。这一指标值为正则表示项目绩效好,反之,则表明项目管理出现了问题。

(2) 项目成本绝对差异(cost variance,CV),计算公式如下:

$$CV = EV - AC = BCWP - ACWP \tag{7-13}$$

CV 反映了项目实际已完成作业量的预算成本与项目实际已完成作业量的实际成本之间的绝对差异。该指标剔除了项目作业量变动的影响,独立反映了项目预算成本和实际成本差异问题对项目成本变动造成的影响。这一指标值为正则表示项目绩效好,反之,则表明项目成本管理方面出现了问题。

(3) 项目进度绝对差异(schedule variance,SV),其计算公式如下:

$$SV = EV - PV = BCWP - BCWS \tag{7-14}$$

SV 反映了项目计划作业量的预算成本与挣值之间的绝对差异,这一指标剔除了项目成本变动的影响,独立地反映了项目计划作业量和实际已完成作业量差异因素对项目成本的影响。这一指标值为正则表示项目绩效好,反之,则表明项目工期管理方面出现了问题。

(4) 项目成本绩效指数(cost performance index,CPI),其计算公式如下:

$$CPI = EV/AC = BCWP/ACWP \tag{7-15}$$

CPI 是项目实际已完成作业量的实际成本与项目实际已完成作业量的预算成本二者的相对差异值,该指标排除了项目实际作业量变化的影响从而度量了项目成本控制工作绩效的情况,它是前面给出的项目成本差异指标的相对数形态。这一指标值大于 1 则好,反之则表明项目成本管理出现了问题。

(5) 项目进度绩效指数(schedule performance index,SPI),其计算公式如下:

$$SPI = EV/PV = BCWP/BCWS \tag{7-16}$$

SPI 是项目挣值与项目计划作业的预算成本的相对差异值,这一指标排除了项目成本变动因素的影响,从而度量了项目实际作业量变动对项目成本的相对影响程度,它是项目进度的相对差异指标。SPI>1 时表示进度提前,SPI<1 时表示延误,SPI=1 时表示检查期间

实际进度等于计划进度。

图 7.8 给出了一个项目的挣值分析各个变量的示意，利用挣值分析能够明确地区分是由于项目工期管理问题，还是由于项目成本控制问题所造成的项目成本差异。这些指标和图示对指导开展项目时间管理和项目成本管理非常重要，据此可以根据项目管理方面的具体原因和后果采取相应措施。

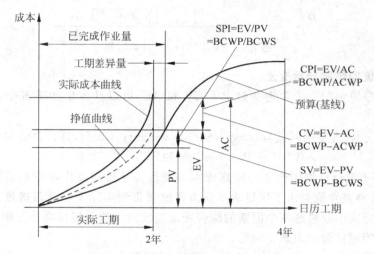

图 7.8　项目成本挣值分析方法的示意图

7.5.3　项目挣值预测分析

挣值管理的一个重要用途是预测未来项目成本的发展变化趋势，从而为项目成本控制和资金筹措指明方向和提供支持。图 7.9 给出了根据项目成本和工期集成管理结果，预测项目成本发展变化的示意。由图 7.9 可以看出，在项目进行到第 2 年时要预测项目完工时的成本和工期情况可以采用不同的方法。

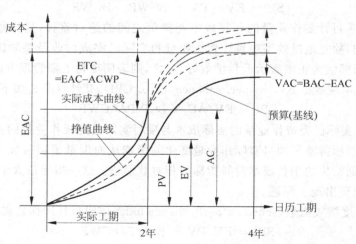

注：VAC，Variance at completion，完工偏差；
　　ETC，Estimate to completion，完工尚需估算。

图 7.9　项目成本挣值分析预测示意图

（1）假定项目未完工部分按目前实际效率进行预测，预算的公式如下：

$$EAC = AC + (BAC - EV)/CPI \tag{7-17}$$

其中，EAC 为完工估算（estimate at completion），AC 为项目实际已发生的成本（项目从开始到现在的成本实际值），BAC 为完工预算（budget at completion）。

（2）假定项目未完工部分按计划效率进行预测，其公式如下：

$$EAC = AC + BAC - EV \tag{7-18}$$

其中，EV 为项目实际发生的挣值，其他同式（7-17）。

（3）假定余下工作是以临界指数效率进行的，即截至目前项目的成本绩效不好，而且项目有进度的强制要求，预测公式如下：

$$EAC = (BAC - EV)/CR + AC = (BAC - EV)/(CPI \times SPI) + AC \tag{7-19}$$

其中，CR 是有 CPI 和 SPI 综合决定的效率指标，CR＝CPI×SPI，当项目进度对于剩余工作成本有影响时，这种预测最有效。

（4）全面重估剩余工作成本的项目总成本，预算公式如下：

$$EAC = AC + ETC \tag{7-20}$$

其中，ETC 为全面重新估算项目剩余工作的成本（estimate to completion）。

在分析整个项目实际成本控制结果的基础上，预测项目成本的发展变化趋势和最终结果，对于项目成本和时间的管理以及项目集成管理是非常有价值的。但是这种预测需要有一定的项目数据积累，一般是在项目已经完成作业量超过项目计划总工作量的 15％ 以上时，做项目成本发展变化和结果的预测才有作用和意义。

第 8 章

能源动力工程项目的招投标与合同

项目成本和进度控制很大程度上依赖于项目的采购活动,项目采购是项目团队从外部采购或获得所需产品、服务或成果的过程,项目组织既可以是项目产品、服务或成果的买方,也可以是卖方。在能源动力工程等领域,招投标和合同管理是采购活动的重要实现形式。本章将以火电工程为背景,介绍招投标活动与合同管理。

8.1 招投标概述

招投标,是招标投标的简称。招标和投标是一种商品交易行为,是交易过程的两个方面。招标投标是一种国际惯例,是商品经济高度发展的产物,是应用技术、经济的方法和市场经济的竞争机制的作用,有组织开展的一种择优成交的方式。这种方式是在货物、工程和服务的采购行为中,招标人通过事先公布的采购要求,吸引众多的投标人按照同等条件进行平等竞争,按照规定程序并组织技术、经济和法律等方面专家对众多的投标人进行综合评审,从中择优选定项目的中标人的行为过程。其实质是以较低的价格获得最优的货物、工程和服务。

8.1.1 招投标意义

招投标活动有利于维护公平竞争的市场经济秩序,有利于鼓励竞争,消除地区封锁和行业保护,促进生产要素在不同地区、行业、企业之间自由流动和组合,促进全国统一市场形成,为招标人择优选择符合要求的勘察企业、设计企业、施工企业、监理企业、材料供应商等供货商、承包商和服务商提供机会(图 8.1)。

图 8.1 招标的意义

执行招投标制度,有助于提高投资决策的科学化和民主化水平,促使企业增强市场意识,改善经营管理,这对于保障国有资金有效使用,提高投资效益具有重要意义。

招投标活动是加强工程质量管理、预防和遏制腐败的重要环节。工程质量是百年大计,直接关系建设项目的成败和广大人民群众的生命、财产安全。我国发生的重大工程质量事故和重大腐败案件,大多与招投标制度执行不力,搞内幕交易、虚假招标有关。严格规范招投标程序,将招投标活动的各个环节置于公开透明的环境,能够有效地约束招投标当事人的行为,从源头上预防和治理腐败,保证项目建设质量。

8.1.2　招投标适用范围

根据《中华人民共和国招标投标法》的规定,在我国境内进行的工程建设项目中,勘察、设计、施工、监理以及与工程建设有关的重要设备、材料等的采购需要进行招标的包括:大型基础设施、公用事业等关系社会公共利益、公众安全的项目,全部或者部分使用国有资金投资或者国家融资的项目,使用国际组织或者外国政府贷款、援助资金的项目。

依据《中华人民共和国招标投标法》,电力等能源项目属于关系社会公共利益、公众安全的基础设施项目,需要招标。具体来讲,下列情况必须招标:施工单项合同估算价在 200 万元以上;重要设备、材料等货物采购,单项合同在 100 万元以上;勘察、设计、监理等服务的采购,单项合同在 50 万元以上的;单项合同估算价低于上述规定,但项目总投资额在 3000 万元以上的。建设项目的勘察、设计,采用特定专利或者专有技术的,经项目主管部门批准,可以不进行招标。

依法必须进行招标的项目,国有资金占主导地位的,应当公开招标。招标投标活动不受地区、部门的限制,不得对潜在投标人实行歧视待遇。根据电网运行与电力工程的具体情况,变电站(包括换流站)的间隔扩建工程,可分别与原设计、施工单位进行议标;对于 220kV 及以下的输变电工程,允许在工程所在的本区域或省范围内进行公开招标;对于 100km 以内的 500kV(含 330kV)输变电工程允许在本区域范围内进行公开招标。

8.1.3　招投标经济效益

实行招标投标制会给项目法人带来显著的经济效益,对保证质量和工期也有好处。以华能集团公司 20 世纪 90 年代末期的 3 个火电工程招标结果为例,通过辅机和施工招标,与概算相比,节约了大量投资,见表 8-1。因此,早在 1995 年,原电力工业部就已将招标作为控制工程造价的主要措施之一。2001—2005 年,招标投标制在我国得到长足发展,招标项目和招标数额大幅度增加,招标额年均增长速度约 40%,通过招标节约的工程建设投资达 10%～15%。

表 8-1　华能火电工程招标结果

工 程 名 称	招 标 内 容	项目数量/个	节约投资/万元
苏州电厂	辅机	49	7631
(2×300MW)	施工	15	16677
井冈山电厂	辅机	89	6635
(2×300MW)	施工	8	18295
德州三期 (2×600MW 级)	施工	5	18000

8.1.4 招投标程序

招投标程序见图 8.2 概括性示意图,以火电工程为例,具体见 8.2 节和 8.3 节。

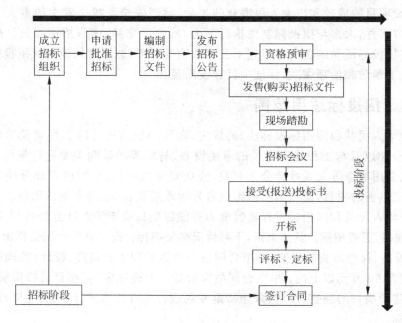

图 8.2 招投标程序

8.2 招标

8.2.1 招标时机及条件

1. 设计招标

(1)火电工程的设计一般应在可研阶段进行一次性招标。中标单位负责完成可行性研究、初步设计、施工图设计和工地代表服务,直至工程竣工的全过程勘测设计工作。其必要条件是初步可行性研究报告已经审查。如可研阶段未招标,在初设前应补充进行招标工作。

(2)输变电工程的设计一般应在初步设计阶段进行一次性招标。中标单位负责完成初步设计、施工图设计和工地代表服务,直至工程竣工的全过程勘测设计工作。

(3)可行性研究工作由电力公司委托的,如果已进行过设计招标,项目法人组成后,可以确认招标结果,由原设计单位负责初步设计及以后的勘测设计工作;未进行过设计招标或不愿确认时,也可以另行组织设计招标。

(4)在可行性研究阶段确定采用总承包方式进行建设的工程,如果原设计单位已进入承包联合体不能再代表项目法人的权益,项目法人宜聘请业主工程师,从可研阶段的后期起参加工作。

2. 主机招标

一般应在可行性研究报告审查,确定主机招标原则以后进行预招标,在提出正式审查意见以前,初步确定中标单位,招标结果作为估算收口的依据,使其额度较为准确。预招标的结果还可填入项目申请报告,待项目核准后,再签订正式合同。

3. 辅机招标

一般分为四个阶段:

(1)主机厂生产或宜于与主机成套供应的辅机和控制设备,可以在主机招标的同时进行招标,具体招标范围可以在审定主机招标原则和编写标书时审定。

(2)采用少数特定型式的设备时,往往选型即相当于选厂,必须先进行初步询价,在初步设计中提出技术经济论证,经审定后再签订订货合同。

(3)主要辅机宜在初步设计审查以后尽快进行招标工作,以便由中标人根据标书要求及时向设计单位提供司令图(含竖向布置的全厂总布置图)设计所需要的资料。招标进度必须与司令图交付进度相协调。

(4)其他不影响司令图设计的辅机和按规定允许不进行招标的辅机可以随后根据需要陆续确定供货商。

4. 施工招标

主要施工单位在工程初步设计(含概算)已经批准,设计深度满足招标要求以后进行,项目法人应该合理安排开工时间和相应的主要施工单位招标时间。

施工单位招标也可分批进行:

(1)必要时施工准备(即"五通一平"单项工程)可以提前招标。

(2)主要施工单位招标宜在司令图设计以前完成,以便设计与施工要求能更好地结合与协调。

(3)其他施工单位可以随后陆续进行招标。

5. 监理招标

宜争取监理单位从初步设计阶段就参加工作,最迟应参加初步设计审核,以实现"小业主、大监理"的要求。

6. 大型设备运输招标

目前主要有两种做法:

(1)在主机招标时,要求报价中包含并单独列出大型设备运输及措施费用,写入主机订货合同。

(2)在主机采购合同签订以后进行。大型设备运输及措施费用包括常规运输费、运输时发生的干扰费、特殊车辆使用费和沿途薄弱部位的加固、处理所需的措施费,前三项主机厂一般可以报价和包干,后一项往往与若干供货厂商有关,比重较大,单个主机厂难以报价和包干。

7. 主要材料招标

主要材料指钢材、木材、水泥电杆、铁塔、保温材料、水塔填料、树脂等,当初步设计(含概算)已经批准,设计深度满足招标要求,已有设计单位确认的符合施工要求的施工图交付进度以后进行。钢材、木材等大宗材料可以分批进行招标。

8.2.2　招标组织

按照项目法人责任制的要求,项目法人(前期为其筹备组)是法定的招标人。

招标人有权自行选择招标代理机构,委托其办理招标事宜,任何单位和个人不得以任何方式为招标人指定招标代理机构。招标人具有编制招标文件和组织评标能力的,可以自行办理招标事宜,任何单位和个人不得强制其委托招标代理机构办理招标事宜,但应就此向有关行政监督部门备案。

项目法人具备以下条件可以自行办理招标事宜:

(1)是依法成立的独立法人。

(2)有开展招标工作的管理人员,除技术管理人员外,经济因素比重大的招标还应有经济管理人员,施工招标还应有法律咨询人员。

(3)有组织编制招标文件的能力。

(4)有审查投标单位资格的能力。

(5)有组织开标、评标、定标的能力。

当项目法人不具备以上条件时,需委托招标代理机构代理招标,招标代理机构依法应具备以下条件:

(1)有从事招标代理业务的营业场所和相应资金。

(2)有能够编制招标文件和组织评标的相应力量。

(3)有符合规定的技术、经济专家库。

项目法人拟委托有资质的单位进行招标代理时,应通过议标或邀请招标等方式进行选择;由他们编制招标文件,协助项目法人编制标底,审查投标单位资质,组织招标、评标、定标等工作;被委托的招标代理机构应实行投标回避制,不得参与代理项目的投标;选定的单位应与项目法人签订合同(协议)。

8.2.3　招标方式

招标方式分为以下三种:

(1)公开招标。招标人以招标公告的方式邀请不特定的法人或其他组织投标。

(2)邀请招标。招标人以投标邀请书的方式邀请3个以上具备承担招标项目能力、资质良好的特定的法人或其他组织投标。

(3)议标。通过一对一协商谈判方式确定中标单位。参加议标的投标单位不应少于2家。有以下特殊情况之一时可采用议标:

(1)国内符合资格要求并愿意参加投标的设计单位少于3家。

(2)特殊单项工程的招标。

(3)公开招标或邀请招标失败后,因时间等原因只能议标的。

(4)招标费用与项目价值相比不值得的。

(5)因其他原因无法采用公开招标及邀请招标的。技术复杂或有特殊要求的设备可以议标;涉及专利保护或受自然地域环境限制,以及采购规格事先难以确定的施工项目也可以议标。

8.2.4　招标申请

在时机与条件成熟,项目法人确定招标组织与方式以后,应按规定向相应的招标管理机构提出申请。以施工招标为例,申请书应包括以下内容:

(1)工程名称。

（2）建设地点。

（3）建设规格。

（4）工程类型。

（5）招标范围及招标方式。

（6）要求投标单位的资质等级。

（7）施工前期准备情况。

（8）招标机构组织情况等。

其他招标的申请书内容大同小异。

8.2.5 编写招标文件

1. 编写原则

（1）招标文件由项目法人或委托招标代理机构组织编写。

（2）招标文件应符合项目的特点和需要，其内容应包括技术要求、对投标人资格审查的标准、投标报价要求和评标标准等所有实质性要求以及拟签订合同的主要条款。

（3）招标文件的编制以上一阶段的设计文件、审批意见以及批准的项目建议书、可行性研究报告书和项目申请报告核准意见为主要依据。

（4）招标文件应参照国家电力公司等颁发的招标文件范本进行编写，以继承已有的最佳实践，保证招标文件质量，满足规范化要求。招标文件的范本也是投标文件的范本，经合同谈判修改后即成为合同及附件。

（5）为体现公平竞争的原则，在对投标人资格审查的标准中，不得以不合理的条件限制或排斥潜在投标人，不得对潜在投标人实行歧视；国家对项目的技术标准有规定的，原则上应执行国家标准，除因工程有特殊需要，不得以过高的或特定的技术标准等内容限制或排斥潜在投标人。

2. 标段划分与确定工期

（1）招标项目需要划分标段、确定工期的，招标人应合理划分标段，确定工期，并在招标文件中载明。

（2）设计招标通常采用一次性招标，中标单位一直做到竣工验收为止，但也有例外，某电厂由于可能采用总承包建设方式，招标文件中规定只招可研设计阶段，初步设计及以后的勘测设计工作将在建设方式确定以后再做决定。但主体设计单位的设计范围可以有所不同，目前，接入系统（包括一次系统与二次系统）、环境影响评价、铁路、码头、厂外公路、供电、通信以及生活区的设计工作，由于专业性较强和受资质限制等原因，往往不在主体设计单位招标工作范围以内单独招标或议标。

（3）火电施工通常均划分为若干标段，多个施工单位在同一工地同时进行施工，以天津市盘山电厂二期工程为例，仅主要施工单位就有北京电力建设公司、天津电力建设公司、铁道部第十八工程局和天津市第六建设公司等单位。

（4）输电距离较远，特别是跨省送电的工程，一般也按长度划分为若干标段，除可开展公平竞争外，还可以集中力量，缩短建设工期。

（5）各标段要求的工期应根据基建程序、工程开工、投产时间要求和里程碑进度表确定。里程碑进度表在施工组织设计大纲和施工组织总体设计中研究确定，应兼顾需要与可能,按照合理工期和文明施工的要求并进行优化,努力减少建设期利息的支出。

(6)在《中华人民共和国招标投标法》中规定,"任何单位和个人不得将依法必须进行招标的项目化整为零",以规避招标。其实,合理划分标段是为了更好地通过招标取得更大的经济效益,两者之间是有本质上的区别的。

根据美国项目管理协会(PMI)建议,在规划采购工作(例如招标工作)时,应依据项目范围基准为采购工作编制工作说明书(Statement of Work,SOW),对将要包含在相关合同中的那一部分项目范围进行定义。采购 SOW 应该详细描述拟采购的产品、服务或成果,以便潜在卖方确定他们是否有能力提供这些产品、服务或成果。至于应该详细到何种程度,会因采购品的性质、买方的需要或拟用的合同形式而异。工作说明书中可包括规格、数量、质量、性能参数、履约期限、工作地点和其他需求。

采购 SOW 应力求清晰、完整和简练。它也应该说明任何所需的附带服务,如绩效报告或项目后的运营支持等。某些应用领域对采购 SOW 有特定的内容和格式要求。每次进行采购,都需要编制 SOW。不过,可以把多个产品或服务组合成一个采购包,由一个 SOW 全部覆盖。

在采购过程中,应根据需要对采购 SOW 进行修订和改进,直到成为所签协议的一部分。在执行过程中,SOW 一般包含在招标文件中。

3. 招标文件范本

企业在总结招投标经验的基础上,常编制有招标文件范本,一般包括设计招标文件范本、设备招标文件范本、施工招标文件范本、监理招标文件范本、大型设备运输招标文件范本、材料招标文件范本等。按照美国项目管理协会(PMI)知识体系,招标文件范本属于企业所特有并使用的计划、流程、政策、程序和知识库的一部分,属于过程资产。

8.2.6 招标程序

发标以前的准备工作,包括确定招标时机、组织和方式,提出申请,编写招标文件等已如前述,下面从发标工作起进行阐述:

(1)发标。招标人采用公开招标方式的,应当发布招标公告。依法必须进行招标项目的招标公告,应当通过国家规定的报刊、信息网络或者其他媒介发布。招标公告应当载明招标人的名称和地址、招标项目的性质、数量、实施地点和时间以及获取招标文件的办法等事项。招标人采用邀请招标方式的,应当向 3 个以上具备承担招标项目的能力、资质良好的特定法人或其他组织发出招标邀请书,内容与招标公告大致相同。招标单位应按规定的时间和地点发放(发售)招标文件。投标单位应在取得招标文件后七天以内以书面形式确认是否参加投标。

(2)资格预审。采用公开招标方式时,可以在发布招标公告以后,发放(发售)招标文件以前进行资格预审。在响应招标公告的投标单位中确定资格预审合格的投标单位名单(俗称短名单),只向进入"短名单"的投标单位发放(发售)招标文件。

(3)澄清和标前会。投标单位应在取得招标文件后七天以内通过认真阅读招标文件提出需要招标单位澄清的问题。设计、施工、监理和大型设备运输招标必要时可以组织标前会,邀请所有的投标单位踏勘现场和答疑,时间一般为 1~2 天。标前会保证所有潜在卖方对采购要求都有清楚且一致的理解,保证没有任何投标人会得到特别优待。

　　无论是澄清、答疑或遇有特殊情况,招标单位自身提出的修改,可用补充通知形式发给所有的投标单位,但应力求及时,最迟应在投标文件截止 15 日前(不同类别的招标和内容有所不同,这是下限)通知招标文件收受人。该澄清、答疑和修改的内容为招标文件的组成部分。

　　(4) 截止时间。从发放(发售)招标文件开始,到投标文件截止时间为止,是投标单位编制投标文件的时间,要有合理的周期,在不同类别的招标程序中均有指导性的规定。

　　(5) 编制标底。火电、输变电工程施工和大型设备运输等类招标通常需要编制标底。在发放招标文件的同时,即可以开始编制标底。标底价格由招标单位自行编制或委托具有编制标底资格和能力的中介机构代理编制。标底编制单位参加标前会和现场勘察。

　　标底依据国家有关规定、招标文件和审定概算等编制,标底的组成包括综合编制说明、标底价格计算、主要材料用量或费用估算、附件等。一个项目只能编制一个标底,编制与审定都应严格保密,并应在投标截止日后,商务开标以前由项目招标领导小组负责审定。

8.3　投标

　　投标活动涉及市场信息、技术活动、销售政策和经营策略,是一项十分重要的商务活动。在确定报价技术和价格时,既要考虑公司的合理利润,又要考虑能在竞争中得标,做到两者的统一,因而要求在报价管理中做大量细致而准确的工作,提高报价管理的水平。

8.3.1　投标决策

　　对于大型项目的报价,公司需消耗可观的人力和财力,而且如果竞争失败,这笔费用无法偿还,只能靠其他项目的收益来弥补。因此,是否参与竞争、投入人力和财力进行报价,必须慎重决策,由公司管理层召集有关部门领导研究,最后做出决定。

　　为此要进行以下工作:

　　(1) 认真阅读招标文件。

　　(2) 提出需要澄清的问题。

　　(3) 确认公司有无投标资格。

　　(4) 分析公司对该项目而言具备的竞争能力。

　　(5) 召开决策会议。

　　(6) 对招标单位提出书面确认和需要澄清的问题,如果招标单位提出先进行资格预审,则应先送出资格预审所需文件。

8.3.2　报价准备工作

　　在编制报价文件以前,必须做好以下准备工作:

　　(1) 项目经理拟定初步的报价计划。

　　(2) 召集有关部门进行讨论。

　　(3) 根据各部门意见修改报价计划并报公司管理层审批。

　　(4) 落实报价工作参加人员。

　　(5) 召集报价工作开工会议。

报价计划应包括以下内容：

（1）明确报价范围与分工，例如是否组成联合体报价，分包范围与分包商，以及与业主的责任和范围界限等。

（2）明确项目报价的策略与原则。

（3）确定报价工作的组织形式。

（4）确定估算类型与对准确度的要求。

（5）列出参加报价主要人员的名单、职务与办公地点。

（6）编制工作进度表，定出关键进度完成日期。

（7）报价人工、费用预算，按专业分解。

（8）明确各专业职责与分工。

（9）明确报价文件组成和内容，业主特殊要求等。

8.3.3　联合体与分包

两个以上法人或者其他组织可以组成一个联合体，以一个投标人的身份共同投标。联合体各方均应具备承担招标项目的相应能力。在总承包工程招标中，联合体各方优势互补；在设计招标中，也有不少两个设计院参加的案例。联合体各方应签订共同投标协议，明确分工与责权利。

投标人根据招标文件载明的项目实际情况，拟在中标后将中标项目的部分非主体、非关键性工作进行分包的，应当在投标文件中说明。投标人应在报价过程中做好以下工作：

（1）确定分包项目、范围与分包方式。

（2）根据掌握的信息，确定潜在分包商短名单。

（3）预测分包价格，必要时可以询价。

（4）拟订项目分包计划。

（5）召集有关部门讨论项目分包计划。

8.3.4　编制投标文件

在编制过程中应注意以下几点：

（1）积极响应招标文件中对投标文件格式和内容提出的要求，尽量做到规范化，力求完整。

（2）积极响应招标文件中有关合同条款、商务和技术附件对投标人提出的要求，不应提出预计业主不可能接受的差异，凡实质性的差异应按招标文件要求填入差异表。

（3）资格审查所需的文件，包括联合体各方及潜在分包商均应详尽和完整。

（4）为完成合同拟采取的措施，包括人员名单、简历等，应突出重点，并有可以检查的具体承诺。

（5）根据邀请，参加标前会并认真执行修改通知，视为招标文件的组成部分。

8.3.5　编制投资估算

为了使报价既具有竞争力，又能保证公司的合理利润，应注意以下几点：

（1）采用成本加风险再加利润的原则进行估算。

（2）在成本中,除直接费用以外,还应包括服务费用、专利费用、保险费用和公司管理分摊费用。

（3）通过风险分析确定不可预见费用。

（4）按公司规定计入合理利润。

（5）投资估算应按规定逐级审查,在审查公司本身费用的同时,还要审查联合体与分包商的费用和风险。

（6）在投资估算的基础上,由公司管理层最终确定报价价格。

（7）在投标文件中应按招标文件要求填写总价、价格组成、分项报价与选项报价。

8.3.6　送出投标文件

投标人应当在招标文件要求提交投标文件的截止日期前,将投标文件送到投标地点。所用文字、份数、密封和标志应符合招标文件要求。

在投标截止时间以前,投标人可以对投标文件进行补充、修改或撤回,并书面通知招标人。补充、修改的内容为投标文件的组成部分。

投标人在送出投标文件的同时,应按要求提供一笔投标保证金或银行出具的投标保函。在招标文件规定的投标书有效期内(或在双方同意的延长期内),投标人不能撤回投标文件,否则保证金将不退还。

8.3.7　注意事项

投标人不得相互串通投标报价,不得排挤其他投标人的公平竞争,损害招标人或其他投标人的合法权益。

投标人不得与招标人串通投标,损害国家利益、社会公共利益或者他人的合法权益。禁止投标人以向招标人或者评标委员会成员行贿的手段谋取中标。

投标人不得以低于成本的报价竞标,也不得以他人名义投标或者以其他方式弄虚作假,骗取中标。违反以上条款内容者,将依法受到处罚,例如,取消中标资格、取消 3 年内的投标资格、依法追究刑事责任等。

8.4　评标和签订合同

开标应当在招标文件规定的投标文件截止时间后立即在招标文件中预先确定的地点公开进行。开标由招标人主持,邀请所有投标人参加。

开标时,由投标人或者其推选的代表检查投标文件密封情况,也可由招标人委托的公证机构检查并公证;经确认无误后,由工作人员当众拆封,宣读投标人名称、投标表格和投标文件其他主要内容。开标过程应按规定填写记录并存档备案。

评标过程中设领导小组,负责招标过程的领导与决策,由项目法人组建,并担任组长。领导小组中除项目法人外,通常还包括出资方、招标代理机构、主体设计单位以及业主工程师或监理单位等方面的代表组成,至少应召开预备会、开标会、定标会等三次会议。

领导小组聘请评标委员,组成评标委员会。评标委员会由招标人的代表和有关技术、经济等方面的专家,成员人数为 5 以上单数,其中技术、经济等方面的专家不得少于成员总数的 2/3。与投标人有利害关系的人不得进入相关项目的评标委员会,已经进入的则应更换。

评标工作一般分为以下几个步骤:

(1)研读招标文件。

(2)第一次会议。重点是资格审查,投标文件响应程度及需要投标人澄清的问题。

(3)澄清。要求投标人对投标文件中含义不明确的内容进行必要的澄清或者说明,但不得超出投标文件的范围或改变投标文件的实质性内容。

(4)第二次会议。根据招标文件规定的评价标准和方法交换意见,制定具体的评价及打分办法(也有在开标前由招标方预先确定好评标办法的)。

(5)提出评审意见、打分和投票。统计打分和投票的结果,编写评标报告。

评标委员会完成评标后,应当向招标领导小组提出书面评标报告,并推荐合格的中标候选人排序。评标委员会经过评审认为所有投标都不符合招标文件要求的,可以否决所有投标,此时,依法必须招标的项目,应当重新招标。

招标领导小组根据评标委员会提出的评标报告和推荐的中标候选单位确定中标人。评标报告可以推荐中标单位及预备中标单位供招标领导小组研究。评标领导小组应尊重评标报告意见,如有充分理由,也可选择预备中标单位作为中标人。招标领导小组应通过充分协商确定中标人,如有分歧,也可以通过表决决定。评标委员会正、副主任作为汇报人,行政监督机构的代表作为监督人可以列席招标领导小组会议,但没有表决权。

中标人确定后,招标人应当及时向中标人发出中标通知书,并同时将中标结果通知所有未中标的投标人。中标通知书对投标人与中标人均具有法律效力,中标通知发出后,招标人改变中标结果或者中标人放弃中标项目的,均应承担法律责任。

招标人和中标人应当自中标通知书发出之日起 30 日内,按照招、投标文件订立书面合同。招标人与中标人不得再行订立违背合同实质性内容的其他协议。在确定中标人以前,招标人与投标人之间不得进行与投标价格、方案等实质性内容有关的谈判。

8.5 合同管理

合同是对买卖双方都有约束力的协议,规定卖方有义务提供有价值的东西,如规定的产品、服务或成果,买方有义务支付货币或其他有价值的补偿。协议可简可繁,应该与可交付成果和所需工作的简繁程度相适应。

合同当事人法律地位平等,有权自愿订立合同,遵循公平原则确定各方的权利和义务。合同当事人行使权利、履行义务应当遵循诚实信用原则,订立、履行合同应当遵守法律、行政法规,遵守社会公德,不得扰乱社会经济秩序,损害社会公共利益。依法成立的合同,受法律保护,对当事人具有法律约束力。当事人应当按照约定履行合同,不得擅自变更或者解除合同。

8.5.1 合同订立

合同中包括条款和条件,也可包括其他条目,如买方就卖方应实施的工作或应交付的产品所做的规定。在遵守组织的采购政策的同时,项目管理团队必须确保所有协议都符合项目的具体需要。无论文件的复杂程度如何,合同都是对双方具有约束力的法律协议。它强制卖方提供指定的产品、服务或成果，强制买方给予卖方相应补偿。合同是一种可诉诸法院的法律关系。合同文件的主要内容会有所不同，但可以包括：

（1）当事人的名称或者姓名及住所。这是合同的主体，即合同约定的权利、义务的享有者和承担者。还有，一旦发生纠纷，能准确地确定责任人，责任人的住所与合同的履行、法院的管辖等有密切关系。

（2）标的、工作说明书或可交付成果的描述。它是指合同确定的权利和义务指向的对象。是一切合同的必备条款。标的可以是物，如买卖合同，也可以是"行为"，如服务合同、委托合同等。

（3）数量。数量是合同中的重要条款之一。尤其是在购销、定做、承揽加工等合同中，必须明确约定的数量。

（4）质量、检查和验收标准。质量是合同中所指向对象的性质、规格、样式、标准等项内容，标准是验收的依据。

（5）价格或者报酬。像加工定做、买卖合同必须约定商品的价格，服务合同也必须约定报酬，因为直接关系到各方的经济利益。

（6）履行期限、进度基准、绩效报告。

（7）履行的地点和方式。一般重要的内容是交货地点、付款方式等。尤其是在异地当事人订立合同时，更要注意，避免履行时出现争议或纠纷。

（8）违约责任。在订立合同时约定违约责任，对于纠纷的处理，可以提供依据，也可以有效地督促当事人尽量去履行合同。

（9）解决争议的方法，制定这方面的内容可以避免出现合同争议发生后各执一词，互不相让，不利于争议的顺利解决。合同可以约定是否纠纷出现后提交仲裁，或由哪个仲裁机构来仲裁等内容。

（10）对分包商的批准、变更请求的处理。

合同当事人可以参照各类合同的范本订立合同，力求"合法、齐全、清楚、明确、穷尽"，注意不要落入"陷阱"。合同有书面形式、口头形式或其他形式。法律、行政法规有规定或当事人约定采用书面形式的，应当采用书面形式；即时即清，通常是一手交钱、一手交货的合同，可以采用口头形式；其他合同宜采用书面形式。

订立合同的程序是一般先由当事人方提出要约，再由另一方做出承诺，双方就合同的主要条款协商一致，并签字盖章，合同即告成立。特殊书面合同，还要经过公证、鉴证、批准或登记。合同依法订立才具有法律效力。即，合同当事人要有合法的资格，合同的内容要合法，订立的形式和程序要合法。合同经确认无效后，应当立即终止履行，并本着维护国家利益、社会公共利益和保护当事人合法权益相结合的原则，依法处理。

8.5.2　合同执行

在合同执行过程中，要管理好采购关系、监督合同执行情况，并根据需要实施变更和采取纠正措施的过程。同时，需要进行财务管理工作，监督向卖方的付款，确保合同中的支付条款得到遵循，满足采购需求，并按合同规定确保卖方所得的款项与实际工作进展相适应。向供应商支付时，需要重点关注支付金额要与已完成工作的联系程度。

在控制合同执行过程中，应该根据合同来审查和记录卖方当前的绩效或截至目前的绩效水平,并在必要时采取纠正措施。可以通过绩效审查,考察卖方在未来项目中执行类似工作的能力。

绩效审查是一种结构化的审查,依据合同来审查卖方在规定的成本和进度内完成项目范围和达到质量要求的情况。包括对卖方所编文件的审查、买方开展的检查,以及在卖方实施工作期间进行的质量审计。绩效审查的目标在于发现履约情况的好坏、相对于采购工作说明书(SOW)的进展情况,以及未遵循合同的情况,以便买方能够量化评价卖方在履行工作时所表现出来的能力或无能。这些审查可能是项目进度的一个部分。在项目进度审查时,通常要考虑关键供应商的绩效情况,评估卖方提供的工作绩效数据和工作绩效报告,形成工作绩效信息,并向管理层汇报。

在需要确认卖方未履行合同义务,并且买方认为应该采取纠正措施时,也应进行绩效审查。如果买卖双方不能就变更补偿达成一致意见,甚至对变更是否已经发生都存在分歧,那么被请求的变更就成为有争议的变更,也称为索赔。在整个合同生命周期中,应该按照合同规定对索赔进行记录、处理、监督和管理。如果合同双方无法自行解决索赔问题,则需要按照合同中规定的程序进行处理,谈判是解决所有索赔和争议的首选方法。

控制合同执行时,还包括记录必要的细节以管理任何合同工作的提前终止(因各种原因、求便利或违约)过程,这些细节会在结束采购过程中使用,以终止协议。在合同收尾前,经双方共同协商,可以根据协议中的变更控制条款,随时对协议进行修改,这种修改通常都要书面记录下来。合同收尾后,合同和相关文件应归档以备将来参考。

8.5.3　合同违约和纠纷处理

经济合同不能履行或不能完全履行时,通常都是由于当事人的过错引起的。如果是一方的过错行为引起的,由有过错的一方承担违约责任;如果是由双方的过错行为造成的,由双方各自承担各自应负的违约责任。

由于失职、渎职或者其他违法行为造成重大事故或严重损失的直接责任者个人,应当依法追究其经济、行政责任直至刑事责任。

违约金、赔偿金和继续履行等是承担违约责任的主要形式,当违反合同者的行为符合下列全部条件时,当事人应承担法律责任:

(1)行为具有违法性。

(2)有违约事实。

(3)行为人有过错,无论故意还是过失均不影响当事人应承担的违约责任,但在追究直接责任者个人责任时,具有法律意义。

(4)行为与违约事实有因果关系。

当合同执行过程中,出现纠纷时,解决方式有协商、调解、仲裁与诉讼。当事人双方一旦发生争议,应及时地进行协商,本着互谅互让的精神,达成和解,以求自行解决纠纷。协商不成时,任何一方均可申请调解、仲裁和诉讼。

调解是由经济合同管理机关或有关部门、团体等主持,通过对当事人进行说服教育,促进双方相互做出适当的让步,达成和解。

仲裁是由仲裁机构根据当事人的申请,对其相互间的经济争议,按照仲裁法律进行仲裁并做出裁决。如一方不执行裁决时,另一方可向人民法院申请执行。

诉讼是指当事人依法请求人民法院行使审判权,审理双方之间发生的争议,做出有国家强制力的裁决。

在合同中要明确解决纠纷选择的办法,在裁决与诉讼中只能选择一种。当采用诉讼方式时,要写明地域管辖条款。对于涉外经济合同,还要选择处理合同争议所适用的法律,但法律另有规定的除外。例如中外合资、合作经营企业合同,按照《中华人民共和国合同法》规定,适用中华人民共和国法律。

能源动力工程项目的沟通

项目沟通管理包括为确保项目信息及时且恰当地规划、收集、生成、发布、存储、检索、管理、控制、监督和最终处置所需的各个过程。项目经理的绝大多数时间都用于与团队成员和其他干系人的沟通，无论这些成员或干系人是来自组织内部（位于组织的各个层级上）还是组织外部。有效的沟通在项目干系人之间架起一座桥梁，把具有不同文化和组织背景、不同技能水平、不同观点和利益的各类干系人联系起来。这些干系人能影响项目的执行或结果。

9.1　沟通及其管理的概念和特性

9.1.1　沟通的概念和过程

沟通是组织协调的手段，也是解决组织成员间障碍的基本方法。组织协调的程度和效果往往依赖于各项目参与者之间沟通的程度。通过沟通，可以解决各种协调问题，例如在目标、技术、过程、管理方法和程序之间的矛盾、困难；还可以解决各干系人心理的和行为的障碍，减少争执。通过沟通，可以使项目目标明确，项目参与者对项目总体目标达成共识；鼓励人们积极地为项目工作；提高组织成员之间的信任度和凝聚力；增强项目的目标、计划和实施情况的透明度；建立和改善人际关系，避免项目管理工作中出现误解、摩擦、冲突和低效率等问题。

项目沟通贯穿于项目整个生命周期中，在概念阶段，收集市场信息、识别客户需求、明确项目目标等，离不开沟通；在计划阶段，开会、讨论、做出决策等，离不开沟通；在实施阶段，协调、检查、解决问题、平衡冲突等，离不开沟通；在收尾阶段，验收、评审、经验分享、总结教训等，也离不开沟通。沟通发生在项目团队与客户、管理层、职能部门、供应商、分包商等干系人之间以及项目团队内部。当项目发生变更需调整计划时需要沟通，当项目发生冲突和问题需要解决时也需要沟通。

任何沟通活动都必须有沟通主体和渠道（图9.1），其中沟通主体包括信息发送者（或叫信息源）和信息接收者（或叫信息终点）。沟通主体双方的沟通需要有一定的沟通渠道并按照一定的沟通步骤去实现信息交换和思想交流。沟通的主要要素包括：

（1）编码，即信息发送者根据信息接收者的个性、知识水平和理解能力等因素，努力找出和使用信息接收者能理解的语言和编码方式将信息或想法进行编码处理。

（2）信息和反馈信息，这是编码过程所获得的结果。

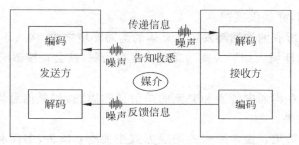

图 9.1 项目沟通过程示意图

（3）媒介，即传递信息的渠道，用它将信息传递给信息接收者。

（4）噪声，这是干扰信息传输和理解的因素，例如距离、新技术、缺乏背景信息等。

（5）解码，信息接收者对已经接收的信息编码进行形式转化和内容翻译过程，把信息还原成有意义的思想或想法。

图 9.1 给出的沟通过程中的编码、解码、告知收悉和反馈信息都是沟通取得效果的关键环节。在沟通过程中，信息的发送者有责任发送清晰、完整的信息，以便接收方正确接收，也有责任确认信息已经被正确理解。接收方则有责任完整地接收信息，正确地理解信息，并及时确认收到和理解的信息。

9.1.2 沟通的基本原则和影响要素

沟通基本原则中最主要的有如下几个方面：

（1）准确性原则。沟通中所传递的信息本身必须是准确的信息，而不能是似是而非、模棱两可的信息；沟通中所使用的语言和信息传递方式必须能被信息接收者所理解，使其能够获得准确的信息和思想。

（2）完整性原则。沟通过程中所传递的信息应该是足够和充分的，不能够留下很大的信息缺口，否则使对方难以理解从而出现沟通障碍；通过沟通管理，确保所有应该得到信息的人或组织都能够适时、全面地获得所需的信息。

（3）及时性原则。任何信息都有一定的时效性和有效期，信息一旦过时，就会成为毫无价值的"旧闻"而失去指导决策的作用。在实际工作中，常常会因各种原因而出现信息和沟通滞后的现象，从而贻误了各种时机和工作，甚至造成严重的后果。

（4）充分运用非正式组织沟通的原则。使用非正式组织（非官方）的沟通渠道来开展沟通，以补充正式组织沟通渠道的不足，有时使用非正式组织的沟通渠道会产生更好的沟通效果。另外，有一些信息不适宜通过正式组织的沟通渠道来传递，也需要使用非正式组织沟通渠道传递。

沟通的效果受许多要素的影响，沟通管理者必须努力消除这些因素以保证信息沟通的通畅和有效。影响一个组织沟通效果的主要因素有以下几方面。

（1）信息发送者。沟通的起点是信息发送者，信息发送的质量直接影响项目沟通的效果，而且是影响最大的因素。信息发送者必须表达清晰，以通俗易懂的方式进行信息传递与交流，避免使用生僻的和过于专业的语言和符号。

（2）信息接收者。沟通的终点是信息接收者，信息接收水平也是影响项目信息沟通的重要因素，这包括信息接收者的接受能力和理解能力。信息接收者必须积极倾听，正确理解和掌握表达者的意图,并提供反馈。

(3)沟通环境。所有的沟通都发生在具体的沟通环境之中,沟通不但有其客观环境,而且有特定的组织文化环境。如果这些沟通环境存在问题,就会直接影响沟通的效果,甚至使整个沟通完全失效。

(4)信息资源。在沟通中传递和交流的是信息和思想,如果信息资源本身存在缺陷肯定会破坏信息沟通效果。

(5)沟通方式与渠道。通常采取的沟通方式主要有:口头、书面和非语言沟通以及其他形式的沟通。有效的沟通必须根据需要先选择合适的沟通方式,再根据沟通方式选择相应的沟通渠道。

(6)反馈与回应。沟通双方为了有的放矢和相互理解就需要建立一套相应的反馈或回应机制,形成一种双方的互动,使沟通更为有效。

(7)代码的多义性。代码的多义性会使人们对信息和思想的理解发生困难和偏差,从而影响沟通效果。

9.2 项目沟通方法与技巧

项目沟通管理的根本目标是保证有关项目的信息能够适时地,以合理的方式产生、收集、处理、储存和使用,保证项目团队成员的思想和感情能够有效地获得交流。项目沟通管理是对项目信息和信息传递的内容、方法和过程的全面管理,也是对人们思想和交流感情(与项目工作有关的)活动与过程的全面管理。项目管理人员必须学会使用所谓的项目语言发送和接收信息,管理和规范项目的沟通活动和沟通过程。成功的项目管理沟通管理必须对项目沟通过程中的口头、书面、电子和其他形式的沟通进行全面管理。

9.2.1 项目沟通中的主要方法

在项目沟通中可以使用多种沟通方法,这些方法可以大致归类为:

(1)交互式沟通。在两方或多方之间进行多向信息交换。这是确保全体参与者对特定话题达成共识的最有效的方法,包括面谈、会议、电话、即时通信、视频会议等。

(2)推式沟通。把信息发送给需要接收这些信息的特定接收方。这种方法可以确保信息的发送,但不能确保信息送达受众或被目标受众理解。推式沟通包括信件、备忘录、报告、电子邮件、传真、语音邮件、日志、新闻稿等。

(3)拉式沟通。用于信息量很大或受众很多的情况。要求接收者自主自行地访问信息内容。这种方法包括企业内网、电子在线课程、经验教训数据库、知识库等。

(4)非语言沟通。工程项目实施中的各种手势、哨声、灯光以及人们在口头沟通中使用的手势、身体语言和语调等都属于非语言沟通的方式。例如,语调可以传递信息和表达思想,"这不完全是我的错",重音和语调不同,则表达的含义也千差万别!

9.2.2 项目沟通中的主要技巧

信息沟通的核心是相互理解,人们在沟通中不仅需要获得信息,还需要双方全面完整地理解对方。因此项目沟通管理中要求人们掌握必要的沟通技巧。在项目沟通中要充分理解对方就必须掌握听、说、读、写四个方面的技巧,其中"听"和"说"涉及的沟通技巧最为重要。

（1）倾听中的主要问题。在项目沟通技巧中倾听是最为重要的技巧之一,但是项目管理中有许多管理人员和专业技术人员在口头沟通中常会出现各种倾听的问题。这方面最主要的问题有如下几种：

（a）被动地听。他们也想听清和听全对方的说话,但是速度和反应就是跟不上对方的讲话,听了大半天也漫无头绪,听到的各种信息多数是处于一种无序状态,不能形成完整的含义和思想。

（b）注意力分散。在听的过程中注意力分散,会出现信息丢失的问题。

（c）偏见和固执。在对方讲话之前就已经有了自己的偏见,所以在听的过程中只听"想听"的信息和观点、不听或听不进"不想听"的信息和观点。

（d）过早下结论。在讲话的人还没讲完,甚至还没有提供足够的信息时就开始下结论,往往会曲解对方的意思或断章取义,会严重伤害信息发布者的意愿,从而造成沟通的中断或不完全。

（2）倾听中的技巧。善于倾听者会表现出一些共同的技巧和行为,这些对于提高项目口头沟通的效果是十分有效的,其中最主要的技巧包括如下几个方面：

（a）使用目光接触和对视。在口头沟通中目光接触和对视是一个最为重要的技巧,人们通过目光接触传递信息和判断对方是否倾听和理解。沟通双方使用目光接触可以实现有效的口头沟通。

（b）展现赞许性的表示。善于倾听者会对所听到的信息给出表现兴趣、理解和收到的表情与身体语言,这可以向说话的人表明你在倾听,而且明白对方的真实含义并乐意进一步听下去。

（c）避免分心的举动或手势。能表现出对对方讲话不感兴趣的举动与手势有很多种,例如,不断地看表、随心翻阅书籍或文件、拿笔乱写乱画等都属于这类的举动。这会使对方感受到你的厌烦或不感兴趣,所以会给沟通造成不必要的危害。

（d）适时合理地提问。一个好的倾听者会分析自己所听到的信息和思想内容,并适时合理地向对方提出问题。这一行为不但可以向对方提供反馈信息,而且能够帮助听者更好地理解对方所谈的内容和思想。

（e）正确有效地复述。这是指根据自己的理解,使用自己的话重述对方所说的内容。这有两个好处：其一,复述对方所说的内容可以检验自己理解的准确性；其二,通过这种复述核查沟通的实际效果和给对方再次解释的机会。

（f）避免随便打断对方。在做出打断对方讲话的反应之前要尽量先让对方讲完,至少使对方讲出一个完整的部分。在对方讲话时不要去猜测他的想法,更不要随便打断他的讲话,这样会有助于口头沟通的畅通和有效,并且会避免沟通中发生冲突。

（g）尽量做到多听少说。一个好的沟通者必须知道在口头沟通中"多听少说"的道理。如果双方都坚持这个道理,可以使口头沟通进行得更为有效(没有废话)。

（h）使听者与说者的角色顺利转换。在大多数项目工作中,听者与说者的角色是不断转换的,倾听的技巧包括使一个有效的听者能够十分顺利地实现从听者到说者的角色转换,但这既要不伤害对方的感情,又要能够保证沟通的顺畅和有效。

（3）表述中的问题。在项目沟通技巧中表述技巧也是最为重要的技巧之一,但许多项

目管理人员和专业技术人员在沟通中存在着各种表述方面的问题,在这方面最主要的问题有如下几个方面:

(a) 逻辑不清。表述中使用的逻辑混乱不清,既有单义的形式逻辑或数理逻辑,又有多义的艺术逻辑,并且不断地混用它们,结果造成对方没有办法按照既定的逻辑去理解,漫无头绪而不能形成完整的意思和思想。

(b) 编码错误。在说的过程中,没有按照信息接收者能够理解的编码进行表述,按照"想说什么就说什么"和"想怎么说就怎么说"的思路进行陈述,导致沟通不畅或根本无法进行。

(c) 缺乏互动。在讲话之中很少注意信息接收者是否接受和理解了自己所说的内容,只顾自己一路"演讲"下去,很少给信息接收者提问和反馈的机会,甚至有意压制对方提供信息反馈或进行申诉说明的意图与要求。

(d) 语言不生动。在表述中只是平铺直叙,声调也缺乏抑扬顿挫,说话犹如"和尚念经,喃喃不清",很少使用对视等沟通技巧,缺乏调动听者积极性的做法,结果造成听者不知何处是重点,不知主要的信息和思想观点所在,形成一种"听而不闻"的沟通结果。

(4) 表述中的技巧。管理沟通中有关表述的技巧有很多种,表述者可以使用这些技巧充分地与对方实现双向的沟通,这些主要的技巧包括:

(a) 预先准备思路和提纲。在做表述之前必须预先准备思路,这是确定表述顺序和逻辑的过程。这种准备工作有时只是一个整理思路的过程(为表述进行打腹稿的过程),有时则是一个严格的预备过程(为表述进行严密的程序和书面提纲准备工作)。

(b) 及时调整和修订编码。善于表述者会根据沟通过程中对方反馈的信息而不断调整和修订自己的编码,从而使听者能够全面获得和理解所传送的信息和想法。同时还要使用各种辅助手段提高编码的有效性,如积极的目光接触、恰当的面部表情与必要的提问等。这些不但会使听者全面理解信息和思想,而且会使听者获得受到尊重的感觉(因为使用了他熟悉的编码)。

(c) 及时合理地征询意见。有经验的讲述者会根据听众的表情和动作,了解听众对于自己讲述内容的理解情况,并根据具体情况在适当的时机及时合理地向听众提问和征询意见。这种做法不但可以获得听众提供的反馈信息,而且能够帮助讲述者更好地组织自己的讲述内容和及时地调整自己的编码。当然,在向听众进行征询时必须注意对象、时机和方式方法,否则会使自己陷入僵局。

(d) 避免过度表现自己。在做表述的过程中,有许多人会自然而然地表现出一种自我表现的意识和行为,这种自我表现的意识和行为经常会使整个表述偏离了原有的主题和应有的内容。作为一个说者,在沟通中必须努力克服这种自我表现的意识和行为,一定不要过度地表现自己,这既有利于保证和提高沟通的效果,又有利于说者的个人形象。

(e) 尽量言简意赅。一些人在表述过程中会不顾时间和听众的感受而"畅所欲言",这是口头沟通中表述方面的一个十分严重的问题。很多人一旦进入说者的角色就开始"知无不言,言无不尽",实际上"多说"的东西作为冗杂的信息不利于人们的接收和理解。在沟通过程中,说者最重要的技巧是言简意赅。

9.3 项目沟通中的主要障碍及其解决方法

项目沟通的双方都希望能够准确无误地发送和接收到全部信息和想法,并正确全面地理解这些信息和想法,进而实现有效的沟通。但在实际的项目沟通过程中,有许多沟通障碍会影响项目沟通的有效性,并且对项目成败产生直接影响。

9.3.1 项目沟通中的主要障碍

在项目沟通中所存在的主要障碍有如下几个方面:

(1) 沟通的时机选择不当。沟通时机选择不当会直接影响沟通的效果,甚至造成严重的不利后果。例如,当项目经理在为某个亟须解决的问题而大伤脑筋时,一个团队成员毫无事先预约就强行开展沟通一定会碰壁,正如中国古话说的一样,"话不投机半句多"。

(2) 信息或想法不完备。在很多情况下,项目沟通问题是由于沟通双方信息资源不足以及尚未形成自己的想法,甚至根本就没有想法而贸然开展沟通而造成的。在沟通之前必须明确沟通内容和目的,努力收集和提供全面而准确的信息和想法。

(3) 环境影响和噪声干扰。环境影响指的是项目沟通所选择的现场环境不适当,从而影响了项目沟通的效果,如本应该在正式沟通环境中进行的项目沟通却使用了非正式沟通的环境(例如,应该在办公室进行的沟通却在饭桌上进行了)。噪声干扰指的是信息传递过中出现的各种干扰因素,例如,电话中的静电干扰、视频中的信息滞后、环境噪声等使听者注意力转移。

(4) 各种虚饰和欺诈。虚饰是指在沟通中故意夸大或缩小有关的信息(但是并不涉及说谎问题),使沟通结果对接收者更为有利的做法,如下级只告诉项目经理他想听的东西(所谓的报喜不报忧)就是虚饰。欺诈是指在沟通中编造信息和设置陷阱,从而使沟通为其实现欺诈目的服务的行为(肯定要使用说谎的手段),如骗取信任、骗取金钱和骗取名誉等都属于欺诈的范畴。

(5) 语言与词汇问题。具有不同背景和出身(包括不同的民族、年龄、教育背景等)的人会使用不同的语言和词汇,不同背景和出身的人对于同样的语言和词汇会有不同的理解。一个项目组织中的专业技术人员、管理人员和熟练工对各方面的术语和词汇的理解会有很大不同,这些都会成为项目沟通中的障碍。

(6) 信息量过大。信息并非越大越好,重要的是要有充分、有用的信息,信息过量反而会阻塞沟通,信息要简单和直接。

(7) 沟通渠道。信息沟通有多种多样的渠道,各种渠道都有各自优缺点,如果不结合组织机构的实际情况和具体要求,盲目选择沟通方式和渠道,也会产生沟通障碍。

(8) 非言语信号的问题。语调和身体语言等要素构成的非言语沟通几乎总是与语言沟通相伴的,在项目沟通中这一点表现得更为突出。当语言和非语言沟通中的信号或信息协调一致时,会使沟通效果获得加强;但是当二者出现不一致时,就会使沟通双方感到迷惑和不知所措。例如,如果项目经理告诉一个团队成员,说他真心想知道该成员所遇到的困难;而当团队成员告诉项目经理他的困难和实际情况时,项目经理却在浏览自己的信件,这种相互冲突的语言和非语言信号会形成严重的沟通障碍,该团队成员会怀疑项目经理的沟通诚意,甚至停止沟通。

在项目沟通中还有许多影响沟通效果的障碍,但是上述这些是最主要的项目沟通障碍,在项目沟通中必须设法消除,使得项目组织结构中上下、左右的沟通渠道能够准确、迅速、及时地交流信息。

9.3.2　克服项目沟通障碍的方法

对于项目沟通中的障碍,必须设法通过沟通管理工作努力予以克服。克服项目沟通障碍的方法有很多,主要方法如下:

(1) 合理地选择沟通方式和环境。合理地选择沟通方式和环境对于克服项目沟通的障碍是非常有用的措施之一。例如,既可以选择召开团队大会的方式,也可以选择下达相应文件的方式;既可以选择个别谈话的方式,也可以选择电话沟通的方式。只要合理地选择沟通的方式和沟通的环境,多数情况下会克服"话不投机半句多"的问题和其他的一些沟通障碍。

(2) 正确地安排沟通次序和时间。在项目沟通中,需要通过合理地安排沟通顺序和时间去克服一些项目沟通中的障碍。例如,在调查项目客户需求时,对于究竟是先与客户组织的领导进行沟通,还是先与客户组织的下级进行沟通就必须正确地进行安排,否则会造成客户组织对于沟通的消极对待甚至是抵制;与项目客户领导进行的沟通是安排在上午还是安排在下午也必须正确地计划,否则同样会影响沟通的效果。

(3) 适时地营造沟通的氛围。在项目沟通中,还需要在沟通之始就营造出一种保障沟通顺利进行的友好氛围,从而克服各种心理上的沟通障碍。例如,在进行各种项目绩效评估、项目可行性评价等调查面谈的时候,首先要向对方说明面谈沟通的目的、意图和为什么选择对方进行沟通以及对方的相应权利与义务,特别是要强调对于对方的信任和希望对方提供帮助与合作的要求。

(4) 不能进行超范围的沟通活动。项目沟通活动的目的性是十分强烈的,因此在项目沟通中不允许沟通双方有超范围的沟通活动。例如,不允许在项目沟通活动中涉及公司经营机密或涉及团队成员的隐私、不允许在项目沟通活动中对他人进行不必要的评价、不允许在项目沟通中强势一方使用自己的优势地位、不允许在项目沟通中做出为个人谋求好处的承诺等。

(5) 充分运用信息反馈。很多项目沟通问题是由于信息不足而形成误解所造成的,如果项目管理者在沟通过程中能够正确地使用信息反馈措施,就会有效地减少项目沟通中误解和障碍的发生。信息反馈可以是言语性的,也可以是非言语性的;可以在现场直截了当地进行,也可以在事后进行。

(6) 积极驾驭语言与使用词汇。项目沟通中所使用的语言和词汇以及如何去使用这些语言和词汇都会成为形成沟通障碍的原因。例如,项目经理在沟通中必须使用下属能够理解的编码和适当地选择语言和措辞,以便使团队成员能够清楚明白地理解他所提供的信息和他所表述的想法与观点,特别是能够理解他的有关项目决策的说明。

(7) 积极地使用非言语信号。非语言信号在沟通中的作用有时比语言信号更为重要,沟通双方积极使用各种非语言沟通信号,并且确保非语言信号和语言信号相匹配以起到强化沟通效果的作用。项目管理者必须克服因情绪驱使而造成的非语言信号与语言信号不一致的问题,否则就会造成信息的失真或想法表述的矛盾,甚至使项目沟通受阻。

上述项目沟通中的障碍和克服方法只是项目沟通中最为主要的沟通障碍和克服方法,各种不同专业领域的项目在项目沟通中会有自己独特的沟通问题和克服方法,例如,美国项目管理协会(PMI)提出了一套提高沟通有效性的建议,其要点包括:明确沟通的目的,沟通前先澄清概念,只沟通必要的信息,考虑沟通时的环境情况,规划沟通内容时征询他人意见,使用精确的表达,进行信息的追踪和反馈,言行一致,做一个好"听众"。

9.4 项目沟通计划编制

在项目沟通管理中,首要的工作是制定科学合理的项目沟通计划,它是根据干系人的信息需要和要求及组织的可用资产情况制定的。项目沟通对项目的最终成功非常重要,沟通规划不当,可能导致各种问题,例如,信息传递延误、向错误的受众传递信息、与干系人沟通不足或误解相关信息。在大多数项目中,都是很早就进行沟通规划工作,例如在项目管理计划编制阶段就进行沟通规划工作,这样便于给沟通活动分配适当的资源,如时间和预算等。

9.4.1 项目沟通计划编制前的准备工作

所有项目都需要进行信息沟通,但是各项目的信息需求和信息发布方式可能差别很大。编制沟通计划需要考虑的重要因素包括(但不限于):谁需要什么信息和谁有权接触这些信息,他们什么时候需要信息,信息应存储在什么地方,信息应以什么形式存储,如何检索这些信息,是否需要考虑时差、语言障碍和跨文化因素等。在编制项目沟通计划之前,首先要完成收集各种相关信息和加工处理这些信息的工作,这些工作的具体内容和要求如下:

(1) 收集与项目沟通计划有关的各种信息。在编制项目沟通计划之前应该首先收集的有关信息主要包括:项目干系人的各种信息需求,这些信息需求的类型、格式与作用和要求,项目沟通中所需的各种技术、方法和条件要求,项目沟通的时间、频度和地点等方面的要求等。其中,最主要的相关信息包括如下几个方面:

(a) 项目沟通需求与内容方面的信息。这是通过对项目干系人的信息需求进行调查和分析而获得的信息,包括项目组织或项目团队内部"上情下达""下情上达"方面的信息需求,项目组织或项目团队与外部环境及其他项目干系人之间的"外情内达""内情外达"方面的信息需求,以及项目组织或项目团队内部各个职能组织和团队之间的"左情右达""右情左达"方面的信息需求。

(b) 项目沟通方法和手段方面的信息。在收集项目沟通信息需求的同时,还需要收集有关项目沟通方式、方法、手段和渠道等方面的信息。这包括:哪些信息需求需要使用口头沟通的方式满足,哪些需要使用书面沟通的方式满足;哪些需要使用面谈的方法,哪些需要使用会议的方法,哪些需要使用书面报告和报表的方法,哪些需要使用电子信息工具;哪些信息需要使用公众的信息沟通渠道和媒介,哪些需要使用组织内部的沟通渠道和媒介等。

(c) 项目沟通时间和频率方面的信息。在明确了项目组织的信息需求和沟通手段要求之后,还必须确定项目沟通的具体时间和频率要求。其中,项目沟通时间要求是指一次项目沟通所持续的时间长短(如某种会议一次会议开多长时间),项目沟通频率则是指同一种项目沟通多长时间进行一次(例如,是季报还是月报)。同时要注意收集各种项目沟通活动是定期举行的还是不定期举行的,或是定期和不定期相结合的。

(d) 项目信息来源与最终用户的信息。项目沟通计划的编制需要各种关于项目信息来源和最终用户方面的信息。必须清楚地知道项目信息来源与最终用户方面的信息,这才能够制定出科学合理的项目沟通计划。因为项目信息来源涉及项目信息生成者和发布者以及他们的义务和责任;而项目信息最终用户涉及项目信息接收者以及他们的责任和义务,包括接收、理解和使用信息的责任以及信息保密的责任等。

(e) 项目沟通的各种限制和约束信息。制定项目沟通计划必须充分考虑项目沟通中的约束和限制条件,这包括国家或主管部门对各种项目沟通活动的法律规定及规章制度、项目承发包合同对项目沟通的规定和要求、项目沟通管理人员和预算的限制等。必须全面收集各种确定和不确定性的项目沟通限制条件,以使项目沟通计划能符合实际情况并能起到相应的管理作用和功能。

(2) 加工处理收集到的相关信息。对信息的加工处理工作需要遵循准确、系统和可靠的原则与要求进行。对所收集的各种信息进行的加工处理工作主要是指整理、汇总、归纳、分类和提取等必要的信息处理工作。这种加工和处理已收集到的各种相关信息工作的最主要目的和内容是"去粗取精,去伪存真,由表及里",以便使信息能很好地为编制项目沟通计划服务和使用。在信息加工与处理过程中,如果发现还存在一定的信息缺口则还要进一步开展追加调查和新的信息收集工作。

9.4.2　项目沟通需求的分析与确定

通过沟通需求分析,确定项目干系人的信息需求,包括所需信息的类型和格式,以及信息对干系人的价值。项目资源只能用来沟通有利于项目成功的信息,或者那些因缺乏沟通会造成失败的信息。常用于识别和确定项目沟通需求的信息包括:组织结构图,项目组织与干系人之间的责任关系,项目所涉及的学科、部门和专业,有多少人在什么地点参与项目,内部信息需要(如何时在组织内部沟通),外部信息需要(如何时与媒体、公众或承包商沟通),干系人信息和沟通需求。在项目沟通需求确定中必须确定的内容包括如下几个方面:

(1) 项目组织管理方面的信息需求。这是有关项目团队组织、项目团队的上级组织和项目全部干系人关系等方面的组织信息需求。这包括有关组织结构、相互关系、主要责任与权利、主要的规章制度、主要的人力资源情况等方面的信息需求。

(2) 项目内部管理方面的信息需求。这是项目组织或团队在开展各种内部管理活动中所需的各个方面的信息。典型的项目内部管理方面的信息需求包括项目团队内部各种职能管理所需的信息、项目各种资源管理所需的信息、项目各种工作过程管理中所需的信息等。

(3) 项目技术管理方面的信息需求。这是有关项目技术工作以及技术管理工作所需的各种信息。这包括整个项目产出物的技术信息需求、项目管理工作和业务工作技术方面的信息需求、项目实施过程中的各种技术信息需求和项目控制过程中的各种技术信息需求等。

(4) 项目资源管理方面的信息需求。项目资源管理方面的信息需求是有关整个项目全过程中所需资源和预算的信息需求。这包括项目所需人、财、物等各种资源的信息,以及这些资源的配备时间要求和质量要求等信息。

(5) 项目实施管理方面的信息需求。项目实施管理方面的信息需求包括项目工期进度计划安排及其完成情况方面的信息需求、项目产出物的质量和工作质量规定及其完成情况的信息需求、整个项目的资金与预算及其完成情况方面的信息需求等。

（6）项目公众关系方面的信息需求。这包括两个方面的信息需求：一是项目组织所需的各种公众信息（包括国家、地区以及当地社区的政治、经济、社会、风俗、文化等方面的信息）需求，另一个是项目组织需要向社会公众发布的项目信息（包括环保、项目带来的好处、项目的重要性等）需求。

9.4.3　项目沟通技术的确定

可以采用各种技术在项目干系人之间传递信息。例如，从简短的谈话到冗长的会议，从简单的书面文件到可在线查询的广泛资料（如进度计划、数据库和网站），都是项目团队可以使用的沟通技术。影响沟通技术选择的因素包括：

（1）信息需求的紧迫性。需要考虑信息传递的紧迫性、频率和形式，可能因项目而异，也可能因项目阶段而异。

（2）技术的可用性。需要确保沟通技术在整个项目生命周期中，对所有干系人，都具有兼容性、有效性和开放性。

（3）易用性。需要确保沟通技术适合项目参与者，并制定合理的培训计划。

（4）项目环境。需要确认团队是面对面工作或在虚拟环境下工作，成员可能处于一个或多个时区和使用多种语言，可能存在影响沟通的其他环境因素（例如文化）。

（5）信息的敏感性和保密性。需要确定相关信息是否属于敏感或机密信息，是否需要采取特别的安全措施，并在此基础上选择最合适的沟通技术。

（6）项目规模与内容。如果项目的规模小、工作量不大、生命周期很短，而且内容不复杂，一般可以选用传统的、人们习惯和便于实施的沟通技术；而如果项目规模大、生命周期长和内容复杂就需要采取一些先进而有效的沟通技术。

9.4.4　项目沟通计划的编制

在完成项目沟通需求的信息收集、加工处理和确定，并选定了项目沟通方法以后，就可以编制项目沟通计划，项目沟通计划编制的结果是给出一份项目沟通计划书。

项目沟通计划描述如何对项目沟通进行规划、结构化和监控，该计划的信息通常包括：干系人的沟通需求，需要沟通的信息（包括语言、格式、内容、详细程度），发布信息的原因，发布信息及告知收悉或做出回应（如适用）的时限和频率，负责沟通相关信息的人员，负责授权保密信息发布的人员，将要接收信息的个人或小组，传递信息的技术或方法（例如备忘录、电子邮件和/或新闻稿等），为沟通活动分配的资源（包括时间和预算），问题升级程序（用于规定下层员工无法解决问题时的上报时限和上报路径），随项目进展对沟通管理计划进行更新与优化的方法，通用术语表，项目信息流向图、工作流程（兼有授权顺序）、报告清单、会议计划等，沟通制约因素，通常来自特定的法律法规、技术要求和组织政策等。

沟通管理计划中还可包括关于项目状态会议、项目团队会议、网络会议和电子邮件信息等的指南和模板。沟通管理计划中也应包含对项目所用网站和项目管理软件的使用说明。

9.5 项目沟通计划的管理和实施

管理沟通是根据沟通管理计划,生成、收集、分发、储存、检索及最终处置项目信息的过程,其主要作用是促进项目干系人之间实现有效率且有效果的沟通。管理沟通不局限于发布相关信息,还要设法确保信息被正确地生成、接收和理解,并为干系人获取更多信息、展开澄清和讨论创造机会。有效的沟通管理需要借助相关技术、考虑相关事宜,包括发送/接收模型、媒介选择、写作风格、会议管理、演示技术、引导技术和倾听技术。

项目沟通计划实施中最重要的工作是项目信息的加工和传递工作。其中,项目信息加工工作的最重要的结果是生成各种项目记录(project records)和项目报告(project reports),这些记录和报告记载绩效信息、可交付成果状态、进度进展情况和已发生的成本等;而项目信息传递的最重要工作是分发和讲述这些项目记录和项目报告。

9.5.1 项目的信息加工与传递

项目沟通计划实施中最主要的工作是根据项目沟通计划开展项目信息加工与传递工作。在项目信息加工与传递过程中所使用的方法包括:

(1)项目信息收集的方法。项目信息收集的主要方法是项目绩效和实际情况的记录与报告。通常,项目信息收集的主要方法包括各种原始记录法、项目实况写真法和项目例外事件报告法等一系列的项目信息收集方法。

(2)项目信息加工的方法。项目信息加工的主要方法包括数据整理、信息汇总、信息分类、数据与信息的筛选、数据和信息的综合分析等。在项目信息加工中最为重要的方法是生成信息记录和信息报告的方法,包括生成各种原始记录(属于项目记录)和各种统计报表(属于项目报告)的方法。

(3)项目信息传递的方法。项目信息传递的方法主要包括口头传递的方法、书面传递的方法、电子传递的方法以其他信息传递方法。具体的项目信息传递方法有许多种,例如,项目会议、书面文件、即时通信、新闻稿等。

(4)项目沟通的各种技巧和方法。包括在项目沟通中使用的听、说、读、写技巧,项目内部沟通和对外沟通中使用的技巧和方法,项目纵向沟通(上、下级之间的沟通)和横向沟通(同级同事之间的沟通)中的技巧与方法,正式沟通(报告、报表等)和非正式沟通(聊天、备忘录等)的技巧和方法等。

(5)项目沟通的文档化管理方法。在项目沟通中使用的另一种方法是项目文档化管理的程序和方法。包括文档的生成、存储、归类、归档以及文档的使用与更新等一系列的管理技术和方法。

项目信息加工和传递工作的最终结果是所有项目干系人能够充分地分享项目的各种信息,并通过这种项目信息分享使项目各项工作能顺利进行。这些被分享的项目信息主要是以项目记录和项目报告的形式存在。

项目记录既是项目信息收集和加工的结果,又是项目信息传递的对象。项目记录包括各种项目活动的原始记录、项目各方的通信记录、项目各种备忘和会议记录、项目业务和管理工作中的各种文档和文件等。项目记录必须按照一定的格式和要求适时和正确地进行组织、管理、维护和使用。通常,项目记录是生成项目报告的原始数据与资料,所以它是项目报告的原料。

项目报告多数是根据项目记录整理而成的有关项目实际情况或特殊问题的说明文件,由于项目报告是对项目计划实施情况或者项目特殊情况的一种记录,因而也被看成是一种特殊形式的项目记录。项目报告包括很多种,主要有项目绩效报告、项目总结报告、项目预测报告等。项目报告可以是正式的报告,也可以是非正式的报告。前者一般是根据项目沟通计划按照一定的周期生成和呈报的,后者则是根据项目实施中的某些特殊需要生成或呈报的。

9.5.2　项目报告及其分类和编写要求

根据信息沟通的需要,项目报告可以分成很多种类。项目管理人员须了解、熟悉和掌握项目报告的基本方法、作用、程序与格式。其中,项目报告的主要分类有如下几种:

(1) 按照项目报告作用的分类。这种方法能很好区分不同作用的报告,而且便于区分在项目报告中所需使用的沟通方法,根据用途划分的项目报告有如下 3 种。

(a) 汇报性报告。这种报告的核心内容是汇报项目的实际情况或发生的问题,使用的材料都是项目实际情况的记录,而且一般需要采用"白描"的方法提出报告,只需要将事情的本来面貌叙述清楚即可,不需要加入各种各样的分析、评论和说服性的内容,这类报告一般需要附有相应项目实际情况的原始记录文件作为附件。

(b) 说服性报告。这种报告的目的是证明一种观点、一个计划、一个方案或其他事情的正确性,并说服对方接受报告者提出的观点、计划或方案等。由于报告是用来解决问题或者说服对方接受某种解决方案的,所以说服性报告中不但要包括白描性的事实叙述,同时最主要的是必须包括解释性、说服性和论证性的叙述,也需附一些项目记录或其他资料作为附件以说明情况或提供支持。

(c) 敲定性报告。这种报告的目的是通过报告与对方敲定和决策一件事情,是一种最终会导致做出决策的报告。报告者需要在报告过程中提出自己的意见、观点和建议,给对方以两种以上的选择(一种选择就不是敲定性的报告了),并说明相应的具体理由。

(2) 按照项目报告的格式划分。可以将项目报告划分成两大类,即项目报表和项目报告。其中,项目报表是用统计语言编写的一种项目报告,简练明了。项目报告是使用文字说明项目实际情况或项目问题的书面报告,是使用报告格式和语言写成的项目报告,着重说明项目的实际情况或问题及其原因分析。

(3) 按照项目报告的用途划分。按照项目报告的用途划分,项目报告可划分成项目绩效报告和工作终结报告两类。其中,项目绩效报告是在整个项目的实现过程中,按照一定的报告期不断给出的有关项目各方面工作实际进展情况的报告。项目工作终结报告是在项目或项目阶段结束之时对项目或项目阶段的工作总结,它不是项目绩效报告的累积,也不是对项目或项目阶段整个过程中所发生事情的详尽描述,而是在项目或一个项目阶段结束时必须给出的一种文档报告文件。

各种项目报告的编写都要考虑下列要求和原则,以便能够提供有价值的项目报告。

(1) 项目报告要简洁明了。不要试图以报告长度来打动项目报告接收者,报告的长短不等于项目进展或完成的好坏。而且项目报告越简明才越会有更大的机会被阅读,因此应尽量使各种项目报告简洁明了。

（2）报告内容和形式要保持一致。要保证项目报告的内容与形式保持一致，就需要根据报告内容选用报告的格式和语言。在项目报告中要突出重点，要让各类使用项目报告的人都能懂得和理解其中的信息。

（3）借助图表进行简明和充分的表达。图表是项目管理中使用的一种工程语言，所以在项目报告中要充分使用。一般情况下自然语言在项目沟通中的效果不佳，但是图表却可以很好地说明项目管理的问题和情况。

（4）报告方式与报告使用者的要求相符。项目报告有对内或对外的，有给项目团队或项目业主/客户的，不同的项目报告使用者所要的项目报告的方式和要求是不同的，报告必须符合项目报告使用者的要求。

9.5.3　项目绩效报告

这是在整个项目实施过程中按一定报告期给出的项目各方面工作实际进展情况的报告，这既包括项目团队成员向项目经理或项目管理者的报告，也包括项目经理向项目业主/客户的报告或项目经理向项目组织的上层管理者的报告。这种报告通常有一特定的报告期，可以是一周（主要是周报）、一月或一季度等，定期收集基准数据与实际数据，进行对比分析，以便了解和沟通项目进展与绩效，并对项目结果做出预测。

项目绩效报告可以是简单的状态报告，也可以是详尽的报告；可以是定期编制的报告，也可以是异常情况报告。简单的状态报告可显示诸如"完成百分比"的绩效信息，或每个领域（即范围、进度、成本和质量）的状态指示图。较为详尽的报告可包括：对过去绩效的分析；项目预测分析，包括时间与成本；风险和问题的当前状态；本报告期完成的工作；下个报告期需要完成的工作；本报告期被批准的变更的汇总；需要审查和讨论的其他相关信息，等等。

项目绩效报告除了上述内容外，报告中使用的表述方法应该包括文字说明、报表文件、各种曲线图、各种表格和表述"挣值"的"S"曲线图等。在项目绩效报告生成过程中，需要运用这些图表和数据并使用相应的分析方法和技术做出项目绩效的分析和评价。

9.6　项目会议沟通的管理

会议可在不同的地点举行，如项目现场或客户现场，可以是面对面的会议或在线会议。参会者可包括项目经理、项目团队成员，以及与所讨论问题相关或会受该问题影响的干系人。虽然也可以把一些随意的讨论称为会议，但是大部分项目会议都更为正式，有事先安排的时间、地点和议程。典型的会议通常都用一份拟讨论事项的清单开始，应该事先传阅这份清单以及专为会议准备的其他文件。然后，根据需要把相关信息分发给其他合适的干系人。会后，要形成书面的会议纪要和行动方案。

项目沟通中最常用的会议有三种：项目情况评审会议、项目问题解决会议和项目技术评审会议。

1. 项目情况评审会议

项目情况评审会议通常由项目经理主持召开，会议成员一般包括全部或部分项目团队成员以及项目业主/客户或项目上级管理人员。会议的基本目的是通报项目绩效情况、找出项目存在的问题和制定下一步的行动计划。项目情况评审会议一般要求定期召开,以便及早发现问题和防止意外情况的发生。一般项目情况评审会议的议程和内容主要包括:自上次会议后项目所取得的成绩、各种项目计划指标的完成情况、项目各项工作存在的差异、项目未来的发展变化趋势、项目最终结果的发展预测、各种需要采取的措施和下一步行动的计划安排。

通过项目情况评审会议获得项目信息和找出解决问题的方法,是了解项目绩效和进展情况的一种最快捷和有效的沟通方式。当然,这种方式还需要与其他的一些口头沟通和书面沟通方式结合使用。每次的项目情况评审会议必须要形成会议决议或者会议纪要,同时要由参加会议的各方认可并签署会议纪要或会议决议。

2. 项目问题解决会议

当项目团队成员或项目业主/客户发现项目出现较大问题或潜在较大问题时,就应该立即与有关人员协商,并召开项目问题解决会议,不能拖到下一次召开项目情况评审会议时再提出和解决问题,那样可能会错过解决项目问题的时机。这是一种不定期的项目内部会议,在项目起始阶段应该规定出由谁何时召开这种会议以及这种会议的参加者和权限等。

项目问题解决会议的内容主要包括:描述和说明项目存在的问题,找出项目问题的原因和影响因素,提出可行的解决方案(全体与会者共同讨论找出解决项目问题的方案),评价并选定满意的问题解决方案,修订或变更项目相关计划等。

3. 项目技术评审会议

在项目实施的全过程中,不管何种项目都需要召开项目技术评审会议,以确保项目业主/客户同意项目团队提出的各种实施技术方案。这种会议的内容与方法因项目所属专业领域的不同而会有很大的不同,但是,绝大多数项目会有两种项目技术评审会议,其一是项目技术初步评审会议,其二是项目技术终审会议。

项目技术初步评审会议是在项目团队最初提出项目初步技术方案以后召开的、对项目初步技术方案的评审会议。这种会议的目的是,在项目开始之前或初期,由项目业主/客户对项目的初步技术方案进行必要的评审和确认。项目技术终审会议是在项目团队完成了项目技术方案的详细设计以后所进行的最终技术评审会议。这种会议的目的是,在项目团队开始实施之前,由项目业主/客户对最终技术方案进行评审和确认。

能源动力工程项目案例

本书前9章主要介绍了能源动力工程项目以及项目管理方面的一些知识,读者自然而然会想到最后一章是不是应该提供一些操作案例呢?是的,笔者一直是这样想的,试用6年期间学生也是这样想的,应该提供一些应用案例,并且是融合最新知识体系的案例。然而,事与愿违,工程项目管理是一个复杂的系统工作,受文化、习俗、政治、经济等诸多因素影响,很难找到一个正好与本书完全匹配的案例。笔者也尝试邀请电力、化工等领域的朋友参与本书案例的编写,但终因工作繁忙或者理想案例难寻而没有最终落实。也许,这正如PMBOK指南在开篇提到:"项目管理作为一门专业已经得到认可,这表明知识、过程、技能、工具和技术的应用对项目的成功有显著影响。"PMBOK® 指南收录项目管理知识体系中被普遍认可为"良好做法"的那一部分。所谓"普遍认可",是指这些知识和做法在大多数时候适用于大多数项目,并且其价值和有效性已获得一致认可。所谓"良好做法",则指人们普遍认为,使用这些知识、技能、工具和技术,能够提高很多项目成功的可能性。"良好做法"并不意味着这些知识总是一成不变地应用于所有项目;组织和/或项目管理团队负责确定哪些知识适用于具体的项目,这表明,项目管理知识体系的运行具有很强的"裁剪性",没有统一定式,只要是"良好做法"都可以接受。

案例是一定要提供的,无论恰当与否,总是能作为一面镜子,提供一个参照体系。下面分别就工业锅炉技改、热电厂技改、水电站建设提供参考案例。

10.1 华润三九(枣庄)药业有限公司技改工程EPC总承包

华润三九(枣庄)药业有限公司是大型国有控股医药上市公司,其生产制造的藿香正气丸、六味地黄丸等中成药驰名中外。为了使中药渣得到合理处置,经多方调研,2009年6月华润三九(枣庄)药业有限公司(下称华润三九)购置一台北京热华能源科技有限公司(下称北京热华)的20t/h煤和药渣混烧卧式循环流化床锅炉,2010年3月投产后,减少了煤炭用量及药渣处理费用,节能效果显著。

基于此前合作,华润三九又于2012年3月年与北京热华公司签订了《20t/h煤和药渣混烧卧式循环流化床锅炉系统设计、设备安装及调试技术服务合同》以及《20t/h煤和药渣混烧卧式循环流化床锅炉系统商务合同》。

技术服务的目标:通过热华的技术服务,使华润三九的20t/h煤和药渣混烧卧式循环流化床锅炉系统能够稳定运行。

技术服务内容：①提供锅炉本体设计、锅炉系统辅机选型、提供锅炉系统的平立面布置图、工艺系统图、管道布置图以及锅炉房建筑和设备基础设计条件等。②设备安装。③调试：使系统能够达到连续稳定运行 72h。④培训：负责工程操作人员培训。

商务合同标的为一套锅炉系统设备，合同工期 6 个月，合同总额 680 万元。

供货范围接口如下：

水：华润三九将水供至锅炉界区内；蒸汽：热华供货至分汽缸；配电：华润三九把380VAC 电源送到锅炉房的总配电盘；药渣：华润三九供至药渣输送带前；煤：华润三九将煤供至斗提机受煤斗前；灰渣：北京热华供货至锅炉排渣口和除尘器的出灰口；烟风：供货至烟囱进口。

现将华润三九 20t/h 煤和药渣混烧卧式循环流化床锅炉 EPC 项目管理的情况介绍如下。

10.1.1　管理体系

完整的管理体系是成功实施 EPC 项目质量控制的制度保证。北京热华编制了符合GB/T19001-2000-ISO9001：2000 标准的工程总承包质量管理体系文件，内容涵盖工程设计、采购、建设总承包（EPC）、设计采购（EP）承包、设计（E）承包、采购（P）服务、施工管理（C）、调试服务等工作。充分利用现代信息技术，搭建了基于云服务的锅炉物联网管理平台，使管理体系更加规范化、系统化。

10.1.2　项目组织机构

项目组织机构如图 10.1 所示。

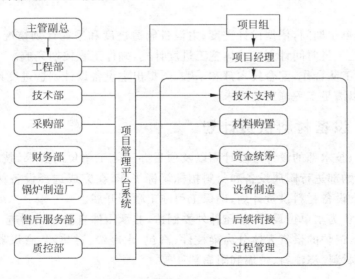

图 10.1　北京热华华润三九项目组织机构图

10.1.3　市场部合同交底

合同制订阶段应有工程部参与，协助市场部设计建设方案，签订时需工程部会签。市场部对工程部（包括技术部和采购部）进行合同交底，尤其是合同的重点与特殊要求，一定要明确指出,使工程部从工程施工角度对项目有全面的了解,为后续施工做准备。

10.1.4 项目办的组建

根据合同交底,工程部完成本工程项目办的组建工作,包括落实项目经理人选及配套技术、采购、市场和财务等支持人员,组成项目团队,项目团队以项目经理为核心展开工作,全面负责工程的实施。

项目办委派项目经理常驻现场,其他人员在公司配合项目经理的工作,如有必要项目经理可安排项目办相关人员临时短期到现场配合工作,工作完成后,相关人员回公司,继续配合项目经理的工作。

10.1.5 设计院和施工队的选择

设计院的遴选由技术部牵头,采购部、工程部和项目办配合,通过招标或议标的形式完成。

在选择设计院期间工程部和项目办要重点提出设计进度计划,也就是交图进度计划,在实际工程执行过程中,技术部要配合项目办按计划催要施工图,同时工程部、项目办依据出图计划初步编制工程施工进度计划。

工程部、项目办负责协调公司内部对设计院的提资工作,包括业主提资,技术部技术提资,设备提资等方面的工作,确保设计院按进度交图。

公司技术、采购、工程、市场和财务部应配合项目办的工作。

施工队的选择由采购部牵头,技术部、工程部和项目办配合,通过招标或议标的形式来完成。

在选择施工单位期间,依据设计进度、主设备制造进度和采购计划情况,确定施工队的进驻时间点,进驻人员时间计划和总体施工进度计划,确保工程按期完成。

项目办与施工队合作,配合技术部和采购部,提出主设备设计制造进度计划和附属设备材料采购计划,以满足工程施工的要求。

10.1.6 设备材料供货计划

结合设计院、技术部的设计进度计划以及项目办和施工单位的要求,技术部、工程部和项目办应配合采购部进行附属设备和材料招标议标工作,在完成选择设备材料厂家的前提下,采购部应提交设备材料供货计划,确保工程施工顺利开展。

由于锅炉设备为本单位设计,承压件外委制造,非承压件自己加工制造。因此需提交锅炉供货进度计划,锅炉的供货大体分为梁柱件、汽包、水冷壁、过热器、省煤器、空预器、旋风筒、外护板、保温材料、浇注料、炉墙和附属部件等。

10.1.7 项目进度计划和业主付款进度计划的制定

结合以上工作,项目办配合施工单位落实工程总体进度计划,并将制定好的计划与各部门的合同进度计划进行比对,如果不能满足要求,进行计划调整(相关计划均应调整),保证计划满足总包合同的进度要求,确保进度的合理性和可行性。

工程进度计划完成后,项目办会同市场部和财务部与业主一起,结合工程进度计划,制定业主的付款进度计划,同时业主方、公司财务部指定专人负责,确保工程进度与业主付款进度的有机结合。

10.1.8 施工单位进驻施工

施工前的准备工作。项目办应按照施工单位进驻现场的一般工程要求,督促业主提交的现场应具备"三通一平"的施工条件。

项目办帮助施工单位,与业主落实施工单位生活场区、办公场区、加工场区和库存场区事宜,并落实供水、排水、电、暖、通信等方面的事项,确保施工队的顺利进驻。

施工队进驻现场。项目办督促施工队按计划时间、安排计划的施工人员和工机具进驻,同时帮助施工方尽快具备施工条件,为下一步的施工打下基础。

10.1.9 施工管理

1. 文明施工

项目办应要求施工单位做好文明施工工作,包括挂牌、规章制度、标语、围挡等,做好安全防护工作包括劳保用品的穿戴,防火、防雨、防冻措施的制定等内容,同时提交项目办备案。

2. 土建施工管理

土建施工管理主要包括以下几部分内容:

(1) 土建设计方应对土建设计工作进行施工交底,特别是重要的施工工序应详细说明,交代清楚无误。

(2) 土建施工单位应按标准要求制定《土建工程施工组织设计》,提交项目办审批,待公司批准后实施。

(3) 对于大体积混凝土的浇注,施工单位应单独编制混凝土浇注施工方案,并提交项目办审核存档。

(4) 对混凝土搅拌项目办应控制检查配料比例,同时确保计量器具的准确性,必要时做好试块,以备检验。

(5) 混凝土浇注前的检验:包括验筋、预留孔洞、预埋件的检验等工作,项目办应督促施工方落实工程节点检验工作并提交检验记录,以备存档。

(6) 采购材料的化验验收单、施工过程中的检验验收记录,应一式三份,签字确认后交项目办存档。

(7) 对于在施工中,因某方面原因造成的需要变更或返工事情,项目办应做好记录,并由当事方签字确认,工程部批准后实施,整个过程中的文件记录应存档保存,以备后续结算时使用。

3. 安装施工管理

(1) 安装工程设计方应对施工单位安装工作进行施工交底,特别是重要的施工工序应详细说明,交代清楚无误。

(2) 安装施工方应制定《安装工程施工组织设计》,提交项目办审批,待公司批准后实施。

(3) 对于安装过程中的重要环节包括管道焊接,施工方应编制作业指导书,项目办和工程部批准后实施。

（4）承压部件焊接工作的无损检测，应按照标准要求执行，检验结果应签字，之后存档备查。

（5）锅炉安装过中的水压试验、烘炉、煮炉及吹管，均应编制实施方案，待项目办、工程部批准后实施，实施结果应各方（包括业主）签字确认后存档。

（6）对于在施工中，因某方面原因造成的需要变更或返工的施工内容，项目办应做好记录，并由当事方签字确认，工程部批准后实施，整个过程中的文件记录应存档保存，以备后续结算时使用。

（7）采购附属设备、材料的合格证项目办应保存完整；施工过程中的检验验收记录，应一式三份，签字确认后留底存档。

（8）单机试运工作，施工方应提交验收表格，表格中应包括验收标准，单机试运合格后，包括业主方在内的各方签字后，项目办存档，作为单机试运完成的依据。

（9）72h 系统试运合格后，包括业主在内的各方签字后，项目办存档，作为工程结束依据。

（10）系统试运合格后，项目整体移交，项目办制定移交表格，内容包括项目系统设备的移交，施工文件的移交，设计文件的移交，移交表格签字后留存。

4. 设备材料现场验收管理

采购部送至施工现场的设备材料开箱验收，项目办会同施工方和业主一起进行开箱验收，项目办收集好随机资料，检查设备材料外观有无损伤，核对装箱单与箱内实际设备材料的一致性，核对无误后三方验收签字，并移交给施工方，做好移交工作。

如果设备损伤、装箱单与实物不一致，应做好记录，及时与采购部联系，配合采购部做好善后处理。

5. 项目进度管理

项目办负责工程的施工进度管理，应根据项目进度计划，督促施工方安排好人员、工器具的进点，协调采购部保证设备材料、设计文件的按期交付。对于因某种原因造成工期延误，项目办应协调各方制定相应的计划措施，将延误的工期赶回来，保证工程按计划完成。

项目办建立规范的汇报和统计制度，对照项目进度计划，每周向公司领导汇报。

6. 安全施工管理

为做好安全管理工作，项目办应从以下几个方面着手：

（1）制定现场安全管理制度，并组织施工人员定期学习，特别是安全生产事故原因分析的学习。

（2）落实安全责任制，实施责任管理。

（3）结合加强安全教育，在工程实施过程中组织安全训练。

（4）做好安全监察工作，检查的问题坚决整改，决不放过。

（5）强化施工过程中的标准化作业管理，避免安全隐患。

7. 收款和付款

收款管理。项目收款工作应指定专人负责，参照公司与业主签订的合同，结合与业主签订的付款进度计划，每当工程进度到达付款节点，项目办联系业主指定人员，核实项目进度节点并付款，确保进度款的有效落实。对于无理由不付款的情况，项目办应采取必要措施，并同时上报公司。每月填报项目收款进度表,报公司主要领导和财务人员。

付款管理。参照公司与施工方签订的合同,结合与施工方签订的付款进度计划,每当工程进度到达付款节点,施工方相关人员会联系项目办,核实工程进度节点,项目办在落实项目进度节点的前提下,结合现场施工方存在的问题,征询公司相关部门意见后,核实付款金额并协调相关部门付款,确保进度款的有效落实。

10.1.10　项目总结

项目的完成是公司各部门共同努力的结果,同时也倾注了项目办大量的心血,因此当项目完工后,项目办应对项目进行全方位的总结,从进度、质量、安全、付款、设计、供货、部门配合等多方面总结,并形成文字资料,为下一个项目更好的实施积累经验。

建立技术方案反馈机制,将工程中发现的技术问题以及处理办法及时反馈到研发部。

10.1.11　建立项目绩效考评制度

考评结果与工程部、项目组成员业绩挂钩,考评指标涵盖:工期进度、工程质量、工程回款、安全生产制度落实情况、考勤等。由部门经理与相关领导以及总工组成质检小组,对每个项目完成任务的数量、质量做出评价,绩效考评表按季度填报并报公司主要领导。

10.2　酒钢热电厂技改工程(2×125MW)EPC 总承包管理

酒钢热电厂技改工程(2×125MW)的业主是酒泉钢铁(集团)有限责任公司。2001 年 3 月 25 日,酒泉钢铁(集团)有限责任公司、山东电力工程咨询院正式签订《酒钢热电厂技改工程总承包合同》。该工程为新装 2 台 435t/h 超高压自然循环再热汽包炉,配 2 台 125 MW 超高压再热抽凝式汽轮机和 2 台 125 MW 空冷式发电机。

合同范围:除了灰场、厂外公路、点火煤气、送出系统以外,厂区围墙以内的所有主体及辅助附属设施的设计、设备采购、土建、安装及调试。

合同工期:29.3 月。

合同目标:工程单项工程和单位工程合格率 100%、土建优良率≥85%、安装优良率≥95%。

现将酒钢热电厂技改工程(2×125MW)总承包管理的情况介绍如下:

10.2.1　管理体系

完整的管理体系是成功实施 EPC 项目质量控制的制度保证。山东电力工程咨询院 2001 年 9 月完成了符合 GB/T19001-2000-ISO9001:2000 标准的工程总承包质量管理体系文件的编制工作,并开始试运行。2002 年 3 月通过了长城(天津)质量保证中心质量体系认证。认证范围包括:工程设计、采购、建设总承包(EPC)、设计采购(EP)承包、设计(E)承包、采购(P)服务、施工管理(C)、调试服务等工作。质量体系文件包括质量手册、24 个程序文件、27 个作业程序文件。

10.2.2 项目组织机构

本项目采取矩阵式项目组织结构(图 10.2)。

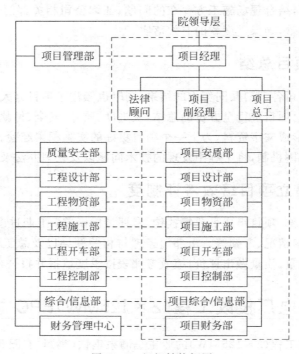

图 10.2 组织结构框图

项目部对项目的安全、进度、质量、费用等方面负责管理和考核;院职能部门负责对项目部宏观控制、指导、监督检查和总体考核。这种矩阵式的管理模式,体现了"以项目管理为核心"的组织原则。项目经理全面负责该工程的实施和管理,是该项目各项工作的第一责任人。这样在保证项目经理绝对权威的同时,也保证了资源的最优化配置,达到了高效的目的。

10.2.3 管理技术在项目管理中的应用

1. 设计控制

设计管理体现到投标、合同签订、设计、优化、分包、施工、服务和结算的全过程。充分发挥设计在 EPC 项目中的作用,对项目的成功实施至关重要:

1) 单纯设计和 EPC 总承包设计的主要区别

(1) 总体建设的参与程度差别很大。

(2) 单纯设计对施工过程中施工方案、工序、安全、质量、工程环境、资源了解不深,关注不够。

(3) 单纯设计对工程费用管理关注不够。

(4) 单纯设计对物资性能价格比关注不够。

(5) 单纯设计对调试、运行不了解,运行的合理、方便关注不够。

（6）单纯设计优化不深。

（7）单纯设计对设计进度关注不够。

2）本工程设计对总承包的作用

（1）由于 EPC 总承包设计和纯设计的不同，因而建立了设计费用考核管理程序，设立基本设计费，增加进度、质量、费用控制考核奖，对工程设计进度、质量、费用等方面提出具体量化目标，明确责任，层层分解，压力到位。由项目部考核占 70％＋院经营部占 30％进行考核，最高奖励达到单纯设计的 1.6 倍，处罚最低到单纯设计的 0.8 倍，以激励和约束机制满足设计进度、质量要求。

（2）建立设计服务管理程序，明确设计对工程 EPC 全过程提供技术支持的重点工作。

（a）工程投标和合同签订阶段：负责工作范围接口、技术条件、报价费用。协助制订施工组织方案，制订施工、设备、设计进度等。

（b）实施阶段：负责设计优化、控制概算、工程量的分解、设计进度的落实。参加施工方案和措施、调试方案、运行系统图、运行规程等的审查。

（c）参加竣工结算。

（d）参加工程性能考核、安全、质量、进度目标的制订。

（3）设计还需自身重点做好以下工作：

（a）从初步设计开始制定工程优化设计方案、目标，并组织实施。例如本工程在主厂房长度方面，通过我院优化管道布置及选用高效率占地小的冷却水设备，主厂房长度比传统设计纵向减少 8m。

（b）加强设计管理，减少设计变更。加强设计管理，严把设计质量审核关，特别是二级以上的图纸，不经过设计评审不出院，减少设计变更数量。

3）设计效果

（1）工程总投资比同期、同类工程减少 1 亿元左右。

（2）设计进度大大提前。

（3）工艺系统合理，更符合施工、运行要求。

设计质量大大提高，以往工程中，由于设计原因引起的费用变更约占工程预备费的 30％，本工程不足 10％。

2. 计划管理

1）以 P3（Primavera Project Planner）软件管理技术为平台，以合同计划为目标，抓好计划管理

项目部应用 P3 软件管理技术作为计划管理平台，科学地作好项目总体组织及工程全过程施工的各方面、各层次协调工作。做到上级计划控制下级计划、下级计划支持上级计划；计划由上向下细化，由底向上跟踪。保证计划管理体系既贯穿畅通，又分工负责。从而确保项目有关各方、各单位的工作协调、有序进行（见图 10.3）。

2）计划管理程序（图 10.4）

项目部针对本项目的具体进度要求制定了完备的进度计划管理程序，将工程进度计划分为四级管理：第一级项目计划为业主控制的工程里程碑计划；第二级（及以下）为总承包商编制的总体控制计划；第三级计划为设计分进度计划、采购分进度计划、施工分进度计划；第四级为月度计划。

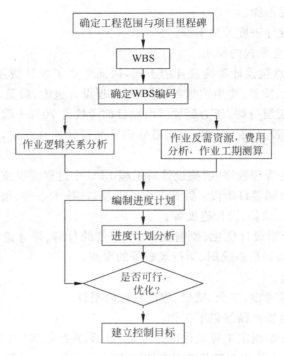

图 10.3　目标计划编制流程

3) 计划控制流程(图 10.5)

4) 本项目计划或进度管理的特点

(1) 进度计划必须和费用结合,即以工程量完成情况反映进度计划和完成情况。

(2) 目标计划和工程合同总工期的偏差,要通过分析原因,在设计、施工方案、施工工序、交叉、设备交货的合理优化上解决。例如:除氧器水箱和煤斗在土建框架施工到除氧层时即进行设备吊装,以免框架到顶,从两端拖入,增加费用和工期。

(3) 认真研究合同环境对工程进度的影响,采取措施提前解决。例如:冬季施工,在2001 年底实现主厂房封闭,并考虑采暖措施,保证了安装工期;另外材料涨价和"非典"疫情,采取了费用提前投入,提前供货,大大减少了对工程的影响。

(4) 在卖方市场下,采取了 7 人催交小组催交、催运,保证主要设备交货。

(5) 在通过 P3 管理手段下,建设过程中的偏差,还需要人及时、果断进行原因分析、纠偏措施的制定。例如:由于汽机到货原因,汽机扣缸拖期 15 天,油循环需 25～ 30 天,此时离汽机启动不足 20 天,采取了汽机油系统分步循环,即油管路 20 天前先循环,汽机扣缸后进入轴承循环,保证了总启动。

(6) 加大重点施工方案、施工工序、交叉点的研究,本工程炉后交叉作业,烟囱、电除尘、风机、地下设施同时开工,通过方案、措施、现场指挥等措施保证安全和进度。

3. 项目合同管理

1) 费用计划管理流程

运用 P3 项目管理软件的费用管理功能并结合合同管理软件、概预算管理软件,进行合同的管理和工程费用的控制,其流程如下:

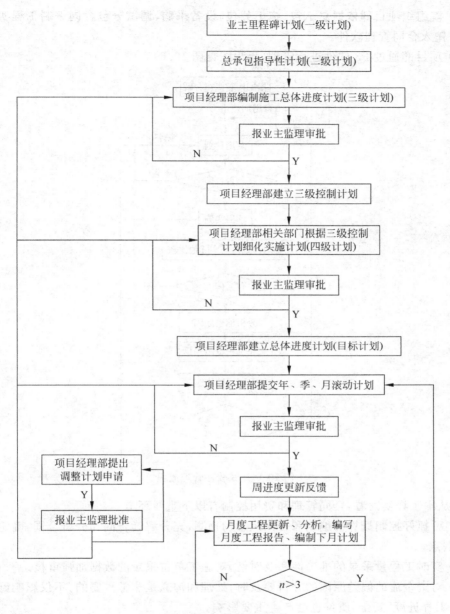

图 10.4 计划管理程序

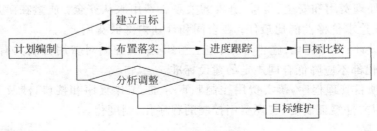

图 10.5 计划控制流程

（1）院组织项目部依据总承包、施工分包、设备采购、调试分包合同编制工程实施控制概算，并输入合同管理软件。

（2）项目部通过 P3 软件进行管理（流程图见图 10.6）。

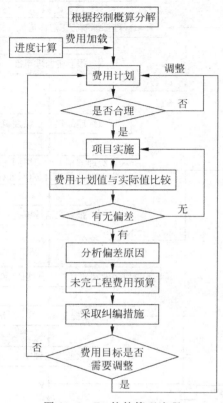

图 10.6　P3 软件管理流程

2）从本工程实践看，合同管理和费用控制有以下重要环节：

（1）要抓好控制概算的编制和合同风险的预测，充分解读合同和分析合同，确定费用的计划控制点。

（2）实时工程量采录的准确性和及时性，对施工单位采录的数据加强审核。

（3）对资金流的偏差原因的分析要及时，处理和沟通是非常重要的，不仅影响到费用的控制，对工程进度、安全、质量也会产生重要影响。

（4）索赔及反索赔要及时，程序要规范，办事方法要灵活，适合国情。

（5）正确处理费用和安全、质量、进度的关系。费用服从安全；质量在满足合同和规范基础上，据情况追求价格性能比最佳；在合同和计划内降低费用。

（6）限额设计、设计优化、施工方案、施工组织、采购控制对费用控制具有重要意义，但任何方案的优化都不应降低合同规定的建设标准。

（7）制定项目管理程序，落实费用控制职责分工、工作程序和接口，涉及工程价格变动与调整，均使用文件签证制度，实现费用控制的程序化、制度化。

3）实施效果

本工程实际费用实现了控制概算确定的费用控制目标，资金流计划调整率低于 4%。

4. 项目安全管理

在项目的安全管理上，坚决贯彻"安全第一，预防为主"的方针，坚持以人为本、目标管理的原则，坚持用系统控制、过程控制的方法实施安全管理。项目初始阶段首先对项目安全管理进行了策划，并努力使项目安全管理按计划实施。主要的具体做法是：

1）建立、健全安全管理体系

识别安全管理的依据，建立项目安全管理相关的《法律、法规、规程、规范、标准等有效版本清单》，并依据合同的要求，建立项目的安全管理体系。建立了安全管理网络机构；配置了人力资源；落实安全责任制。项目共建立了包括安全管理手册、安全生产岗位责任制、安全奖惩管理制度、交通安全管理办法、消防安全管理程序等在内的规章制度 36 项，并根据实施情况持续改进，保持安全管理体系有效运行。

2）项目安全管理目标

根据相关法律、法规、规程、规范、标准和合同的要求，按照《危险源辨识及风险评价控制程序》进行项目危险源辨识，确定《项目危险源清单》，确立项目的安全管理目标：

不发生重大工程设计事故；

不发生人身死亡事故；

不发生重大施工机械设备损坏事故；

不发生重大火灾事故；

不发生负主要责任的重大交通事故；

不发生环境污染事故和重大垮（坍）塌事故；

不发生群体职业中毒和食物中毒伤害事故。

并确定严格执行山东电力工程咨询院《无违章施工管理项目考评程序》的规定，争创无违章项目工地；执行甘肃省《建筑工程文明工地标准》的规定，争创甘肃省建筑工程"文明工地"。

3）制定安全管理程序，严格过程控制

按照确定的目标，针对《危险源清单》，制定《安全管理运行控制程序》《应急准备和响应程序》《事故、事件、不符合的处理程序》《安全监视和测量控制程序》和《纠正和预防措施控制程序》，并严格实施。形成了严格的日检、周检、月检和季度检查制度和周例会、月例会、专题会制度以及周报、月报、季报和年报制度，并留有记录。对出现的违章现象采取曝光栏曝光、整改通知、安全通报等惩罚手段，并严格执行《安全生产奖惩规定》。

4）坚持安全培训，提高安全意识

根据《培训程序》制定详细的项目安全培训计划，同时督促分包商严格执行培训计划。坚持日交底、周学习、月培训、半年一考试制度，坚持培训合格上岗。项目建设过程中，安全培训 39 次，参加培训人次达 1.5 万人次（含分包商），合格率 100%。

5）各阶段的安全控制

按照安全管理体系文件《安全生产责任制》的规定，明确责任，压力到位。将分包商安全人员纳入安全机构一体化管理。各阶段安全控制的主要内容包括：

（1）设计阶段安全控制

（a）监督、检查设计安全管理审查计划的实施。

（b）进行设计对防火、防爆、防尘、防毒、防化学伤害、防暑、防寒、防振动、防雷击的设计方案的审查 79 项。

（c）进行结构和设备的稳定性、构件强度、预埋件承载力和管道支吊架、电缆托架、管道保温审核 67 项。

（2）采购阶段安全管理

（a）重点审查易爆、易燃、易漏等设备的安全管理技术要求，如制粉系统设备、燃油系统设备、水处理系统设备等 25 项。

（b）安全管理专业人员参加施工、调试分包商的采购、评标工作，负责审查分包商的安全管理资质，并负责签订安全管理协议书。

（3）施工（调试）阶段安全管理

（a）建立动态审核分包商的资质档案、配备，用于安全管理的工器具配备等。

（b）建立动态审核分包商的安全培训、应符合有关规定。工程管理、安全管理的技术资料、安全机构的设置，人员着重特种作业人员的培训、特种作业人员名册、证件取证应符合有关规定。

（c）审查分包商执行总承包商发布的有效版本和项目安全管理体系文件。

（d）审查起重机械工器具的产品合格证、准用证、安装与拆除许可证、检测报告、试验记录等。

（e）审查安全防护设施的产品合格证、检验合格证、标识、试验记录。

（f）按危险源清单逐个做好辨识。

（g）风险控制：分包商针对作业环境、工况，按可容忍风险、一般风险、很大风险、不可容忍风险编制适用的风险控制措施。

（h）重大危险工程施工，必须现场验证，确认处于"可容忍风险"状态，施工作业处于安全可控制状态。

6）安全管理效果

项目安全管理实现了项目安全管理目标；2002 年 6 月获得嘉峪关市"安全生产月"活动优秀组织奖；2002 年底通过了本院"无违章项目工地"的评审；2002 年底获得"甘肃省建筑工程文明工地"。

5. 项目质量管理

1）质量计划

重点项目是前期质量策划，即质量计划和过程控制。项目质量计划以本院总承包质量管理体系为基础，结合合同确定的项目质量目标，过程控制依据质量计划开展。

（1）项目质量计划依据本院质量管理手册、针对项目的具体情况编制，并依此建立了一套以 ISO9001 国际质量标准为平台的适于本项目的质量管理体系文件 40 余个。

（2）项目质量计划的主要内容过程质量控制。

质量计划在院管理手册的基础上主要补充下列内容：

（a）工程工作范围、主要技术方案、主要工艺过程。

（b）项目质量控制组织机构，人员组成、工作范围及其岗位职责等。

（c）确定项目的质量目标，国标要符合合同、国家法律法规和满足顾客对产品总体质量要求。本项目的质量目标是：

质量管理体系持续有效进行；

合同履约率100%；

设计成品合格率100%；

采购产品合格率100%；

建筑安装单项工程和单位工程合格率100%；

建筑工程单位工程优良率85%以上；

安装工程单位工程优良率达95%以上；

工程质量总评为优良；

受检焊口无损探伤一次性合格率96%以上；

关键工序一次成功。

(d) 指出工程主要质量控制的重点、难点和对产品质量有特殊影响的环节或工序，并制定相应的技术措施。本工程共制定技术措施近400份。

(e) 根据工程的总体进度计划，制定项目各阶段、重点是施工阶段的单位、分部、分项工程的质量检验计划，其中要明确W(Witness，现场见证)、H(Hold，停工待检)、R(Review，文件见证)控制点，确定实施班组、施工队、分包商、总承包和业主/监理的四级验收项目(划分不低于国家或行业标准)，并经业主批准。

2) 质量控制

工程的质量控制贯穿于EPC全过程。我院重点抓好了以下过程：

(1) 设计阶段质量控制

(a) EPC合同的质量、国家有关法律法规、技术标准、设计规范、图纸的设计深度的要求；

(b) 合理优化设计方案，按照"技术先进、安全适用、限额设计"的原则，对设计成品设计接口、设计输入、设计输出、设计评审、设计变更、设计技术交底等进行严格的程序化管理；

(c) 控制施工图纸的质量通病(常见病、多发病)，重点是：

(2) 专业间和施工图卷册间的衔接。

(3) 各专业的设备遗留问题和暂定资料的封闭。

(4) 与安全、施工和设计功能关系重大的设计特性是否已标注。

(5) 容易引起振动的设备是否有防震措施。

控制对业主、设计监理、图纸会审、施工分包商等提出的设计质量问题，实施闭环管理，使设计问题在施工前发现并消除，做设计变更管理。

3) 采购阶段质量控制

(1) 严格设计的技术规范选型和采购。

(2) 严格采购程序和审批制度；选择合格的制造商或供应商。

(3) 控制设备监造，工厂验收，保证出厂设备符合技术规范要求。

(4) 控制开箱验收程序管理。

(5) 控制对分包商采购的管理，确保装材和建材质量满足设计要求。

4) 施工(调试)阶段质量控制

(1) 施工图纸质量控制：设计交底、图纸会审是施工图纸质量控制的常见形式。

(2) 施工质量控制

(a) 控制施工组织设计、施工技术方案、施工质量计划、施工质量保证措施、安全文明施工措施等。

（b）控制重要项目施工方案和施工措施的讨论和制定，组织技术交底并监督实施。

（c）控制分包商单位工程、分部工程开工条件，着重审查施工技术方案和施工作业指导书。

（d）控制施工原材料，合格后方能正式投入使用。

（e）控制半成品。严格检验施工过程中的试样，通过了解半成品的质量，对成品的质量进行控制。

（f）控制成品，局部工程施工完成以后，要注意各种养护工作，并注意成品的保护，确保成品质量的最终合格。

（g）控制各类资质、实验设备、试验人员、测量人员、特殊工种、大型机具的准用证等是否在规定的有效期内。

（h）控制施工过程接口，严格签证程序和制度，避免出了质量问题、责任不清。

（i）控制质量检验，按照施工质量检验计划划分的分项、分部、单位工程及 W、H、R 点进行质量检验。组织政府职能部门、业主/监理和施工供方有关人员对分项、分部、单位工程进行四级验收。

（j）控制竣工资料的编制及时和移交。

5）质量控制效果

本项目全部实现了项目质量目标。

（1）项目质量管理体系持续有效运行，2001 年 12 月、2002 年 6 月、2002 年 10 月通过了本院质量安全部内部审核，2002 年 1 月通过了长城（天津）质量保证中心的外部审核。

（2）工程于 2003 年 12 月 26 日，顺利通过了由业主组织的工程竣工验收。质量验收结果（表 10-1 和表 10-2）：

（a）受检焊口无损探伤一次合格率达 98.2%；

（b）关键工序均一次成功。

本工程交付时，锅炉、汽轮发电机组和所有辅机均达到额定功率，本工程的施工、安装和开车（试运行）均满足总承包合同和国家验收规范的相关要求。

表 10-1　建筑工程部分质量验收结果

项 目 名 称	分项工程项数/项	合格率/%	优良品率/%
1 号厂房	22	100	85
2 号主厂房	22	100	85
1 号冷却塔	7	100	86
2 号冷却塔	7	100	87.3
BOP 建筑工程	124	100	88.2
烟囱	6	100	86.7
输煤专业	11	100	100
化水专业	39	100	100
水工专业	21	100	100
保温油漆	21	100	100
循环水及一级热力站	14	100	100
建筑工程分项优良品率			91.9

表 10-2　安装工程部分质量验收结果

项 目 名 称	分项工程项数/项	合格率/%	优良品率/%
BOP 安装	105	100	100
1号机组锅炉	162	100	100
1号机组汽机	335	100	100
1号机组电气	78	100	100
1号机组热工	138	100	100
2号机组锅炉	143	100	100
2号机组汽机	335	100	98.5
2号机组电气	118	100	100
2号机组热工	128	100	97.7

目前本工程运行接近两年,运行稳定、安全、经济;年利用小时达到 7000h(设计年利用小时为 5500h),为业主创造了良好的经济效益。

6. 项目物资管理

在物资采购、催交、监造、运输、验收、储存、提取、缺陷处理等都建立了规范的体系,院体系文件 7 个,项目部文件 11 个。其采购管理主要分为两个阶段:

(1) 采购采用院物资部组织集中和项目部零星采购相结合,其采购程序(图 10.7)。

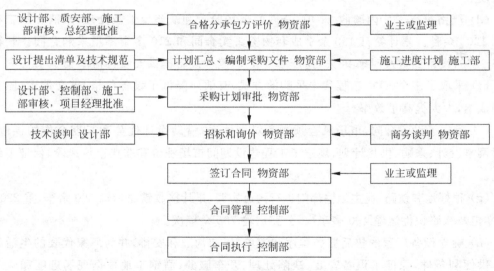

图 10.7　采购程序

(2) 现场物资管理流程(图 10.8)。

(3) 本工程的物资管理有以下特点:

(a) 依靠本院自主开发的采购管理软件,建立了合格供应商合格清单和信誉等级,并进行一年一次的动态评定,利于控制设备价格、交货进度、质量。

(b) 通过规范的采购和现场管理程序,实现内外多部门的加入,有效地形成制约机制,选用信誉等级高、质量好的产品。

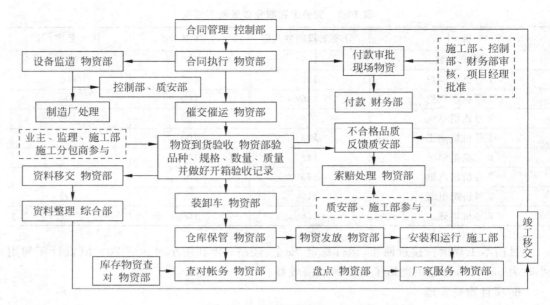

图 10.8　现场物资管理流程

（c）面对买方市场，评价并建立重点监造设备 15 项，催交清单 8 项，有效地控制了质量和进度。

（d）严格执行了厂内验收 21 项、全部的现场验收和缺陷反馈及处理，采购和加工物资共计 1200 余种。累计签订 190 余个成套物资买卖合同和 210 多个零星采购合同。开箱合格率 99%，设备到货及时率 98%，返厂率 0.4%，确保设备提供安装合格率 100%。

（e）采取了多个 EPC 工程集中采购的方式，有效地降低了设备价格、催交催运、监造的管理成本，大大提高了效率。

（f）建立了设备合同、市场风险预测和对策体系，借助设计优势和长期合作的供应链，及时调整设计、采购、供货计划，规避了工程建设期间市场涨价和非典市场风险，保证了设备供应。

（g）很好地和铁路、业主运输部门进行沟通协调，累计接收铁路运输 600 余车，重 2200 多吨，零担及铁路快件运输 400 多车次，公路运输 700 余辆次。

（h）确立设备厂家的售后服务程序和清单，提前沟通和安排，并为厂家代表的生活和工作提供便利条件，保证了设备安装、缺陷处理、开车服务，酒钢工地根据现场进度和施工要求，累计邀请厂家代表服务人员到现场三百余人次。

（i）建立了合格供应商、设备监造、催交动态库，有效地实现了物资采购的全过程信息管理和动态跟踪控制，并探索出一套符合合同要求的物资采购管理办法。电站工程的设备和材料费用约占工程费用的 50%～60%，对工程的造价影响很大，因此物资采购费用的控制对本工程的成败关系重大。工程建设期间恰逢市场涨价和"非典"疫情时期，物资部克服困难，借助设计优势和长期合作的供应链，及时调整设计和采购计划，规避了市场风险。

7. 沟通协调及信息管理

工程建设项目涉及面广、环节多、参与项目建设的单位多。各参建单位之间、和外部建立良好信息沟通机制和渠道是搞好项目管理的重要工作之一。项目部从信息管理策划、沟通手段到日常的信息沟通管理的实施均给予了高度重视，加强了与各方面的信息沟通协调管理。

1）协调管理

（1）建立项目沟通及协调程序，明确接口。

（2）对各沟通环节均明确主要沟通人员和协助人员、沟通目标和职责明确。

（3）建立了项目定期周会、月会、重大问题和日常协商制度。主动、及时地沟通与各方面的关系。

（4）利用项目管理软件 P3、项目 MIS、OA、合同管理软件、视频系统实现信息共享。

（5）编制了项目信息资料分配和传递程序。规定了项目设计资料、设备资料、管理文件、来往函件的分发和传递程序，实现了信息传递的程序化和标准化。

（6）项目建设的重大决策与合同环境的变化要及时准确和业主沟通，对业主关注的问题及重大决策问题，项目部也要提出合理的建议，为业主做好参谋，比如业主自营项目的技术、工序等，从而保证了工程建设的顺利进行。

2）信息管理（图 10.9）

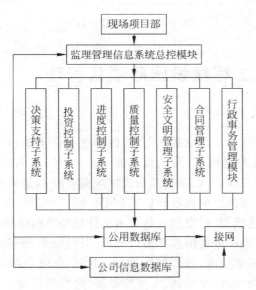

图 10.9　信息管理系统

（1）工程管理信息网络的管理制度。

（a）建立网络端口授权制度。

（b）建立限时信息录入传递的规定。

（c）建立工程反馈信息问题制度。对各类信息反映的问题分类处理并整理建档。

（2）编制项目信息资料分配和传递程序，并形成记录（图 10.10）。

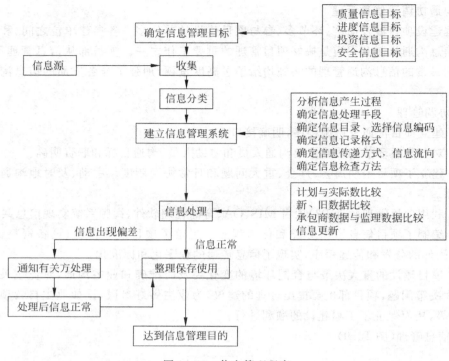

图 10.10　信息管理程序

10.3　二滩水电工程建设国际项目管理

10.3.1　概述

二滩水电站是我国 20 世纪建成的水电站,位于雅砻江下游四川省攀枝花市境内,装有 6 台单机 550MW 的水轮发电机组,总装机容量 3300MW。二滩水电站规模宏大,技术复杂,多项技术指标名列世界前茅,混凝土双曲拱坝坝高 240m,是当时世界第三、亚洲第一高坝,也实现了我国水轮发电机组单机容量从 300MW 到 550MW 的突破。电站从 1991 年开工建设,到 1999 年全部建成,其建设期正是我国从计划经济向市场经济的过渡时期,由于当时国内资金紧缺,工程建设部分使用世界银行贷款,其建设管理与国际全面接轨,通过国际竞争性招标机制引进国际承包商,按照国际通用 FIDIC 合同条款进行建设管理,全面实施"业主责任制、合同管理制、招标投标制、工程监理制"的四制管理。

作为项目法人,二滩水电开发有限责任公司积极引进和采用国际先进的项目管理理念和管理模式,在国际公开招标管理,依据 FIDIC 条款进行合同管理,集成国际智力资源为工程服务,建立争议与索赔管理机制、国际文化冲突管理等方面进行了探索和尝试。实践表明,二滩水电工程的项目管理模式,使二滩工程建设进度、质量和投资"三大控制"目标得以顺利实现,在工程进度上主体工程工期比国家批准的初步设计工期提前 27 个月,最后 1 台机组比合同工期提前 7 个月投产发电,工程质量完全符合合同规定的质量标准,工程造价控制在审定的概算之内并略有节余。

二滩水电工程是一个利用外资、与国际惯例完全接轨的特例。之后建设的水电工程基本都不必再利用世界银行贷款,没有再像二滩一样采用国际招标,严格依据 FIDIC 合同条款来规范业主、监理和承包商间的关系,项目管理模式也发生了变化。但是,在二滩项目建设管理过程中总结提炼的许多项目管理理念和管理模式仍然具有很好的参考价值,并广泛为类似水电工程建设项目所采用。

10.3.2　典型案例与分析

1. 国际公开招标管理

1987 年 7 月,经国务院批准,国家计委行文批复四川省和水利电力部:同意修建二滩水电站,该工程项目利用世界银行贷款,要求工程建设采取公开招投标的方式进行。根据国家计委和世界银行的要求,二滩水电站工程从准备工程到主体工程,从土建施工、设备采购到机电安装,全面推行了招投标制。世界银行为了保证其贷款用于既定目标,合理使用贷款和提高贷款使用效率,根据其积累的采购经验,制定了《世行贷款采购指南》,要求在其所有成员国符合要求的投标商范围内,通过公平和机会均等的竞争方式进行招标,规定了国际竞争性招标程序和方法,并规定了世界银行对招标采购活动的审查程序。

二滩水电工程的主体工程中大坝、地下厂房系统以及主要的机电设备采购过程中,严格按照世界银行的采购指南和国家对技术进口的有关规定和程序进行,全部采用国际竞争性招标。招投标的基本程序包包括刊登公告、资格预审、准备招标文件、发售招标文件、投标、开标、评标、授标、合同谈判、签订合同、工程师发开工指令等 11 个步骤。

招标文件是投标商进行投标的依据,也是项目业主评标的依据,还将构成合同文件的重要组成部分。规范合理、内容明确、详尽周全的招标文件编制,是招投标过程公平公正的重要保证。二滩公司高度重视招标文件的编制工作,并委托二滩水电站的设计单位成都勘测设计研究院编制招标文件。为了按国际惯例办事,二滩公司还聘请了著名的美国哈扎国际工程公司、挪威顾问公司、法国电力公司的专家,以及国内外知名专家组成的特别咨询团,进行标书编制的咨询工作,并在招投标全过程出谋划策。招标文件编制严格按照 FIDIC 合同条款,本着公平、公正的原则进行,力求正确、详尽地反映项目客观情况,合同条款、技术规范和招标图纸具有完整性和可操作性,在遵守国家的法律、法规和世界银行组织的规定和要求基础上,注意遵守国际惯例,公正处理业主与承包商的利益。

二滩水电站工程编制的国际招标文件得到世界银行的充分肯定和高度赞扬,世界银行认为二滩水电站的标书是近年来世界银行收到的最好的第三世界国际贷款项目的国际招标文件,可以作为东南亚地区的范本。规范透明、公平公正的游戏规则,吸引了来自世界各国经验丰富、实力雄厚的承包商参与投标竞争,在二滩水电站主体工程大坝和地下厂房招标过程中,提交资格预审申请的共 14 家中外投标商(包括联营体),通过资格预审的共 6 家投标商。经过评标,土建工程大坝标中标单位是以意大利英波吉洛公司为责任方的联营体 EJV(第 I 标),土建工程地下厂房标中标单位是以德国菲利浦霍尔兹曼为责任方的联营体 SGEJV(第 II 标)。

2. FIDIC 条款、国际接轨与四制管理

FIDIC(国际咨询工程师联合会)是世界咨询业权威性的国际组织,为了适应项目建设的客观需要,编制了 FIDIC 合同条款,用规范、明确、严谨的语言编写备种范本与惯例、规则等文件,被联合国有关组织和世界银行、亚洲开发银行等国际组织认可并广泛采用。世界银

行规定,凡是世界银行贷款的项目,都应采用 FIDIC 条款来进行项目管理。FIDIC 条款已经成为项目管理,包括国际工程咨询、工程承包合同管理的纲领性文件和最具权威的标准范本。二滩水电站工程应用世界银行贷款,也按照世界银行要求应用 FIDIC 条款来进行项目管理,做到了与国际接轨。

二滩水电站工程建设时期正值我国推行投资体制改革,加上世界银行的要求,在建设过程中,逐步推行了"项目法人责任制、招标投标制、工程监理制和合同管理制"的四制管理,坚持以"工期、质量、造价"为三大控制目标,按照 FIDIC 条款来实行合同管理和工程监理。这种以业主、工程师(监理工程师)、承包商为规范对象的项目管理模式,有力地促进了项目管理,保证了工程建设的顺利进行,取得了先进的管理经验。

项目法人责任制是由项目法人(业主)对项目的策划、资金筹措、建设实施、生产运行经营和全部贷款本息的偿还,以及资产的保值增值负全责,这是 1995 年二滩水电开发公司改组为二滩水电开发有限责任公司的主要目标和基本点。作为业主,二滩公司在工程建设期间,主要任务之一是围绕工程建设进行组织协调、监督管理等工作。施工现场设计单位、工程监理单位、施工承包商、设备制造商、咨询单位等都是以合同为杠杆和桥梁来联系,完成各方按合同规定的职责。但是工程建设的变化是较多的,互相之间的干扰影响是不可避免的,要组织这样一个庞大的系统,业主是核心,必须从思想和行动上明确自己的主导地位,以合同为基础,及时协调调整各方矛盾,为工程建设顺利推进创造条件。

二滩公司在推行工程招标中,按照国家规定招标原则及国际惯例全面执行竞争性招标,坚持公平竞争。通过各种形式的招标,选择最优的承包商、供货商、制造商,使工程质量、工程造价的控制,设备的供货及效率的保障有了基础。

工程建设监理制是由监理工程师单位全权处理业主与承包商的合同事宜,进行工程进度控制、质量控制、费用控制和现场协调工作。凡是业主与承包商之间的争议、合同纠纷、索赔都由监理工程师单位协调,使合同执行得以顺利进行。监理工程师单位是一个独立的机构,独立性、公正性很强,具有较高的权威性,能使合同双方得到有效的监督,使矛盾得到及时的解决。

合同管理制是工程建设全面实行合同管理,以合同方式来规范合同双方的行为,明确双方的职责,整个项目成为一个庞大的合同系统。通过严谨、明确、规范的合同,明确规定工程的工作量、质量规范、支付计算方法、价格变化的调整、支付程序以及主要的控制工期、奖惩办法等。合同的管理水平是衡量公司经营管理工作的重要标准,是实行项目法人责任制的重要组成部分。

四制管理(法人责任制,合同制,招投标制和监理制)的核心是项目法人责任制,关键是合同管理制,项目法人通过招标与监理工程师、承包商建立合同关系,各方由合同作为纽带联系起来,通过合同管理来规范协调各方之间的关系。推行四制管理是实施项目三大控制的坚实基础,二滩水电站的成功建设就是四制管理重要作用的例证。

3. 争议仲裁与索赔管理

按照四制管理的原则,合同双方在执行合同过程中产生的争议和索赔应该由监理工程师单位负责处理。监理工程师单位通过建立一整套处理索赔工作的方法流程,尽量及时有效、公正合理的评价和处理索赔。但是,如果合同双方不能都接受监理工程师的处理决定,对于二滩水电站这种国际工程,最终可能需要提交国际仲裁机构进行仲裁,这样就非常费时费力。为了使二滩公司和承包商在合同实施过程中产生的争议得到及时有效、公正客观的解决,避免影响工程的顺利实施,二滩公司在国内率先引进了争议评审团(DRB)这种仲裁组织形式。DRB 是一种民间的,但高于"监理工程师",低于国际仲裁机构,公正处理合同双方争议的一种形式。国际上一般大型建设项目的 DRB 成员由 3 名与业主和承包商无任何利益关系的国际专家组成,其费用由合同双方平等负担,因此其对争议和索赔的处理意见更具客观公正性,合同双方都更易于接受。

二滩水电站工程 DRB 的 3 个代表分别来自英国土木工程师协会、瑞典国际商会和哥伦比亚,由具有丰富工程经验和 DRB 工作经验的哥伦比亚人担任 DRB 主席。DRB 的任务就是在得知二滩公司和承包商之间产生了与合同或工程实施有关且经监理工程师决定之后未被某一方接受的争议之后,按照 DRB 的工作程序提出自己的书面处理意见。

二滩水电站工程 DRB 制定了相应的运作程序。通过定期访问现场,DRB 成员可以了解掌握施工的进展和项目管理的有关情况,避免一旦出现争议,发生双方对事件叙述不一,DRB 无法做出正确判断的情况。在合同一方提交对争议要求进行复审通知一定时间内,DRB 将组织召开有业主、承包商参与的会议,对有争议的问题进行听证。在听证会后,DRB 将单独另选地点秘密进行审议,完成复审报告,提出复审建议发送给二滩公司和承包商。如果二滩公司或承包商对 DRB 的复审建议仍然不满意,双方也无法通过谈判达成一致的,只有再提交瑞典斯德哥尔摩国际商会仲裁院进行仲裁,那么所有 DRB 的记录和建议将是随后任何正式裁决和诉讼中可采纳的证据,这样合同双方将更慎重地对待 DRB 的建议与决定。

DRB 处理争议的程序简单易行,双方所花费用比通过仲裁解决或法律诉讼解决要少得多,而且不会干扰工程的管理和整个工程工作的正常运行,避免了争议久拖不决,或者凡遇争议就提交国际商会仲裁院仲裁,造成双方既花钱多又旷日持久而影响工程建设的两败俱伤情况。

二滩水电站工程 DRB 卓有成效地开展工作,调解了一批争议纠纷,维护了二滩公司和承包商的合法权益,对于工程建设的顺利进展起到了积极的作用。自 1992 年 DRB 正式成立开始,在整个项目建设期间,DRB 共进行了 18 次现场访问,并对 20 多项争议进行了听证,提出了复审建议,多数为双方接受而圆满解决,或作为双方谈判的基础,没有发生因为其中一方不服 DRB 调解而正式向国际商会仲裁院申诉的事例。二滩水电站工程以 DRB 形式解决双方争议的成功获得广泛的认可和好评,世界银行更是把 DRB 这种形式写入了世界银行导则,并已在世界范围内推广应用。

4. 国际智力资源集成

二滩水电站工程规模宏大、技术复杂,在工程建设过程中面临各种技术和管理方面的挑战。由于部分利用世界银行贷款,二滩公司按照世界银行的要求通过委托具有资质的国际工程咨询公司开展长期的咨询服务,成立工程特别咨询团(SBC)、环保移民特别咨询团以及争议评审团等方式,在世界范围内进行智力资源的集成,为保证工程建设顺利进展起到了重要的作用。

根据世界银行要求,世界银行贷款项目必须由世界银行认可的有资质的工程咨询公司提供咨询服务。经过邀请投标和评标,以美国哈扎国际工程公司和挪威咨询顾问集团(AGN)组成的联营体中标,初期为工程招标文件编制提供咨询服务,工程正式开工后又在世界银行建议下,继续为工程提供施工管理咨询服务。咨询和协助的范围包括设计、施工、合同管理和人员培训四个方面。哈扎国际工程公司和 AGN 向工地派遣咨询专家组成咨询专家组,与二滩公司的施工管理人员一起工作。咨询专家组的主要作用体现在对工程设计进行了全面的优化、帮助解决施工中遇到的重大技术问题、帮助进行国际合同的执行管理、通过培训提高业主和监理工程师专业素质等方面。

特别咨询团是二滩公司为借助国内外水电科技领域顶级专家,为工程重大技术决策提供咨询服务的一种特殊形式。特别咨询团专家由中外知名专家组成,由中国水电界知名专家李鹗鼎院士担任团长,中方成员包括潘家铮院士和谭靖宜院士等,外方成员有历届国际大坝委员会主席隆德、龙巴第等。特别咨询团原则上每年开展一次咨询活动,遇特殊情况也可增加咨询次数。特别咨询团主要对工程建设中特别重大的技术难题提供了非常宝贵且具有权威性的咨询意见,对工程顺利进行起到了至关重要的作用。

环保移民特别咨询团也是应世界银行要求设立的,主要任务是对二滩水电站工程环保和移民各个方面提供咨询,如血吸虫防治、防护林带、生物多样性、移民的生产生活条件、移民经济扶持发展、少数民族的迁移等问题。环保移民特别咨询团于1992年正式组建,成员由国内外知名专家组成,每年到二滩实地考察一次或两次,共进行了9次咨询活动。环保移民特别咨询团在咨询活动后写出报告递交世界银行,并送有关各方,对于做好移民搬迁安置、生态环境保护工作发挥了重要的作用。

5. 世界银行和国际承包商的项目管理理念

二滩水电站工程是世界银行单个工程贷款最多的项目,也是中国首个与国际接轨的大型基础建设项目,世界银行为确保二滩水电站工程项目能够成功运作,在项目实施全过程都给予了极大的关注,借助其进行商业运作、项目管理的丰富经验和成熟机制,在项目管理上给予项目业主(即二滩公司)极大的帮助,为工程的成功建设、实现预期效益起到了重要作用。在此过程中,世界银行并不仅把自己当作项目资金的提供方,更是把自己定位为项目重要的参与方,参与项目并不是只为收回贷款本息,而是从项目整体考虑,以实现项目预期效益为目标。

在项目实施之初,为了决策是否为项目提供贷款,世界银行先后分两个阶段对二滩水电站项目进行了详细的评估,从项目的经济、社会、环境、移民、财务、技术和组织等方面来分析项目实施的需要以及有无落实的可能,确定以何种方式和条件来保证项目建设的成功,做出提供贷款支持的意向决定。在项目评估过程中,世界银行的评估组也对项目实施提出了一系列要求和建议。这些建议一般都结合中国的国情和二滩项目实际情况得到较好的落实,促进了整个项目顺利实施。

世界银行要求二滩水电站项目必须由建立现代企业制度的项目业主负责实施和运营,采取四制管理的先进项目管理模式,进行国际公开的竞争性招标选择优秀的承包商进行工程建设,引入监理工程师,严格按照FIDIC条款合同进行管理。这一系列先进项目管理模式的引入,有力地促进了项目管理,保证了工程建设的顺利进行,也使二滩公司积累了先进的管理经验。

为提高工程项目管理水平,世界银行还要求和建议二滩公司聘请专门的咨询公司,设立工程特别咨询团、环保移民特别咨询团、争议评审团等,并开展项目管理培训,在为项目实施提供国际高端智力资源保障的同时,提高二滩公司进行项目管理的水平。

为了保证项目效益的有效发挥,世界银行还建议二滩公司开展了二滩水电站工程电力消纳、输电线路、优化运行和财务管理等方面的研究,实施了二滩水库优化运行研究,上网电价研究与电价测算软件开发等专题科研项目,并根据研究成果向中国有关部门提出诸如二滩水电站电价定价等建议,争取政府的支持承诺,以确保二滩水电站建成投入运行后经济效益的发挥。

通过国际工程招标,中标承担二滩水电站工程施工任务的国际联营体,全部都是国际上优秀的施工单位,具有丰富的项目管理经验,在工程实施过程中也表现出对参与项目整体利益的考量和服务于项目的意识。

对于承包商而言,按照合同规定出色完成合同任务是首要的,在此基础上,才可能实现承包商与业主等多方的共赢。在工程施工过程中,承包商就常常表现出很强的合同意识,不需业主和监理的要求,就自觉地按照合同的规定满足质量、安全、进度等要求,有的仓位大坝混凝土浇筑质量出现问题,承包商自己就直接炸掉,重新浇筑。这种以按照合同规定出色完成工程任务的意识,在很大程度上减轻了二滩公司的管理压力,保障了工程优质的完成。

6. 国际合作中的文化差异与包容

二滩水电站项目采用国际招标,负责承担工程施工任务的承包商来自不同的国家。在二滩水电站工程建设工地上,有来自40多个国家,600多位外籍工程人员及其家属,其中主要是来自意大利、法国、德国、澳大利亚以及东南亚一些国家的外籍人员,二滩水电站工地也被戏称为"小联合国"。在这个"小联合国"里,中外文化的碰撞,中外的经济体制、社会制度的差异等表现得都非常明显。认识和把握国际合作中的文化差异与包容,进行有效的文化冲突管理,也是项目管理的重要方面。

在项目业主二滩公司与作为项目承包商的各个国际联营体之间,文化和制度的差异主要体现在合同管理的意识方面。外国人在市场经济环境下形成了很强的合同意识,合同签订后,把合同当"圣经",项目实施完全以合同为准绳;二滩公司虽然是按照现代企业制度新组建的公司,但是很多管理模式仍然从计划经济时代的积累而来,以为合同签订就万事大吉。结果一开始承包商就先发制人,不断地找合同和业主的漏洞,提出一系列的索赔。而二滩公司起初还有"以和为贵"的想法,加上合同管理的经验欠缺,常常处于被动地位。随着项目的实施,二滩公司也逐步提高了合同管理经验,依照合同条款维护自身利益,同时还提出对承包商的反索赔,逐渐在项目管理中掌握主动。在碰撞与冲突的同时,为了二滩水电站项目的全局,承包商和二滩公司也相互包容、积极合作,共同克服工程中的困难。二滩水电站导流洞工程量巨大,由于种种原因,工程进度滞后,以德国霍尔兹曼公司为责任方的联营体承包商对按期完成工程失去信心,并且根据合同,提出愿意赔偿二滩公司。但是,导流洞工程直接关系到二滩水电站工程能否按期截流,很可能为此推迟一年截流,电站建设总工期也将推后一年,将给二滩公司造成巨大的经济损失和不良的国际影响,承包商按照合同规定的赔偿金远远不能补偿对工程造成的损失。为了保证导流洞工程按期完成,二滩公司从资金、物资上给承包商提供大量的帮助,并提出工程优化措施建议,主动协调解决承包商的困难,在此基础上,二滩公司还致信霍尔兹曼公司,要求予以支持。在这种关系到工程建设全局的关键问题上,霍尔兹曼公司也采取了积极的态度,通过更换项目经理、增派管理人员、增加资金投入、重新组合劳动组织等一系列办法,加快了导流洞工程的进度,最终保证了工程按照合同工期完成。

二滩水电站工程的承包商都是中外联营体。在联营体内部,中、外双方人员,特别是中方提供的劳务与外方的管理人员之间,由于管理方式、文化背景不同,生活方式差异,各种冲突与碰撞尤为激烈。外方实行灵活的用工,而中方人员则仍习惯于"铁饭碗";外方强调上级对下级的绝对权威,中方则实施"民主集中制";外方实施直线式管理,管理层级少,中方则存在机构层叠、各自为政的情况;另外,外方管理人员收入与中方劳务人员收入极其悬殊,雇佣关系和经济地位上的不平等也使得冲突更加激烈。在中国水电八局与意大利英波吉洛联营体内,曾经出现过外方工长要求工人每次搬四块砖,而中方有个劳务人员却一次搬了八块,本以为会因此得到表扬,但工长却认为他不服从命令,影响权威而将他解雇。还有中方的技术人员因指出施工图纸上的错误,而被解雇的事例。这些管理者的权威超过了对工人技术素质的要求的事例,都让中国人难以理解,甚至感到愤怒。而外国人则对中国人存在的上班工作懒散、分配上吃大锅饭、管理效率低下等感到不解和抱怨。在经历了激烈的碰撞后,通过沟通和调,不断地磨合,中、外双方也逐步开始相互信任、互相合作。中国工人以自己的实力,赢得了外国人的尊重,也对外国专家的专业知识、法律意识、合同观念、组织才能和敬业精神十分钦佩,开始懂得市场经济、利用合同保护自己;外国人也更加尊重和平等对待中方人员,接受了紧张任务时必须加班等中国惯例,加强联营体内部合作,尽量让更多的中国人来管理中国人。在中外文化和管理的磨合过程中,涌现出了许多成果,水电八局创造出了"外国现代化管理+中国思想政治工作+技术交底"的二滩施工管理模式,另外,先后有两名外籍专家获得了中国政府颁发的"国际友谊奖"。

10.3.3 二滩水电工程建设国际项目管理小结

二滩水电站作为我国 20 世纪建成的最大水电站,是我国第一个项目管理与国际完全接轨的大型基础建设项目,其项目组织实施过程中引进和采用了国际上先进的项目管理理念,并进行了继承和发展创新。通过国际竞争性招标机制引进国际承包商,按照国际通用 FIDIC 合同条款进行建设管理,全面实施"业主责任制、合同管理制、招标投标制、工程监理制"的四制管理,采用了先进的 DRB 争议评审机制,在国际范围内进行智力资源集成,有效地进行国际文化冲突管理,通过包括业主、承包商、世界银行等在内的项目参与各方共同努力,保证了项目的成功建设。在二滩水电站工程项目管理中摸索出的一系列经验具有很好的推广价值,可供其他大型项目借鉴参考。

(1)国际竞争性招标是在国际范围内进行资源集成,规范的游戏规则是吸引优秀资源并郑重承诺的前提。

(2)项目执行过程中,规范的合同条款及相关法律是协调各方关系的基础,建设项目"四制"管理实质上也是通过明确各方权利和义务,强化合同条款作用,协调业主、监理和承包商之间的关系,以实现项目的目标。

(3)清晰的责权界面和高效的沟通及问题处理机制,提高项目执行效率。

(4)参与项目需秉承服务的宗旨是让客户满意,使项目成功,如世界银行的目标是让贷款真正服务于项目并用过程管理确保项目的成功,而不是仅考虑还钱;承包商的首要任务是按合同规定出色完成工程等。

(5)国际先进模式专家队伍的使用,如 DRB、特咨团、专业咨询公司等,是集成国际智力资源的有效手段,在国际项目管理中发挥了重要作用。

(6)国际合作中的文化差异与包容及文化冲突管理,是国际项目管理中不可忽视的重要方面。

主要参考文献

[1] 汪玉林. 汽轮机设备运行及事故处理[M]. 北京：化学工业出版社，2006.

[2] 风力发电工程施工与验收编委会. 风力发电工程施工与验收[M]. 北京：中国水利水电出版社，2009.

[3] 雍福奎. 火电基本建设技术管理手册[M]. 北京：中国电力出版社，2010.

[4] 成虎. 工程管理概论[M]. 北京：中国建筑工业出版社，2011.

[5] 周建国. 工程项目管理[M]. 北京：中国电力出版社，2006.

[6] 王雪青，杨秋波. 工程项目管理[M]. 北京：高等教育出版社，2011.

[7] 王芳，范建洲. 工程项目管理[M]. 北京：科学出版社，2007.

[8] 杨旭中，张政治. 电力工程项目管理[M]. 北京：中国电力出版社，2010.

[9] 戚安邦. 项目管理学[M]. 北京：科学出版社，2011.

[10] 梁世连. 工程项目管理[M]. 北京：清华大学出版社，2011.

[11] 周伟国，马国彬. 能源工程管理[M]. 上海：同济大学出版社，2007.

[12] 成虎，陈群. 工程项目管理[M]. 北京：中国建筑工业出版社，2010.

[13] 杨俊杰. 工程承包项目案例及解析[M]. 北京：中国建筑工业出版社，2007.

[14] 张洪. 现代施工工程机械[M]. 北京：机械工业出版社，2011.

[15] 电力工程项目管理编委会. 电力工程项目管理便携手册[M]. 武汉：华中科技大学出版社，2008.

[16] 全国一级建造师执业资格考试用书编写委员会. 建设工程法规及相关知识[M]. 北京：中国建筑工业出版社，2007.

[17] 全国一级建造师执业资格考试用书编写委员会. 建设工程项目管理[M]. 北京：中国建筑工业出版社，2007.

[18] 全国一级建造师执业资格考试用书编写委员会. 机电工程管理与实务[M]. 北京：中国建筑工业出版社，2007.

[19] Avraham Shtub，Jonathan F. Bard，Shomo Globerson. Project Management：Processes，Methodologies，and Economics[M]. 北京：清华大学出版社，2009.

[20] 中国勘察设计协会，中国工程咨询协会. 创建国际型项目管理公司和工程公司实用指南[M]. 北京：化学工业出版社，2004.

[21] 丁士昭. 工程项目管理[M]. 北京：中国建筑工业出版社，2006.

[22] 强茂山，王佳宁. 项目管理案例（全国工程硕士专业学位教育指导委员会推荐教材）[M]. 北京：清华大学出版社，2011.

[23] 中国建筑业协会工程项目管理委员会. 中国工程项目管理知识体系[M]. 2版. 北京：中国建筑工业出版社，2011.

[24] [美]项目管理协会. 项目管理知识体系指南[M]. 4版. 王勇，张斌，译. 北京：电子工业出版社，2009.

[25] 中国项目管理研究委员会. 中国项目管理知识体系与国际项目管理专业资质认证标准[M]. 北京：机械工业出版社，2006.

[26] 吴德胜. 国电泰州一期 2×1000MW 超超临界燃煤机组工程建设项目管理[D]. 南京理工大学[硕士学位论文]，2007.

[27] 田金信，石振武，李慧民. 建设项目管理[M]. 北京：高等教育出版社，2002.

[28] 李纪珍. 成功通过 PMP：考试概要及习题解析[M]. 北京：清华大学出版社，2009.

[29] 白思俊. 现代项目管理（升级版，上、下册）[M]. 北京：机械工业出版社，2012.

[30] 中国(双法)项目管理研究委员会.国际卓越项目管理评估模型及应用[M].北京：电子工业出版社,2008.

[31] 詹姆斯．刘易斯.项目计划、进度与控制[M].北京：机械工业出版社,2012.

[32] 刘士新.项目优化调度理论与方法[M].北京：机械工业出版社,2007.

[33] 马旭晨.项目管理成功案例精选[M].北京：机械工业出版社,2010.

[34] 杨保华.神舟七号飞船项目管理[M].北京：航空工业出版社,2010.

[35] 马晓国,林敏.电力工程项目管理[M].北京：中国电力出版社,2012.

[36] Carl Chatfield,Timothy Johnson. Project 2007 从入门到精通[M].北京：清华大学出版社,2012.

[37] Jack Gido,James Clements. Successful project management[M].北京：电子工业出版社,2011.

[38] Dennis P. Miller. Building a project work breakdown structure[M]. CEC Press Taylor & Francis Group,2008.

[39] [美]项目管理协会.项目管理知识体系指南[M].5版.许江林,译.北京：电子工业出版社,2013.

[40] 马旭晨.项目经理能力解析[M].北京：中国建筑工业出版社,2013.

[41] 莉莉安娜．布赫季科.工作分解结构实操秘诀[M].北京：中国电力出版社,2016.

[42] 殷焕武.项目管理导论[M].3版.北京：机械工业出版社,2013.

[43] 马晓国,林敏.电力工程项目管理[M].北京：中国电力出版社,2012.

[44] 杨太华,汪洋,张双甜,吴芸,赖小玲.电力工程项目管理[M].北京：清华大学出版社,2017.

[45] 全国一级建造师执业资格考试辅导(2009年版)编委会.机电工程管理与实务复习题集[M].北京：中国建筑工业出版社,2009.

后　记

本书是清华大学"能源动力工程项目管理"课程的参考教材。该课程首开于2012年,通过本课程学习,可了解项目管理知识体系以及其在能源动力领域的应用,为学生将来从事能源动力行业的项目管理工作奠定基础。

笔者主持了"长春市生活垃圾综合处理电站""燃用玉米芯的循环流化床燃烧技术开发""2×100t/h蒸汽动力系统控制与热工调试技术服务""中加国际合作工业锅炉同时脱硫脱硝"等项目,策划建立了"清华大学-滑铁卢大学微纳米能源环境联合研究中心"并出任首任中心主任。通过这些项目的策划、实施工作,笔者接触了项目管理活动,了解了国内和国际的项目管理知识,在"好奇"的驱使下取得了国家一级注册建造师(机电安装工程)、美国项目管理协会(Project Management Institute,PMI)的项目管理专业人士(Project Management Professional,PMP)等资质认证。笔者深感项目管理知识对促进项目成功的积极作用,因而希望能开设一门通识工具类课程,把项目管理知识作为一种工具在能源动力行业从业者中传播。本书撰写初衷意图是把项目管理知识与电力、能源等行业的项目实践紧密结合起来,但由于项目管理知识略显抽象,而实际行业的习惯也有差异,再限于笔者的实践经验和水平,项目管理知识和能源动力行业项目管理的具体实践等部分还不完美,案例也不尽如人意。但本书至少可以给从业者提供一个清晰的提示,即通过有效的项目管理活动,可以缩短工期、降低造价、保证质量,使项目处于可控的状态,有利于成功实施项目。

希望本书的出版对项目管理知识的传播以及其在能源动力领域的应用有所帮助,读者能通过项目管理提高项目的实施水平、取得经济效益和社会效益。如同美国项目管理协会的项目管理知识体系(PMBOK)每4年更新一样,愿本书是一个开始,抛砖引玉,以后能有更多的同行或者爱好者加入到《能源与动力工程项目管理》的持续更新中,与笔者分享对项目管理理论和实践的体会与感悟(liqh@tsinghua.edu.cn)。

李清海

2018 年 6 月